▲ 江南园林的环境景观

▲ 新加坡城市鸟瞰

▲ 韩国首尔市国际会议中心室外景观

▲ 中国传统木结构建筑——山西应县木塔外观

▲ 北京香山饭店室外景观

◀ 某宾馆的商住客房

▲ 上海大剧院大堂及照明灯具

◀ 某宾馆小餐厅室内

▲ 上海浦东国际机场贵宾厅室内

▲ 美国华盛顿近郊某超市中庭内景

▲ 室外的展示空间示例

◀ 室内环境室外化的旅馆大堂

◀ 温馨典雅的旅馆吧台

▼ 盆栽植物柔化室内环境

▲ 盥洗设施配置展示

▶ 餐厨空间中照明灯具与排烟设施

▼ 家具与室内空间的配置

▼ 卫洁空间中的人造大理石贴面

▲ 深色家具与壁挂饰物示例

◀ 暖色调的上海大剧院观众厅

▼ 冷色调的家具面料、窗帘等室内织物的餐厨室内

▲ 单色调的酒吧间

▲ 对比色调的餐饮坐椅

▲ 三色对比色调的餐饮室内

▲ 相似色调的室内色彩配置

▲ 无彩色调示例　a.商店

▲ b.住宅

▲ 互补色调示例　a.休闲空间

▲ b.交通联系空间

▲ 家具的色彩选配

▲ 色彩配置示例

▲ 意大利万隆那市展览馆中餐厅空间界面及围隔部分的色彩配置示例

▲ 香港地区某会所吧台处的色彩配置示例

▲ 以模型表达室内空间的形态与比例的关系

▶ 以室内内含物烘托住宅起居室氛围

▲ 具有中式韵味的起居室

▲ 具有本土文化内涵的起居室

◀ 改造后的巴黎卢佛尔宫博物馆　a.室外入口

▲ b.入口大堂

室内设计与建筑装饰专业教学丛书暨高级培训教材

室内设计原理(上册)

(第 二 版)

同济大学　来增祥
重庆大学　陆震纬　编著

中国建筑工业出版社

图书在版编目(CIP)数据

室内设计原理.上册/来增祥,陆震纬编著.—2版.
—北京:中国建筑工业出版社,2006（2024.3重印）
（室内设计与建筑装饰专业教学丛书暨高级培训教材）
ISBN 978-7-112-06146-4

Ⅰ.室...　Ⅱ.①来...②陆...　Ⅲ.室内设计—理论
Ⅳ.TU238

中国版本图书馆 CIP 数据核字(2006)第 064699 号

　　本书是本系列丛书的前导和概论。上册主要内容有：室内设计的含义、发展和基本观点，室内设计的内容、分类和方法步骤，室内设计的依据、要求和特点，室内空间组织和界面处理，室内采光与照明，室内色彩与材料质地，室内家具与陈设，室内绿化与庭园，人体工程学、环境心理学与室内设计，室内设计的风格与流派等共十章。

　　本书图文并茂，论述科学、系统且生动，并辅以大量的优秀实例作论据，增强了本书的实用性。此外，书中还汲取了国内外近年来学科发展的新观念和新成就，以拓宽读者的视野。

　　本书可供室内设计、建筑学、环境艺术等专业大学教材、研究生参考用书，建筑装饰与室内设计行业技术人员、管理人员继续教育与培训教材及工作参考指导书。

＊　　＊　　＊

责任编辑：朱象清
责任设计：崔兰萍
责任校对：张景秋　孙　爽

室内设计与装饰装修专业教材丛书暨高级培训教材

室内设计原理（上册）

（第二版）

同济大学　来增祥
　　　　　　　　　　编著
重庆大学　陆震纬

＊

中国建筑工业出版社出版、发行（北京西郊百万庄）
各地新华书店、建筑书店经销
北京千辰公司制版
建工社（河北）印刷有限公司印刷

＊

开本：880×1230毫米　1/16　印张：16¼　插页：8　字数：515千字
2006年7月第二版　2024年3月第六十二次印刷
定价：**58.00**元（含光盘）
ISBN 978-7-112-06146-4
(12159)

本社网址：http://www.cabp.com.cn
网上书店：http://www.china-building.com.cn

室内设计与建筑装饰专业教学丛书暨
高级培训教材编委会成员名单

主任委员：

　　同济大学　　　　来增祥教授　博导

副主任委员：

　　重庆建筑大学　　　万钟英 教授

委员(按姓氏笔画排序)：

　　同　济　大　学　　庄　荣教授

　　同　济　大　学　　刘盛璜教授

　　华　中　科　技　大学　　向才旺教授

　　华　南　理　工　大学　　吴硕贤教授

　　重　庆　大　学　　陆震纬教授

　　清华大学美术学院　　郑曙旸教授　博导

　　浙　江　大　学　　屠兰芬教授

　　哈　尔　滨　工　业大学　　常怀生教授

　　重　庆　大　学　　符宗荣教授

　　同　济　大　学　　韩建新高级建筑师

第二版编者的话

自从 1996 年 10 月开始出版本套"室内设计与建筑装饰专业教学丛书暨高级培训教材"以来，由于社会对迅速发展的室内设计和建筑装饰事业的需要，丛书各册都先后多次甚至十余次的重印，说明丛书的出版能够符合院校师生、专业人员和广大读者学习、参考所用。

丛书出版后的近些年来，我国室内设计和建筑装饰从实践到理论又都有了新的发展，国外也有不少可供借鉴的实践经验和设计理念。以环境为源，关注生命的安全与健康，重视环境与生态、人—环境—社会的和谐，在设计和装饰中对科学性和物质技术因素、艺术性和文化内涵以及创新实践等诸多问题的探讨研究，也都有了很大的进步。

为此，编委会同中国建筑工业出版社研究，决定将丛书第一版中的 9 册重新修订，在原有内容的基础上对设计理论、相关规范、所举实例等方面都作了新的补充和修改，并新出版了《建筑室内装饰艺术》与《室内设计计算机的应用》两册，以期更能适应专业新的形势的需要。

尽管我们进行了认真的讨论和修改，书中难免还有不足之处，真诚希望各位专家学者和广大读者继续给予批评指正，我们一定本着"精益求精"的精神，在今后不断修订与完善。

第一版编者的话

面向即将来临的 21 世纪，我国将迎来一个经济、信息、科技、文化都高度发展的兴旺时期，社会的物质和精神生活也都会提到一个新的高度，相应地人们对自身所处的生活、生产活动环境的质量，也必将在安全、健康、舒适、美观等方面提出更高的要求。因此，设计创造一个既具科学性，又有艺术性；既能满足功能要求，又有文化内涵，以人为本，亦情亦理的现代室内环境，将是我们室内设计师的任务。

这套可供高等院校室内设计和建筑装饰专业教学及高级技术人才培训用的系列丛书首批出版 8 本：《室内设计原理》（上册为基本原理，下册为基本类型）、《室内设计表现图技法》、《人体工程学与室内设计》、《室内环境与设备》、《家具与陈设》、《室内绿化与内庭》、《建筑装饰构造》等；尚有《室内设计发展史》、《建筑室内装饰艺术》、《环境心理学与室内设计》、《室内设计计算机的应用》、《建筑装饰材料》等将于后期陆续出版。

系列丛书由我国高等院校中具有丰富教学经验，长期进行工程实践，具有深厚专业理论修养的作者编写，内容力求科学、系统，重视基础知识和基本理论的阐述，还介绍了许多优秀的实例，理论联系实际，并反映和汲取国内外近年来学科发展的新的观念和成就。希望这套系列丛书的出版，能适应我国室内设计与建筑装饰事业深入发展的需要，并能对系统学习室内设计这一新兴学科的院校学生、专业人员和广大读者有所裨益。

本套丛书的出版，还得到了清华大学王炜钰教授、北京市建筑设计研究院刘振宏高级建筑师、中央工艺美术学院罗无逸教授的热情支持，谨此一并致谢。

由于室内设计社会实践的飞速发展，学科理论不断深化，加以编写时间紧迫，书中肯定会存在不少不足和差错之处，真诚希望有关专家学者和广大读者给予批评指正，我们将于今后的版本中不断修改和完善。

编委会

1996 年 7 月

前　言

自我国推行改革开放政策以来，经济建设的迅速发展，促进了室内设计和建筑装饰行业的繁荣，全国从事室内设计和建筑装饰行业的人员剧增。从社会建设需求出发，许多土建、艺术类院校及相关院校也增设了室内设计、建筑装饰、环境艺术设计等专业，一些单位和部门多次举办与此相关的高级专业技术培训班，以满足室内设计日益发展、不断提高和深化的需要，为此，我们编写了"室内设计与建筑装饰专业教学丛书暨高级培训教材"，而《室内设计原理》（上册、下册）是这套系列丛书的前导和概论。本书是同济大学、重庆大学有关专业的教授在总结多年教学和生产实践经验的基础上编著的。第一、二、三章，第四章第二节，第九、十章由同济大学来增祥教授编著；第四章第一节，第五、六、七、八章由重庆大学陆震纬教授编著。第二版由来增祥教授负责修订。

由于《室内设计原理》涉及的学科面较广，所需的资料、信息量也很多，我们在编写本书的过程中得到各有关方面的大力支持。同济大学汤王卫、胡筱蕾、梁旻、孙祥明、史意勤、黄晓晟、王颖等硕士研究生和本科生协助来增祥教授绘制了本书（第一版）的插图，第二版部分插图的绘制由上海大学建筑学学士洪峰完成，本书附光盘由博士生柳闽楠协助扫描制作。重庆大学徐维森同志协助陆震纬教授完成了本书稿（第一版）的电脑排字及校对工作，杨永山等学生绘制了本书（第一版）的部分插图。此外，在本书的编写过程中还得到同济大学和重庆大学领导的大力支持，在此一并表示衷心的感谢。

目　录

第一章　室内设计的含义、发展和基本观点

第一节　室内设计的含义

人的一生，绝大部分时间是在室内度过的，因此，人们设计创造的室内环境，必然会直接关系到室内生活、生产活动的质量，关系到人们的安全、健康、实用、舒适等等。室内环境的创造，应该把保障安全和有利于人们的身心健康作为室内设计的首要前提。涉及保障安全的有许多方面，例如：楼面的使用荷载应该符合原建筑设计的量化要求，不能随意改变和破坏承重结构的构件（梁、柱、楼板、承重墙体等）体系，确保消防安全通道和门的畅通，严格按防火规范要求使用装饰材料等等；与安全有关的还有防止平顶装饰、灯具等物品的下落，栏杆和外窗处窗台高度、栏杆开档尺度的安全尺寸，地面防止滑倒以及避免人体在室内接触尖锐的转角和外凸物等等，一些装饰材料，如花岗石等，若含有超标的放射性物质，如氡等，接触中也是不安全的。室内有利于人们身心健康的方面，例如：人们在室内环境中要有足够的活动面积和所需空间，必要的日照、自然采光和通风，符合检测标准的室内空气质量，以及舒适、愉悦的室内环境等。

人们对于室内环境除了有使用安排、冷暖光照等物质功能方面的要求之外，还常有与建筑物的类型、性格相适应的室内环境氛围、风格文脉等精神功能方面的要求。

由于人们长时间地生活活动于室内，因此现代室内设计，或称室内环境设计，相对地是整体环境设计系列中和人们关系最为密切的环节。室内设计的总体，包括艺术风格，从宏观来看，往往能从一个侧面反映相应时期社会物质和精神生活的特征。随着社会发展的历代的室内设计，总是具有时代的印记，犹如一部无字的史书。这是由于室内设计从设计构思、施工工艺、装饰材料到内部设施，必然和社会当时的物质生产水平、社会文化和精神生活状况联系在一起；在室内空间组织、平面布局和装饰处理等方面，从总体说来，也还和当时的哲学思想、美学观点、社会经济、民俗民风等密切相关。从微观的、个别的作品来看，室内设计水平的高低、质量的优劣又都与设计者的专业素质和文化艺术素养等联系在一起。至于各个单项设计最终实施后成果的品位，又和该项工程具体的施工技术、用材质量、设施配置情况，以及与建设者（即业主）的协调关系密切相关，即设计是具有决定意义的最关键的环节和前提，但最终成果的质量有赖于：设计——施工——用材（包括设施）——与业主关系的整体协调。

现代室内设计，从设计理念、设计手法到施工阶段，以至于在室内环境的使用过程中，也就是从设计、施工到使用的全过程中，都强调节省资源、节约能源、防止污染、有利于生态平衡以及可持续发展等具有时代特征的基本要求。

一、含义

室内设计是根据建筑物的使用性质、所处环境和相应标准，运用物质技术手段和建筑美学原理，创造功能合理、舒适优美、满足人们物质和精神生活需要的室内环

境。这一空间环境既具有使用价值，满足相应的功能要求，同时也反映了历史文脉、建筑风格、环境气氛等精神因素。

上述含义中，明确地把"创造满足人们物质和精神生活需要的室内环境"作为室内设计的目的，即以环境为源、以人为本，一切围绕符合生态、发展可持续性的前提，为人的生活生产活动创造美好的室内环境。

同时，室内设计中，从整体上把握设计对象的依据因素则是：

使用性质——为什么样功能设计建筑物和室内空间；

所处环境——既指这一建筑物和室内空间的周围环境状况，也指该设计项目所处的时代或时间阶段；

经济投入——相应工程项目的总投资和单方造价标准的控制。

也就是设计师必须把握该设计对象的功能性格定位。所在时空定位和经济标准定位，在设计的全过程中始终要防止"定位偏差。"

设计构思时，需要运用物质技术手段，即各类装饰材料和设施设备等，这是容易理解的；还需要遵循建筑美学原理，这是因为室内设计的艺术性，除了有与绘画、雕塑等艺术之间共同的美学法则（如对称、均衡、比例、节奏等等）之外，作为"建筑美学"，更需要综合考虑使用功能、结构施工、材料设备、造价标准等多种因素。建筑美学总是和实用、技术、经济等因素联结在一起，这是它有别于绘画、雕塑等纯艺术的差异所在，也可以说现代室内设计是在科技平台上的学术创作。

现代室内设计既有很高的艺术性的要求，其涉及的设计内容又有很高的技术含量，并且与一些新兴学科，如：人体工程学、环境心理学、环境物理学等关系极为密切。现代室内设计已经在环境设计系列中发展成为独立的新兴学科。

对室内设计含义的理解，以及它与建筑设计的关系，从不同的视角、不同的侧重点来分析，许多学者都有不少具有深刻见解、值得我们仔细思考和借鉴的观点，例如：

认为室内设计"是建筑设计的继续和深化，是室内空间和环境的再创造"。

认为室内设计是"建筑的灵魂，是人与环境的联系，是人类艺术与物质文明的结合"。

我国前辈建筑师戴念慈先生认为"建筑设计的出发点和着眼点是内涵的建筑空间，把空间效果作为建筑艺术追求的目标，而界面、门窗是构成空间必要的从属部分。从属部分是构成空间的物质基础，并对内涵空间使用的观感起决定性作用，然而毕竟是从属部分。至于外形只是构成内涵空间的必然结果"。

建筑师普拉特纳（W.Platner）则认为室内设计"比设计包容这些内部空间的建筑物要困难得多"，这是因为在室内"你必须更多地同人打交道，研究人们的心理因素，以及如何能使他们感到舒适、兴奋。经验证明，这比同结构、建筑体系打交道要费心得多，也要求有更加专门的训练"。

美国前室内设计师协会主席亚当（G.Adam）指出"室内设计涉及的工作要比单纯的装饰广泛得多，他们关心的范围已扩展到生活的每一方面，例如：住宅、办公、旅馆、餐厅的设计，提高劳动生产率，无障碍设计，编制防火规范和节能指标，提高医院、图书馆、学校和其他公共设施的使用效率。总之一句话，给予各种处在室内环境中的人以舒适和安全"。

白俄罗斯建筑师 E·巴诺玛列娃（E·Ponomaleva）认为，室内设计是设计"具有视觉限定的人工环境，以满足生理和精神上的要求，保障生活、生产活动的需求"，室内设计也是"功能、空间形体、工程技术和艺术的相互依存和紧密结合"。

二、室内装饰、装修和设计

室内装饰或装潢、室内装修、室内设计，是几个通常为人们所认同的，但内在含义实际上是有所区别的词义。

室内装饰或装潢（Interior Ornament or Decoration）：装饰和装潢原义是指"器物或商品外表"的"修饰"（见《辞海》第 4387 页），是着重从外表的、视觉艺术的角度来探讨和研究问题。例如对室内地面、墙面、顶棚等各界面的处理，装饰材料的选用，色彩的配置，也可能包括对家具、灯具、陈设和小品的选用、配置和设计。

室内装修（Interior Finishing）：Finishing 一词有最终完成的含义，例如运动场上赛跑的终点即用 Finishing 一词，室内装修着重于工程技术、施工工艺和构造做法等方面，顾名思义主要是指土建工程施工完成之后，对室内各个界面、门窗、隔断等最终的装修工程。

室内设计（Interior Design）：如本节上述含义，现代室内设计是综合的室内环境设计，它既包括视觉环境和工程技术方面的问题，也包括声、光、热等物理环境以及氛围、意境等心理环境和文化内涵等内容。现代室内设计更为重视与环境、生态、人文等方面的关系，综合考虑内涵理念与可见部分、空间与界面、物理因素与心理因素等。室内设计更为全面，包括装饰、装潢与装修的内容。

第二节　室内设计的发展

现代室内设计作为一门新兴的学科，尽管还只是近数十年的事，但是人们有意识地对自己生活、生产活动的室内进行安排布置，甚至美化装饰，赋予室内环境以所祈使的氛围，却早已从人类文明伊始的时期就存在了。

一、国内

原始社会西安半坡村的方形、圆形居住空间，已考虑按使用需要将室内空间作出分隔，使入口和火坑的位置布置合理。方形居住空间近门的火坑安排有进风的浅槽，圆形居住空间入口处两侧，也设置起引导气流作用的短墙（图 1-1）。

早在原始氏族社会的居室里，已经有人工做成的平整光洁的石灰质地面，新石器时代的居室遗址里，还留有修饰精细、坚硬美观的红色烧土地面，原始人穴居的洞窟里，壁面上也已绘有兽形和围猎的图形。也就是说，即使在人类建筑活动的初始阶段，人们就已经开始对"使用和氛围"、"物质和精神"两方面的功能同时给予关注。

商朝的宫室，从出土遗址显示，建筑空间秩序井然，严谨规正，宫室里装饰着朱彩木料、雕饰白石，柱下置有云雷纹的铜盘。及至秦时的阿房宫和西汉的未央宫，虽然宫室建筑已荡然无存，但从文献的记载，从出土的瓦当、器皿等实物的制作，以及从墓室石刻精美的窗棂、栏杆的装饰纹样来看，毋庸置疑，当时的室内装饰已经相当精细和华丽。

春秋时期思想家老子在《道德经》中提出："凿户牖以为室，当其无，有室之用。故有之以为利，无之以为用。"形象生动地论述了"有"与"无"、围护与空间的辩证关系，也揭示了室内空间的围合、组织和利用是建筑室内设计的核心问题。同时，从老子朴素的辩证法思想来看，"有"与"无"，也是相互依存，不可分割地对待的。

室内设计与建筑装饰紧密地联系在一起，自古以来装饰纹样的运用，也正说明人们对生活环境、精神功能方面的需求。

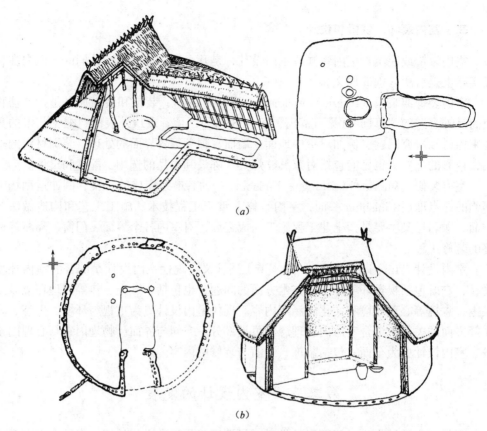

图 1-1　原始社会西安半坡村的居住空间
（a）方形居住空间；（b）圆形居住空间

图 1-2（a）、（b）分别为汉代装饰性的画像石刻和画像砖刻纹样。

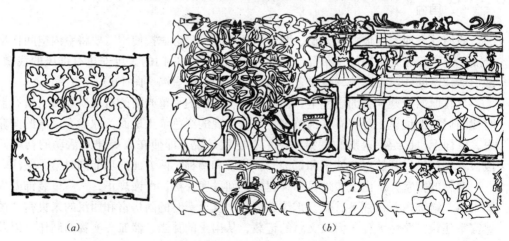

图 1-2　汉代建筑装饰性石刻与砖刻
（a）牛耕画像石刻；（b）精致的画像砖刻

　　图 1-3 是仰韶文化和龙山文化陶器上的装饰纹样。

　　图 1-4 所示为汉墓明器的住宅造型及其装饰，显示装饰与结构、装饰与围护分隔功能的结合；图 1-5 为汉墓中不同形状的柱以及兼具结构构造和装饰作用的斗栱造型。

　　从一些石窟内，我们也可以观看到当时建筑室内的装饰造型特征，图 1-6 为山西太原南北朝时天龙山石窟内的天花及飞天和佛像雕刻示意。

鱼　纹　　　　　　　　　　　　　鸟　纹

人面纹

水鸟鱼纹

彩陶盆口沿和腹部图案

（a）

雷纹黑陶片　　　　　　　　　　彩陶壶腹部图案

（b）

图 1-3　仰韶文化和龙山文化陶器上的装饰纹样

（a）仰韶文化装饰纹样；（b）龙山文化装饰纹样

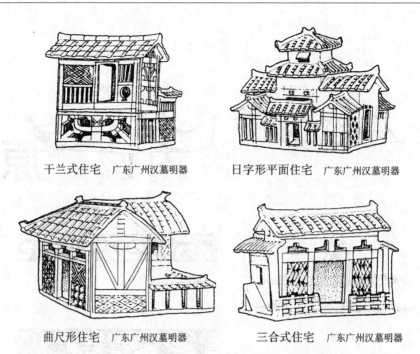

干兰式住宅　广东广州汉墓明器　　　　日字形平面住宅　广东广州汉墓明器

曲尺形住宅　广东广州汉墓明器　　　　三合式住宅　广东广州汉墓明器

图 1-4　汉墓明器所示的住宅造型及其装饰

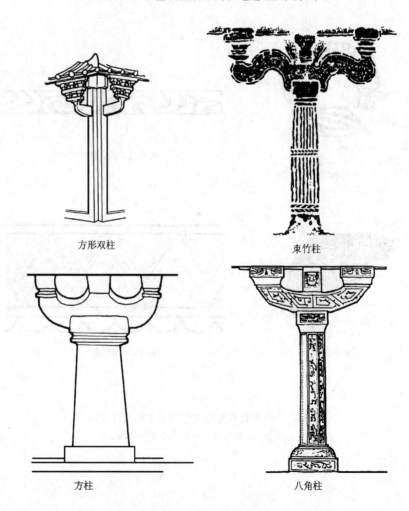

方形双柱　　　　　　　　　　　束竹柱

方柱　　　　　　　　　　　　　八角柱

图 1-5　汉墓中不同形状的柱及其斗栱造型

图1-6 山西太原天龙山石窟天花及飞天雕刻示意

在历代的文献《考工记》、《梓人传》、《营造法式》以及计成的《园冶》中，均有涉及室内设计的内容。

清代名人笠翁李渔对我国传统建筑室内设计的构思立意，对室内装修的要领和做法，有极为深刻的见解。在专著《一家言居室器玩部》的居室篇中李渔论述："盖居室之制，贵精不贵丽，贵新奇大雅，不贵纤巧烂漫"，"窗棂以明透为先，栏杆以玲珑为主，然此皆属第二义，其首重者，止在一字之坚，坚而后论工拙"，对室内设计和装修的构思立意有独到和精辟的见解，图1-7为中式传统风格的武侯祠室内示意。

图1-7 中式传统风格的武侯祠室内示意

我国各类民居，如北京的四合院、四川的山地住宅、云南的"一颗印"、傣族的干阑式住宅以及上海的里弄建筑等，在体现地域文化的建筑形体和室内空间组织的特点，在建筑装饰的设计与制作等许多方面，都有极为宝贵的可供我们借鉴的成果（图1-8～图1-12）。

二、国外

公元前古埃及贵族宅邸的遗址中，抹灰墙上绘有彩色竖直条纹，地上铺有草编织物，配有各类家具和生活用品。古埃及神庙，庙前雕塑及庙内石柱的装饰纹样均极为精美，神庙大柱厅内硕大的石柱群和极为压抑的厅内空间，正是符合古埃及神庙所需的森严神秘的室内氛围，是神庙的精神功能所需要的（图1-13）。

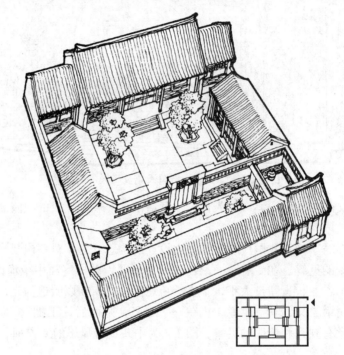

图1-8 北京四合院

图1-9 四川山地住宅（一）

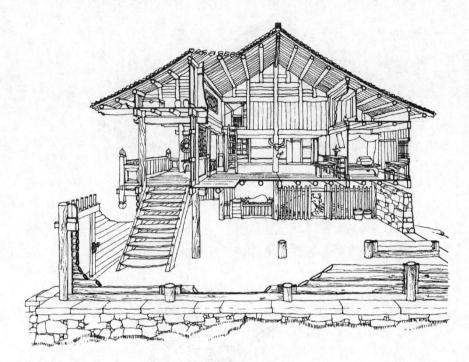

图1-9 四川山地住宅（二）

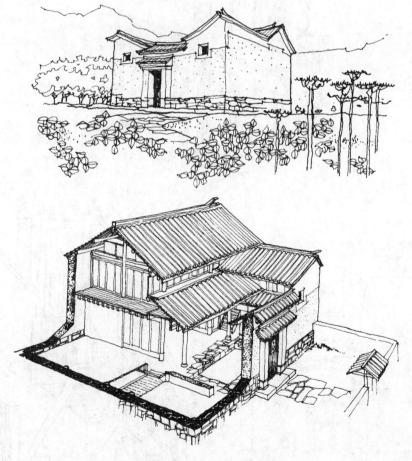

图1-10 云南"一颗印"住宅

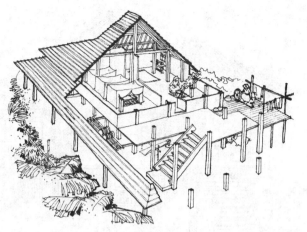

图 1-11　傣族干阑式住宅

图 1-12　上海里弄住宅

图 1-13 古埃及神庙的石像和柱面装饰

　　古希腊和罗马在建筑艺术和室内装饰方面已发展到很高的水平。古希腊雅典卫城帕提农神庙的柱廊，起到室内外空间过渡的作用，精心推敲的尺度、比例和石材性能的合理运用，形成了梁、柱、枋的构成体系和具有个性的各类柱式（图 1-14）。古罗马庞贝城的遗址中，从贵族宅邸室内墙面的壁饰，铺地的大理石地面，以及家具、灯饰等加工制作的精细程度来看，当时的室内装饰已相当成熟。罗马万神庙室内高旷的、具有公众聚会特征的拱形空间，是当今公共建筑内中庭（Atrium）设置最早的原型（图 1-15）；图 1-16、图 1-17 分别为罗马大角斗场局部和卡拉卡拉浴场俯视图，图 1-18 为西班牙哥多瓦大清真寺室内。

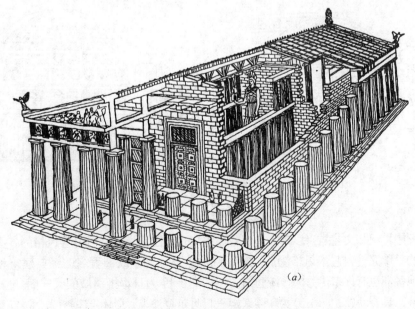

(a)

图 1-14 古希腊雅典卫城帕提农神庙的柱廊（一）
(a) 外观

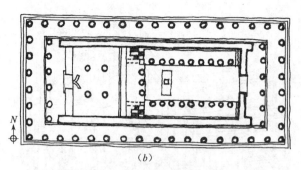

(b)

图 1-14　古希腊雅典卫城帕提农神庙的柱廊（二）
(b) 平面图

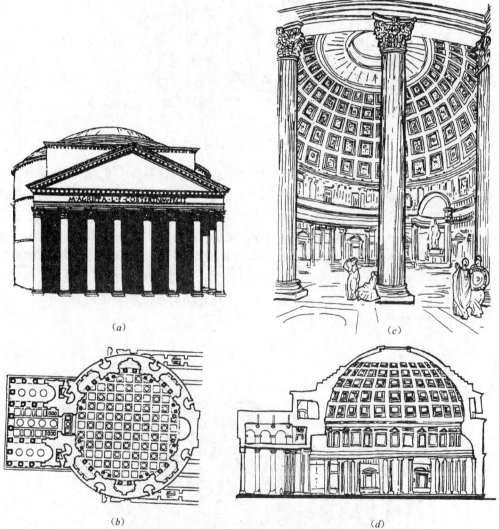

(a)

(b)

(c)

(d)

图 1-15　罗马万神庙的拱形室内空间
(a) 正立面图；(b) 平面图；(c) 中庭室内；(d) 剖面图

　　欧洲中世纪和文艺复兴以来，哥特式、古典式、巴洛克和洛可可等风格的各类建筑及其室内均日臻完美，艺术风格更趋成熟，除了上述非洲、欧洲著名的经典建筑和室内之外，其他各洲也有许多优秀的传统建筑，例如图 1-19 为日本姬路城的天守阁，白色外观，屋宇重叠，具有动感；图 1-20 为印度泰姬—玛哈尔陵外观，形体端庄秀丽，是 17 世纪伊斯兰风格建筑的结晶。历代优美的装饰风格和手法，至今仍是我们创作时可供借鉴的源泉。

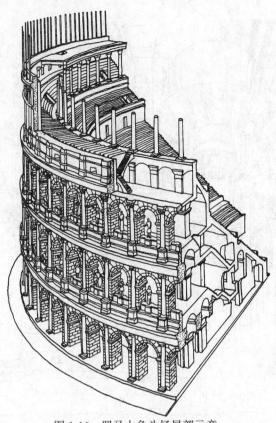

图 1-16　罗马大角斗场局部示意

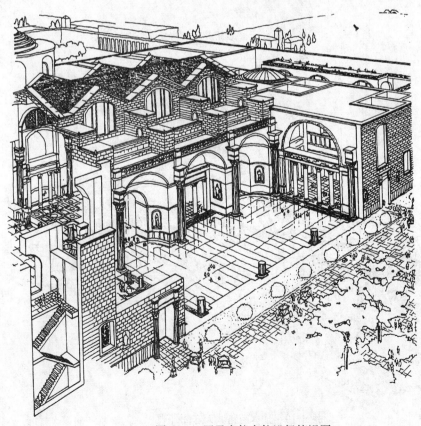

图 1-17　罗马卡拉卡拉浴场俯视图

图 1-18 西班牙哥多瓦大清真寺室内

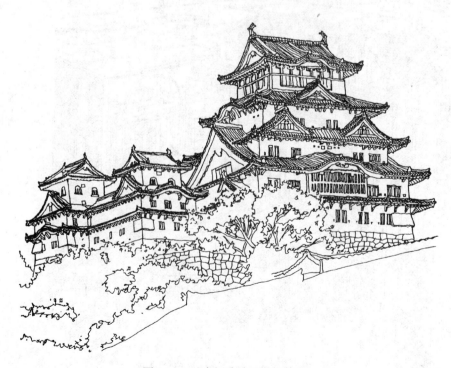

图 1-19 日本姬路城天守阁外观

图 1-20 印度泰姬—玛哈尔陵外观

　　1919 年在德国创建的包豪斯（Bauhaus）学派，摒弃因循守旧，倡导重视功能，推进现代工艺技术和新型材料的运用，在建筑和室内设计方面，提出与工业社会相适应的新观念。包豪斯学派的创始人格罗皮乌斯（Gropius）当时就曾提出："我们正处在一个生活大变动的时期。旧社会在机器的冲击之下破碎了，新社会正在形成之中。在我们的设计工作里，重要的是不断地发展，随着生活的变化而改变表现方式……。"20 年代格罗皮乌斯设计的包豪斯校舍和密斯·凡·德·罗（Mies Van Der Rohe）设计的巴塞罗那世博会德国馆都是上述新观念的典型实例（图 1-21、图 1-22）

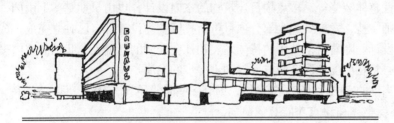

图 1-21　包豪斯校舍

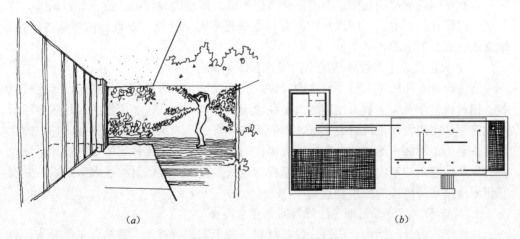

（a）　　　　　　　　　　　　　　　　（b）

图 1-22　巴塞罗那展鉴馆
（a）内景示意；（b）平面图

15

三、我国室内设计和建筑装饰的现状和应注意的问题

我国现代室内设计，虽然早在 20 世纪 50 年代首都北京人民大会堂等十大建筑工程建设时，已经起步，但是室内设计和装饰行业的大范围兴起和发展，还是 20 世纪 80 年代中期的事。由于改革开放，从旅游建筑、商业建筑开始，及至办公、金融和涉及千家万户的居住建筑，在室内设计和建筑装饰方面都有了蓬勃的发展。1984 年和 1989 年相继成立了中国建筑装饰协会和中国建筑学会室内设计分会，在众多的理工科院校和艺术院校里相继成立了室内设计专业；从 80 年代初开始发展到 2005 年底，全国注册的装饰企业已有 18 万家，从业职工 1400 万人。为加强建筑装饰行业的规范化管理，1995 年起建设部陆续颁发了《建筑装饰装修管理规定》、《住宅室内装饰装修管理办法》、《建筑装饰设计资质分级标准》等一系列法规。

进入 21 世纪，我国建筑装饰行业完成的年工程产值：2000 年为 5500 亿元，2001 年为 6600 亿元，2002 年为 7200 亿元，2003 年为 8640 亿元，2005 年约为 1 万亿元，即"十五"期间增长近一倍，平均年增长速度约为 18%～20%；预计至 2010 年，我国建筑装饰行业的年工程产值将在 2 万亿元左右。2005 年我国建筑装饰行业从业的设计师约近 80 万人，管理人员约为 100 万人，施工作业人员在 1200 万人左右，施工人员中的 5%（约 60 万人）为具有丰富经验的技术人才；至 2003 年全国有 200 多所高等院校设置了与室内设计相关的专业，在校就读生超过 4 万人，每年约有 1 万名毕业生。建设部在"2004 年全国建设工作会议"上，对住宅装饰与装修提出了住宅建设与设计往产业化发展的一系列要求，如：健全住宅产业系统中的产品开发、设计、施工、部品生产以及管理和服务等各个环节；积极推广先进适用的成套技术，提高工业化水平；大力推行住宅一次性整体装修等，重点项目建筑物的室内设计，也由早期基本上由国外或香港地区的设计师主持，发展到绝大部分项目可由我国室内设计师自己独立完成，或与境外设计师合作设计。随着科学技术的持续发展和社会经济的新增长，我国的室内设计和建筑装饰事业必将在广度和深度两方面得到进一步的发展。

我国当前的室内设计和建筑装饰，尚有一些薄弱环节，需要我们认真对待，主要是：

1. 环境整体和建筑功能意识薄弱

对所设计的室内空间内外环境的特点，例如周边的自然环境和文化氛围等考虑不多；对所在建筑的使用功能、类型性格考虑不够，即室内设计的"定位"有偏差，容易把室内设计孤立地、封闭地对待，也就是缺乏室内设计是建筑设计的继续的认识，缺乏建筑观念的素养；

2. 对大量性、生产性建筑的室内设计有所忽视

当前设计者和施工人员，对旅游宾馆、大型商场、高级餐厅等的室内设计比较重视，相对地对涉及大多数人使用的大量性建筑如学校、幼儿园、门诊所、社区生活服务设施等的室内设计重视研究不够，对职工集体宿舍、为满足中、低档收入住户的大量性住宅、老龄住户的住宅、有残疾人居住的配有无障碍设施住宅的室内设计，以及各类生产性建筑的室内设计也都有所忽视，也就是设计师应认真关注大众需求，并有意识地重视弱势群体的使用特点；

3. 对技术、经济、管理、法规等问题注意不够

现代室内设计与结构、构造、设备材料、施工工艺等技术因素结合非常紧密，科技的含量日益增高，可以毫不夸张地说，现代室内设计是在科技平台上的学术创作。设计者除了应有必要的建筑艺术修养外，还必须认真学习和了解现代建筑装修的技术与工艺等有关内容；同时，应加强执行室内设计与建筑装饰有关法规的观念，如工程

项目管理法、合同法、招投标法以及消防、卫生防疫、环保、工程监理、设计定额指标等各项有关法规和规定。

4．对节能、节省人力、物力及财力资源，对资源循环及可持续发展关注不足

我国当前的持续高速度的经济发展，在室内设计领域也应高度重视设计施工以及今后使用室内空间时的节省能源、节水，理性地节约一切可以节省的资源，重视资源循环利用及可持续发展。

5．对室内设计的创新精神和原创力重视不够

室内设计固然可以借鉴国内外传统和当今已有设计成果，但不应是简单的"抄袭"，或不顾周围环境、空间形态和建筑类型性格的"套用"，现代室内设计理应倡导具有文化内涵、结合时代精神的创新精神和原创力。

后工业社会、信息社会的 21 世纪，是一个经济、信息、科技、文化等各方面都高速发展的时期，人们对社会的物质生活和精神生活不断提出新的要求，相应地人们对自身所处的生产、生活活动环境的质量，也必将提出更高的要求，怎样才能创造出安全、健康、适用、美观、能满足现代室内综合要求、具有文化内涵顾及可持续发展的室内环境，这就需要我们从实践到理论认真学习、钻研和探索这一新兴学科中的规律性和许多问题。

根据世界贸易组织（WTO）的相关约定，国外建筑工程及设计、施工等相应机构，自 2006 年起将与国内的建筑工程和设计、施工单位具有同等的竞争条件，也就是说我们要与国际市场竞争，这也要求我们需要更好地提高我们的专业水平和创新精神，可以说创新是室内设计的"灵魂"。

第三节　室内设计的基本观点

前面我们已经对室内设计的含义和发展有了初步理解，现代室内设计从宏观上、整体上分析，从创造出满足现代功能、符合时代精神的要求出发，着重提示需要确立下述的一些基本观点：

一、以"环境为源"的设计理念为基础

自然环境在人类社会形成之前就已经存在，因此人类的一切活动，包括建设城市，建造房屋和构筑室内人工活动空间，都不应该对自然环境形成负面效应，"环境为源"可以认为是室内设计从构思到实施全过程的前提和基础。

鉴于人们营建包括室内人工环境的历史经历，已经有意或无意地对自然环境形成多种不利的影响，并且最终将直接关系到人们的生活质量以致生存权利，我们还是把"环境为源"放在室内设计基本观点的首位。

"环境为源"的含义，可以从三个不同层次的方面来阐明：

1．室内设计从整体上应该充分重视环境保护、生态平衡与资源循环等的宏观要求，确立人与自然环境和谐协调的"天人合一"的设计理念。

联系到具体设计任务时，应该考虑怎样节省和充分利用室内空间，怎样在施工和使用时节省能源、节约用水，怎样节省装饰用材，节约来自不可再生的天然材料，在施工和使用室内空间时如何保护环境、防止污染和噪声扰民等等。

对于新世纪的当代室内设计人员，是否具有环境保护、生态平衡和资源循环等可持续发展的观念，并把这一观念落实到设计、施工、选材等具体工程中去，是衡量一位设计人员，是否具有符合现代社会最为基本设计素质的标尺之一。

2．室内设计是环境系列有机组成部分的"链中一环"

把室内设计看成是自然环境——城乡环境——社区街坊环境——建筑及室外环境——室内环境这一环境系列中的有机组成，它们相互之间有许多前因后果、相互制约或提示的因素。

现代室内设计的立意、构思，室内风格和环境氛围的创造，需要着眼于对环境整体、文化特征以及建筑物的功能特点等多方面的考虑。现代室内设计，从整体观念上来理解，应该看成是环境设计系列中的"链中一环"（图 1-23）。

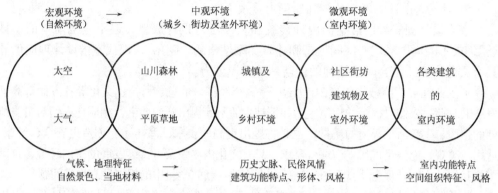

图 1-23　室内设计——环境设计系列的"链中一环"

室内设计的"里"，和室外环境的"外"（包括自然环境、文化特征、所在位置等），可以说是一对相辅相成辩证统一的矛盾，正是为了更深入地做好室内设计，就愈加需要对环境整体有足够的了解和分析，着手于室内，但着眼于"室外"。当前室内设计的弊病之一——相互类同，很少有创新和个性，对环境整体缺乏必要的了解和研究，从而使设计的依据流于一般，设计构思局限封闭。看来，忽视环境与室内设计关系的分析，也是重要的原因之一。

例如自然环境中的气候条件、自然景色、当地材料等因素都对室内设计有影响；又如地域文化、历史文脉、民俗民风等也对室内设计有某种关联；再如街区景观和建筑造型风格、功能性格也都对室内设计有一定的提示。

香港室内设计师 D·凯勒先生在浙江东阳的一次学术活动中，曾认为旅游旅馆室内设计的最主要的一点，应该是让旅客在室内很容易联想起自己是在什么地方。明斯克建筑师 E·巴诺玛列娃也曾提到"室内设计是一项系统，它与下列因素有关，即整体功能特点、自然气候条件、城市建设状况和所在位置，以及地区文化传统和工程建造方式等等。"环境整体意识薄弱，就容易就事论事，"关起门来做设计"，使创作的室内设计缺乏深度，没有内涵。当然，使用性质不同，功能特点各异的设计任务，相应地对环境系列中各项内容联系的紧密程度也有所不同。但是，从人们对室内环境的物质和精神两方面的综合感受说来，仍然应该强调对环境整体应予充分重视。

3. 室内设计所创建的室内人工环境，是综合地包括室内空间环境、视觉环境、声光热等物理环境、心理环境以及空气质量环境等许多方面，它们之间又是有机地有内在的联系。

人们（包括使用者和设计师）通常对室内设计创建的室内环境，容易有只注意和关心可见的视觉环境的倾向，而忽视或并不理解形成视觉环境的内在空间、物理、心理等依据因素，例如一个会场、剧院观众厅或音乐厅的室内设计，室内的空间形态和各个界面装饰材料质地的选用，各种装饰材料设置的部位和面积的大小，都是需要根据室内声学要求、室内混响时间的长短通过计算量化确定的，例如剧场观众厅近台口的高反射装饰材料和防止产生回声的厅内后墙的强吸声装饰材料的配置（图 1-24）。

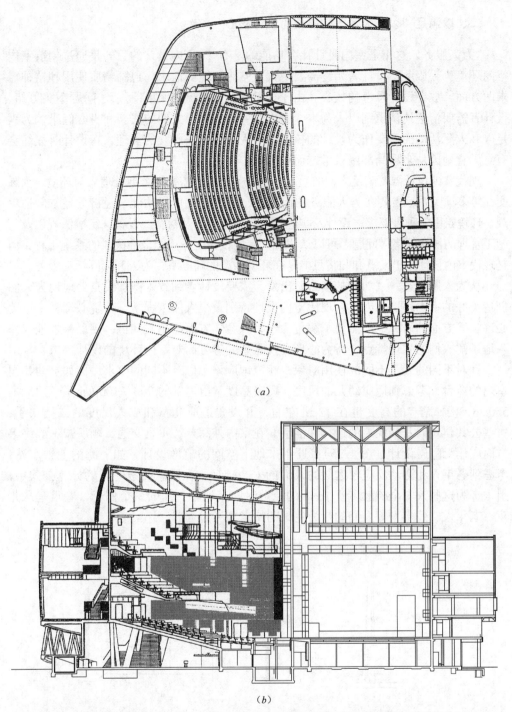

(a)

(b)

图 1-24　剧场观众厅近台口的声音高反射面和后墙的强吸声面示意（涂黑部分）
(a) 平面图；(b) 剖面图

　　一个闷热、噪声背景很高的室内，即使看上去很漂亮，待在其间也很难给人愉悦的感受。一些涉外宾馆中投诉意见比较集中的，往往是晚间电梯、锅炉房的低频噪声和盥洗室中洁具管道的噪声，影响休息。不少宾馆的大堂，单纯从视觉感受出发，过量地选用光亮硬质的装饰材料，从地面到墙面，从楼梯、走廊的栏板到服务台的台面、柜面，使大堂内的混响时间过长，说话时清晰度很差，当然造价也很高。美国室内设计师费歇尔（Fisher）来访上海时，对落脚的一家宾馆就有类似上述的评价。

二、以满足"以人为本"的需要为设计核心

"为人服务，这正是室内设计社会功能的基石。"室内设计的目的是通过创造室内空间环境为人服务，设计者始终需要把人对室内环境的需求，包括物质使用和精神需求两方面，放在设计思考的核心。由于设计的过程中矛盾错综复杂，问题千头万绪，设计者需要清醒地认识到以人为本，为人服务，为确保人们的安全和身心健康，为满足人和人际活动的需要作为设计的核心。为人服务这一平凡的真理，在设计时往往会有意无意地因从多项局部因素考虑而被忽视。

现代室内设计需要满足人们的生理、心理等要求，需要综合地处理人与环境、人际交往等多项关系，需要在为人服务的前提下，综合解决使用功能、经济效益、舒适美观、环境氛围等种种要求。设计及实施的过程中还会涉及材料、设备、定额法规以及与施工管理的协调等诸多问题。可以认为现代室内设计是一项综合性极强的系统工程，但是现代室内设计的出发点和归宿只能是在环境为源的前提下，为人和人际活动服务。

从为人服务这一"功能的基石"出发，需要设计者细致入微、设身处地地为人们创造美好的室内环境。因此，现代室内设计特别重视人体工程学、环境心理学、审美心理学等方面的研究，也需要了解行为学、社会学方面的相关知识，用以科学地、深入地了解人们的生理特点、行为心理和视觉感受等方面对室内环境的设计要求。

针对不同的人、不同的使用对象，相应地应该考虑有不同的要求，例如：幼儿园室内的窗台，考虑到适应幼儿的尺度，窗台高度常由通常的 900～1000cm 降至 450～550cm，楼梯踏步的高度也在 12cm 左右，并设置适应儿童和成人尺度的二档扶手；一些公共建筑顾及残疾人的通行和活动，在室内外高差、垂直交通、厕所盥洗等许多方面应作无障碍设计（图 1-25）；近年来地下空间的疏散设计，如上海的地铁车站，考虑到老年人和活动反应较迟缓的人们的安全疏散，在紧急疏散时间的计算公式中，引入了为这些人安全疏散多留 1min 的疏散时间余地。上面的三个例子，着重是从儿童、老年人、残疾人等人们的行为生理的特点来考虑。

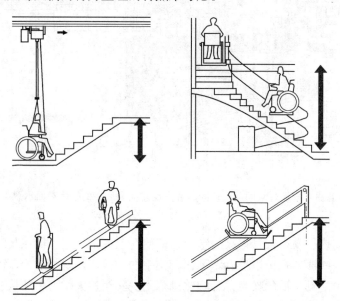

图 1-25　解决垂直高差楼梯中的无障碍设计

在室内空间的组织、色彩和照明的选用方面，以及对相应使用性质室内环境氛围的烘托等方面，更需要研究人们的行为心理、视觉感受方面的要求，例如：教堂高耸

的室内空间具有神秘感，会议厅规正的室内空间具有庄严感，而娱乐场所绚丽的色彩和缤纷闪烁的照明给人以兴奋、愉悦的心理感受。我们应该充分运用现时可行的物质技术手段和相应的经济条件，创造出首先是为了满足人和人际活动所需的室内人工环境（图1-26）。

三、科学性与艺术性的结合

室内设计正如建筑设计一样，有人说是"工科中的文科"，它具有科学与艺术的双重性格。

现代室内设计的又一个基本观点，是在创造室内环境中高度重视科学性，高度重视艺术性，及其相互的结合。从建筑和室内发展的历史来看，具有创新精神的新的风格的兴起，总是和社会生产力的发展相适应。社会生活和科学技术的进步，人们价值观和审美观的改变，促使室内设计必须充分重视并积极运用当代科学技术的成果，包括新型的材料、结构构成和施工工艺，以及为创造良好声、光、热环境的设施设备。现代室内设计的科学性，除了在设计观念上需要进一步确立以外，在设计方法和表现手段等方面，也日益予以重视，设计者已开始认真地以科学的方法，分析和确定室内物理环境和心理环境的优劣，并已运用电子计算机技术辅助设计和绘图。贝聿铭先生早在20世纪80年代来沪讲学时所展示的华盛顿艺术馆东馆室内透视的比较方案，就是以电子计算机绘制的，这些精确绘制的非直角的形体和空间关系，极为细致真实地表达了室内空间的视觉形象。

一方面需要充分重视科学性，另一方面又需要充分重视艺术性，在重视物质技术手段的同时，高度重视建筑美学原理，重视创造具有表现力和感染力的室内空间和形象，创造具有视觉愉悦感和文化内涵的室内环境，使生活在现代社会高科技、高节奏中的人们，在心理上、精神上得到平衡，即现代建筑和室内设计中的高科技

(a)

(b)

(c)

图1-26　不同的室内空间氛围给予
人们不同的心理、视觉感受
(a) 高耸神秘的教堂；
(b) 宜人的餐饮场所；(c) 温馨的居室

21

（High-tech）和高感情（High-touch）问题。总之，是科学性与艺术性、生理要求与心理要求、物质因素与精神因素的平衡和综合。

在具体工程设计时，会遇到不同类型和功能特点的室内环境（生产性或生活性、行政办公或文化娱乐、居住性或纪念性等等），对待上述两个方面的具体处理，可能会有所侧重，但从宏观整体的设计观念出发，仍然需要将两者结合。科学性与艺术性两者决不是割裂或者对立，而是可以密切结合的。意大利设计师 P·纳维（P.Nervi）设计的罗马小体育宫和都灵展览馆，尼迈亚设计的巴西利亚菲特拉教堂，屋盖的造型既符合钢筋混凝土和钢丝网水泥的结构受力要求，结构的构成和构件本身又极具艺术表现力（图1-27）；荷兰鹿特丹办理工程审批的市政办公楼，室内拱形顶的走廊结合顶部采光，不作装饰的梁柱处理，在办公建筑中很好地体现了科学性与艺术性的结合（图1-28）。

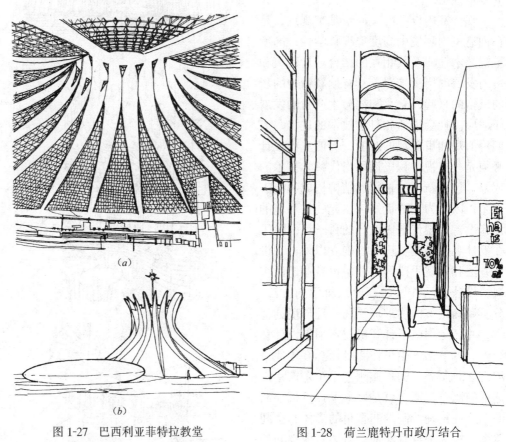

（a）

（b）

图 1-27　巴西利亚菲特拉教堂　　　　图 1-28　荷兰鹿特丹市政厅结合
（a）教堂内景；（b）教堂外景　　　　　　顶部采光的拱形顶走廊

需要提请设计人员认真对待的是室内设计中的科学性，也就是科技含量，往往是直接与使用功能、与室内的实际使用紧密结合，例如人体尺度与动作域，室内中的声、光、热要求等等，在具有实际使用意义的室内空间环境的创建中，艺术性与美观不是单项孤立的，艺术性必须在满足使用功能的前提下才具有欣赏价值，从这一意义上说，也可以认为现代室内设计是在科技平台上的艺术创作。

四、时代感与历史文脉并重

从宏观整体看，正如前述，建筑物和室内环境，总是从一个侧面反映当代社会物质生活和精神生活的特征，铭刻着时代的印记，但是现代室内设计更需要强调自觉地在设计中体现时代精神，主动地考虑满足当代社会生活活动和行为模式的需要，分析具有时代精神的价值观和审美观，积极采用当代物质技术手段。

　　同时，人类社会的发展，不论是物质技术的，还是精神文化的，都具有历史延续性。追踪时代和尊重历史，就其社会发展的本质讲是有机统一的。在室内设计中，在生活居住、旅游休息和文化娱乐等类型的室内环境里，都有可能因地制宜地采取具有民族特点、地方风格、乡土风味，充分考虑历史文化的延续和发展的设计手法。应该指出，这里所说的历史文脉，并不能简单地只从形式、符号来理解，而是广义地涉及规划思想、平面布局和空间组织特征，甚至设计中的哲学思想和观点。日本著名建筑师丹下健三为东京奥运会设计的代代木国立竞技馆，尽管是一座采用悬索结构的现代体育馆，但从建筑形体和室内空间的整体效果，确实可说它既具时代精神，又有日本建筑风格的某些内在特征（图1-29）；阿联酋沙加的国际机场，同样地，也既是现代的，又凝聚着伊斯兰建筑的特征，它不是某些符号的简单搬用，而是体现这一建筑和室内环境既具时代感、又尊重历史文脉的整体风格(图1-30)。

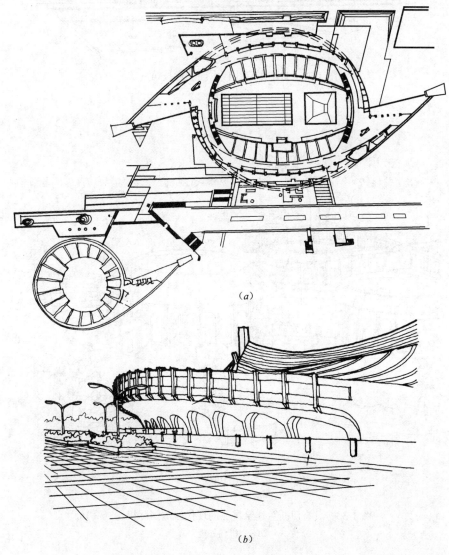

（a）

（b）

图 1-29　日本东京代代木国立竞技馆（一）
（a）平面图；（b）外观

(c)

图 1-29　日本东京代代木国立竞技馆（二）

（c）室内

(a)

图 1-30　具有伊斯兰建筑特征的现代沙加国际机场（一）

（a）机场外观

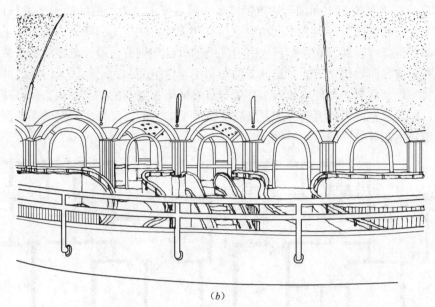

（b）

图 1-30 具有伊斯兰建筑特征的现代沙加国际机场（二）

（b）候机楼室内

五、动态与可持续的发展观

我国清代文人李渔，在他室内装修的专著中曾写道："与时变化，就地权宜"，"幽斋陈设，妙在日异月新"，即所谓"贵活变"也就是动态发展和与时变化的论点。他还建议不同房间的门窗，应设计成不同的体裁和花式，但是具有相同的尺寸和规格，以便根据使用要求和室内意境的需要，使各室的门窗可以更替和互换。李渔"活变"的论点，虽然还只是从室内装修的构件和陈设等方面去考虑，但是它已经涉及了因时、因地的变化，把室内设计以动态的发展过程来对待。

现代室内设计的一个显著的特点，是它对由于时间的推移，从而引起室内功能相应的变化和改变，显得特别突出和敏感。当今社会生活节奏日益加快，建筑室内的功能复杂而又多变，室内装饰材料、设施设备，甚至门窗等构配件的更新换代也日新月异。总之，室内设计和建筑装修的"无形折旧"更趋突出，更新周期日益缩短，而且人们对室内环境艺术风格和气氛的欣赏和追求，也是随着时间的推移而在改变。

据悉，现今瑞士的房屋建设工程有约 90％是对原有建筑在保留建筑风貌和基本结构构成的情况下，根据新的功能要求对室内环境进行改造和装修；又如日本东京男子西服店近年来店面及铺面的更新周期仅为一年半；我国上海市不少餐馆、理发厅、照相馆和服装商店的更新周期也只有 2～3 年，旅馆、宾馆的更新周期大堂为 7～10 年，客房则为 5～7 年。随着市场经济、竞争机制的引进，购物行为和经营方式的变化，新型装饰材料、高效照明和空调设备的推出，以及防火规范、建筑标准的修改等等因素，都将促使现代室内设计在空间组织、平面布局、装修构造和设施安装等方面都留有更新改造的余地，把室内设计的依据因素、使用功能、审美要求等等，都不看成是一成不变的，而是以动态发展的过程来认识和对待。室内设计动态发展的观点同样也涉及其他各类公共建筑和量大面广居住建筑的室内环境（图 1-31）。

"可持续发展"（Sustainable Development）一词最早是在 80 年代中期欧洲的一些发达国家提出来的，1989 年 5 月联合国环境署发表了《关于可持续发展的声明》，提出"可持续发展系指满足当前需要而不削弱子孙后代满足其需要之能力的发展"。

25

1993 年联合国教科文组织和国际建筑师协会共同召开了"为可持续的未来进行设计"的世界大会，其主题为各类人为活动应重视有利于今后在生态、环境、能源、土地利用等方面的可持续发展，联系到现代室内环境的设计和创造，设计者必须不是急功近利、只顾眼前，而要确立节能、充分节约与利用室内空间、力求运用无污染的"绿色装饰材料"以及创造人与环境、人工环境与自然环境相协调的观点。动态和可持续的发展观，即要求室内设计者既考虑发展有更新可变的一面，又考虑到发展在能源、环境、土地、生态等方面的可持续性。

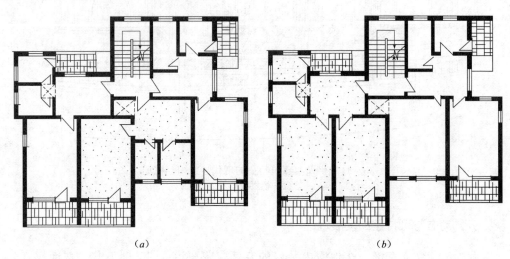

图 1-31　考虑动态发展的住宅平面
(*a*) 近期为三套一室一厅；(*b*) 可改变为两套二室一厅

综上所述，现代室内设计的基本观点可以归纳为：

$$
\text{环境为源、以人为本} \left\{ \begin{array}{l} \text{科学性} \\ \text{艺术性} \end{array} \right. \left\{ \begin{array}{l} \text{时代精神} \\ \text{历史文脉} \end{array} \right. \left\{ \begin{array}{l} \text{动　态} \\ \text{发展} \\ \text{可持续} \end{array} \right.
$$

上述的五个基本观点中环境为源可以说是前提和基础；以人为本是创建室内环境的目的；科学性和艺术性则是揭示室内设计学科的双重性，又提示注意科技是艺术创作的平台；时代精神和历史文脉可以认为是辩证地对待在时间这根"纵轴"上的发展印记；动态发展是对所设计的内容，确立随着功能、设施、观念等种种因素的变化而随之改变的设计对策。

各个基本观念又有相互联系或相通的内容，例如可持续发展既是环境为源中资源循环、能源节约等的重要理念，以人为本中的人体工程学，物理环境中的声、光、热等内容，又可以在室内设计科学性中加以论述等等。

第二章 室内设计的内容、分类和方法步骤

第一节 室内设计的内容

现代室内设计，也称室内环境设计，所包含的内容和传统的室内装饰相比，涉及的面更广，相关的因素更多，内容也更为深入。

一、室内环境的内容和感受

室内设计的目的是创建宜人的室内环境。室内环境的内容，涉及到由界面围成的空间形状、空间尺度的室内空间环境，室内声、光、热环境，室内空气环境（空气质量、有害气体和粉尘含量、负离子含量、放射剂量……）等室内客观环境因素。由于人是室内环境设计服务的主体，从人们对室内环境身心感受的角度来分析，主要有室内视觉环境、听觉环境、触感环境、嗅觉环境等，即人们对环境的生理和心理的主观感受，其中又以视觉感受最为直接和强烈。客观环境因素和人们对环境的主观感受，是现代室内环境设计需要探讨和研究的主要问题（图 2-1、图 2-2）。

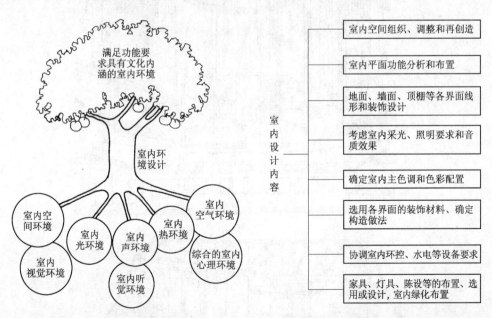

图 2-1 室内环境包含的内容　　　　图 2-2 室内设计内容包含的主要方面

室内环境设计需要考虑的方面，随着社会生活发展和科技的进步，还会有许多新的内容，对于从事室内设计的人员来说，虽然不可能对所有涉及的内容全部掌握，但是根据不同功能的室内设计，也应尽可能熟悉相应有关的基本内容，了解与该室内设计项目关系密切、影响最大的环境因素，使设计时能主动和自觉地考虑诸项因素，也能与有关工种专业人员相互协调、密切配合，有效地提高室内环境设计的内在质量。

　　例如现代影视厅，从室内声环境的质量考虑，对声音清晰度的要求极高。室内声音的清晰与否，主要决定于混响时间的长短，而混响时间与室内空间的大小、界面的表面处理和用材关系最为密切。室内的混响时间越短，声音的清晰度越高，这就要求在室内设计时合理地降低平顶，包去平面中的隙角，使室内空间适当缩小，对墙面、地面以及坐椅面料均选用高吸声的纺织面料，采用穿孔的吸声平顶等措施，以增大界面的吸声效果。上海新建影城中不少的影视厅，即采用了上述手法，室内混响时间4000Hz高频仅在0.7s左右，影视演播时的音质效果较好。而音乐厅由于相应要求混响时间较长，因此厅内体积较大，装饰材料的吸声要求及布置方式也与影视厅不同。这说明对影视厅、音乐厅室内的艺术处理，必须要以室内声环境的要求为前提。图2-3为加拿大多伦多市汤姆森音乐厅的外观、厅内透视及剖面示意。

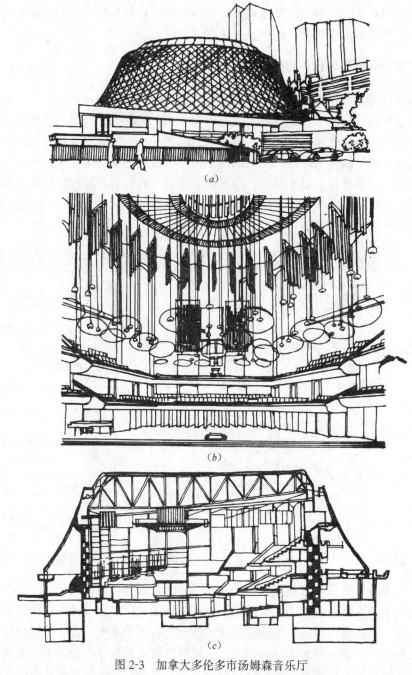

图 2-3　加拿大多伦多市汤姆森音乐厅

（a）音乐厅外观；（b）厅内透视；（c）音乐厅剖面示意

又如一些住宅的室内装修，在居室中过多地铺设陶瓷类地砖，也许是从美观和易于清洁的角度考虑而选用，但是从室内热环境来看，由于这类铺地材料的导热系数过大〔λ 在 2W／（m·K）左右〕，给较长时间停留于居室中的人体带来不适。

上述的两个例子说明，室内舒适优美环境的创造，一方面需要富有激情，考虑文化的内涵，运用建筑美学原理进行创作，同时又需要以相关的客观环境因素（如声、光、热等）作为设计的基础。主观的视觉感受或环境气氛的创造，需要与客观的环境因素紧密地结合在一起；或者说，上述的客观环境因素是创造优美视觉环境时的"潜台词"，因为通常这些因素需要从理性的角度去分析掌握，尽管它们并不那么显露，但对现代室内设计却是至关重要的（图 2-4）。

图 2-4　具有完善天然采光、配置人工照明的多伦多
市伊顿中心的采光与照明

表 2-1～表 2-4 给出了室内物理环境的部分参照值。

混响时间频率特性比值（R）　　　　　　　　　　　　　　表 2-1

频率（Hz）	歌 剧 院	戏曲、话剧院	电 影 院	会场、礼堂、多用厅堂
125	1.00～1.30	1.00～1.10	1.10～1.20	1.00～1.20
250	1.00～1.15	1.00～1.10	1.00～1.10	1.00～1.10
2000	0.90～1.00	0.90～1.00	0.90～1.00	0.90～1.00
4000	0.80～0.90	0.80～0.90	0.80～1.00	0.80～1.00

各类房间工作面平均照度（lx）　　　　表2-2

幼儿活动室	150
教　室	150
办公室	100～150
阅览室	150～200
营业厅	150～300
餐　厅	100～300
舞　厅	50～100
计算机房	200

住宅建筑各类房间工作面照度　　　　表2-3

类　别		照 度 标 准 值 （lx）		
		低	中	高
起居室、卧室	一般活动区	20	30	50
	书写、阅读	150	200	300
起居室、卧室	床头阅读	75	100	150
	精细作业	200	300	500
餐厅、过厅、厨房		20	30	50
卫生间		10	15	20
楼梯间		5	10	15

注：工作面照度为离地75cm的水平面，楼梯间为地面照度。

室内热环境的主要参照指标　　　　表2-4

项　目	允 许 值	最 佳 值
室内温度（℃）	12～32	20～22（冬季） 22～25（夏季）
相对湿度（%）	15～80	30～45（冬季） 30～60（夏季）
气流速度（m/s）	0.05～0.2（冬季） 0.15～0.9（夏季）	0.1
室温与墙面温差（℃）	6～7	<2.5（冬季）
室温与地面温差（℃）	3～4	<1.5（冬季）
室温与顶棚温度（℃）	4.5～5.5	<20（冬季）

二、室内设计的内容和相关因素

　　室内设计的内容包含的面很广，有：根据使用和造型要求、原有建筑结构的已有条件，对室内空间的组织、调整和再创造；对室内平面功能的分析和布置；对实体界面的地面、墙面、顶棚（吊顶、天花）等各界面的线形和装饰设计；根据室内环境的功能性质和需要，烘托适宜的环境氛围，协同相关专业，对采光、照明、音质、室温等进行设计；按使用和造型要求确定室内主色调和色彩配置；根据相应的装饰标准选用各界面的装饰材料；在技术上确定不同界面、不同材质搭接的构造做法；还需要协调室内环境和水电等设施要求，以及考虑家具、灯具、陈设、标识、室内绿化等的选用或设计和布置。

　　这么多的设计内容，我们可以将设计最为关键的项目，归纳为以下三个方面进行分析，这些方面的内容相互之间又有一定的内在联系：

1. 室内空间组织和界面处理

　　室内设计的空间组织，包括平面布置，首先需要充分理解原有建筑设计的意图，对建筑物的总体布局、功能分析、人流动向以及结构体系等有深入的了解，在室内设计时对室内空间和平面布置予以完善、调整或再创造。由于现代社会生活的节奏加快，建筑功能发展或变换，也需要对室内空间进行改造或重新组织，这在当前对各类建筑的更新改建任务中是最为常见的。室内空间组织和平面布置，也必然包括对室内空间各界面围合方式的设计（图 2-5）。

图 2-5　室内空间组织示例

　　由于室内空间是三维的，为了更直观地感受三维空间的尺度、比例和空间之间的相互关系，除了效果图外，还可以用模型更为直观地来探讨室内空间的组织关系和表达室内空间的立体效果（图 2-6）。

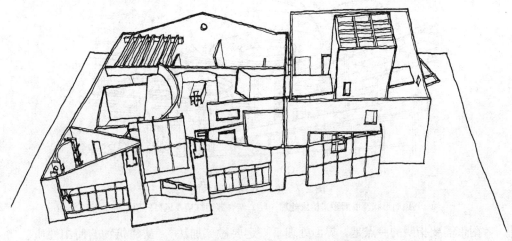

图 2-6　以模型表达室内空间的立体效果

　　在室内空间组织设计中，需要注意建筑空间和装修后的室内空间，经常会由于安装必要的设施或装修材料的铺设，而使实际可使用的空间尺度减小，例如在垂直方向由于室内顶部常有风管，有时还有消防喷淋总管等设施，占用必要的空间，室内的平顶通常要比建筑结构所给的高度低；又如地坪又经常由于有找平层、装修面层或木地面的构造层等，使实际使用地坪标高抬高；在水平方向公共建筑如商场、地铁车站等室内空间，经常会由于建筑设计时对装修饰面层的占有尺寸缺乏了解，而使装修完成后，水平方向的实际空间尺度比建筑结构图中所标的尺寸要小。上述情况都应该在建筑和室内设计时事先予以综合考虑。

室内界面处理，是指对室内空间的各个围合面——地面、墙面、隔断、平顶等各界面——的使用功能和特点的分析，界面的形状、图形线脚、肌理构成的设计，以及界面和结构构件的连接构造，界面和风、水、电等管线设施的协调配合等方面的设计。图 2-7 (a) 为东京文化会馆厅内的界面形状和图案构成处理；图 2-7 (b) 为一公共建筑室内平顶结合照明、风口的造型处理。

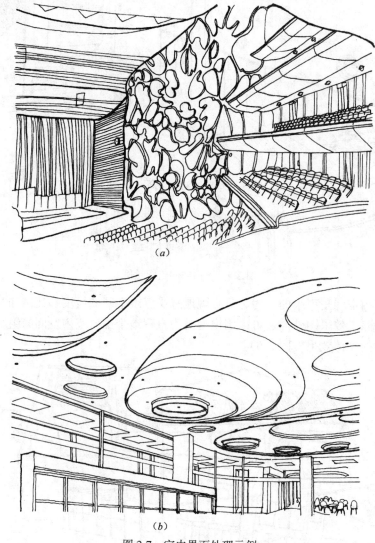

(a)

(b)

图 2-7　室内界面处理示例

(a) 顶面形状及墙面图案构成处理；(b) 结合照明灯槽及风口的顶面造型处理

附带需要指明的一点是，界面处理不一定要做"加法"。从建筑物的使用性质、功能特点方面考虑，一些建筑物的结构构件（如网架屋盖、混凝土柱身、清水砖墙等），也可以不加装饰，作为界面处理的手法之一，这正是单纯的装饰和室内设计在设计思路上的不同之处。图 2-8 为拱形结构构件和放射形骨架构件与顶界面造型相结合示例。

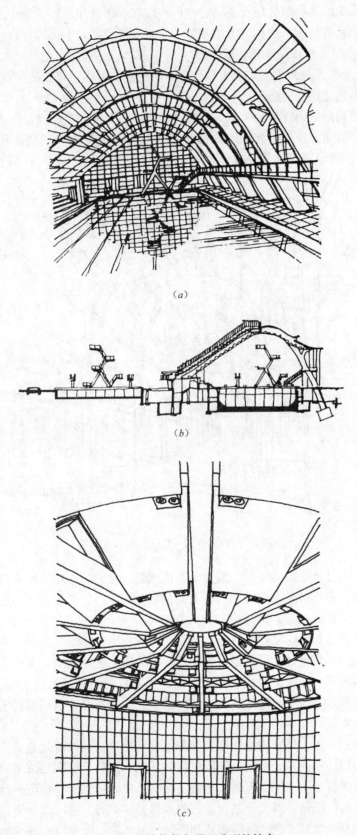

(a)

(b)

(c)

图 2-8　结构构件与界面造型的结合
(a) 拱形结构构件与顶界面的结合；
(b) 拱形结构构件剖面图；(c) 放射形骨架与顶界面结合

室内空间组织和界面处理，是确定室内环境基本形体和线形的设计内容，设计时以物质功能和精神功能为依据，考虑相关的客观环境因素和主观的身心感受。

2．室内光照、色彩设计和材质选用

"正是由于有了光，才使人眼能够分清不同的建筑形体和细部"（达·芬奇），光照是人们对外界视觉感受的前提。

室内光照是指室内环境的天然采光和人工照明，光照除了能满足正常的工作生活环境的采光、照明要求外，光照和光影效果还能有效地起到烘托室内环境气氛的作用。图2-9为拱形天窗顶光与有节奏感的球形灯具照明示例。

图2-9　室内通道的天然采光与人工照明

色彩是室内设计中最为生动、最为活跃的因素，室内色彩往往给人们留下室内环境的第一印象。色彩最具表现力，通过人们的视觉感受产生的生理、心理和类似物理的效应，形成丰富的联想、深刻的寓意和象征。

光和色不能分离，除了色光以外，色彩还必须依附于界面、家具、室内织物、绿化等物体。室内色彩设计需要根据建筑物的性格、室内使用性质、工作活动特点、停留时间长短等因素，确定室内主色调，选择适当的色彩配置，例如淡雅、宁静以黑、白、灰"无色体系"为主的建筑室内；又如活泼、兴奋高彩度色系的娱乐休闲建筑室内（参见文前彩页）。

材料质地的选用，是室内设计中直接关系到实用效果和经济效益的重要环节，巧于用材是室内设计中的一大学问。饰面材料的选用，同时具有满足使用功能和人们身心感受这两方面的要求，例如坚硬、平整的花岗石地面，光滑、精巧的镜面饰面，轻柔、细软的室内纺织品，以及自然、亲切的木质面材等等。室内设计毕竟不能停留于一幅彩稿，设计中的形、色，最终必须和所选"载体"——材质，这一物质构成相统一。在光照下，室内的形、色、质融为一体，赋予人们以综合的视觉心理感受。图2-10（a）、（b）分别是一旅馆中庭和某建筑大堂的综合视觉感受示例。

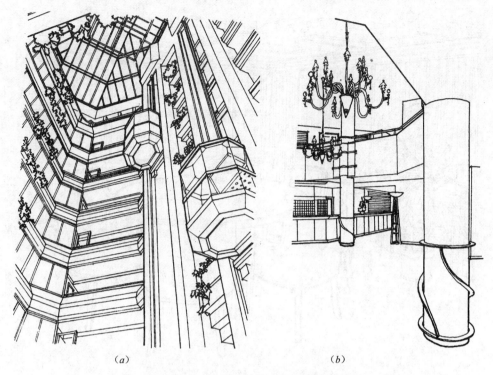

（a）　　　　　　　　　　　　　　（b）

图 2-10　室内设计的综合视觉感受示例
（a）一旅馆的中庭室内；（b）某建筑大堂室内

3. 室内内含物——家具、陈设、灯具、标识、绿化等——的设计和选用

家具、陈设、灯具、绿化等室内设计的内容，相对地可以脱离界面布置于室内空间里（固定家具、嵌入灯具及壁画等与界面组合），在室内环境中，实用和观赏的作用都极为突出，通常它们都处于视觉中显著的位置，家具还直接与人体相接触，感受距离最为接近。家具、陈设、灯具、标识、绿化等对烘托室内环境气氛，形成室内设计风格等方面起到举足轻重的作用。

对室内内含物设计、配置的总的要求是与室内空间和界面的整体协调，这些内含物的相互之间也有一个相互和谐协调的问题，这里所说的协调是指在尺度、色彩、造型和风格氛围等方面。

室内绿化在现代室内设计中具有不能代替的特殊作用。室内绿化具有改善室内小气候和吸附粉尘的功能，更为主要的是，室内绿化使室内环境生机勃勃，带来自然气息，令人赏心悦目，起到柔化室内人工环境，在高节奏的现代社会生活中具有协调人们心理使之平衡的作用（图 2-11、图 2-12）。

上述室内设计内容所列的三个方面，其实是一个有机联系的整体：光、色、形体让人们能综合地感受室内环境，光照下界面和家具等是色彩和造型的依托"载体"，灯具、陈设又必须和空间尺度、界面风格相协调。

现代室内设计的相关因素涉及方方面面的许多学科和许多领域，人们常称建筑学是工科中的文科，现代室内设计能否认为是处在建筑艺术和工程技术、社会科学和自然科学的交汇点？现代室内设计与一些学科和工程技术因素的关系极为密切，例如学科中的建筑美学、材料学、人体工程学、环境物理学、环境心理和行为学等等；技术因素如结构构成、室内设施和设备、施工工艺和工程经济、质量检测以及计算机技术在室内设计中的应用（CAD）等等（图 2-13）。

(a)

(b)

图 2-11 室内设计的内含物示例（一）

(a) 家具；(b) 卫生设施

（a）

（b）

图 2-12 室内设计的内含物示例（二）
（a）灯具；（b）室内绿化

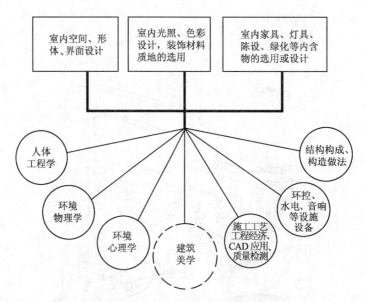

图 2-13　与室内设计关系密切的一些学科和技术因素

现代室内设计是建筑设计的继续、发展和深化，因此与建筑学相关的技术、艺术因素，环境、人文理会等，也都是室内设计师需要认真学习和深刻理解的，涉及有较高要求的专项技术的内容，如建筑声学、室内照明、室内环控、室内智能化等。除了设计者应该具备这些相关技术的基础知识外，还应该与相关学科的专业人员协同解决相应的专业技术问题。

第二节　室内设计的分类

室内设计和建筑设计类同，从大的类别来分可分为：

（1）居住建筑室内设计；

（2）公共建筑室内设计；

（3）工业建筑室内设计；

（4）农业建筑室内设计。

各类建筑中不同类型的建筑之间，还有一些使用功能相同的室内空间，例如：门厅、过厅、电梯厅、中庭、盥洗间、浴厕以及一般功能的门卫室、办公室、会议室、接待室等。当然在具体工程项目的设计任务中，这些室内空间的规模、标准和相应的使用要求还会有不少差异，需要具体分析。

各种类型建筑室内设计的分类以及主要房间的设计如下：

由于室内空间使用功能的性质和特点不同，各类建筑主要房间的室内设计对文化艺术和工艺过程等方面的要求，也各自有所侧重。例如对纪念性建筑和宗教建筑等有特殊功能要求的主厅，对纪念性、艺术性、文化内涵等精神功能的设计方面的要求就比较突出；而工业、农业等生产性建筑的车间和用房，相对地对生产工艺流程以及室内物理环境（如温湿度、光照、设施、设备等）的创造方面的要求较为严密。

室内空间环境按建筑类型及其功能的设计分类，其意义主要在于：使设计者在接受室内设计任务时，首先应该明确所设计的室内空间的使用性质，也即是所谓设计的"功能定位"，这是由于室内设计造型风格的确定、色彩和照明的考虑以及装饰材质的

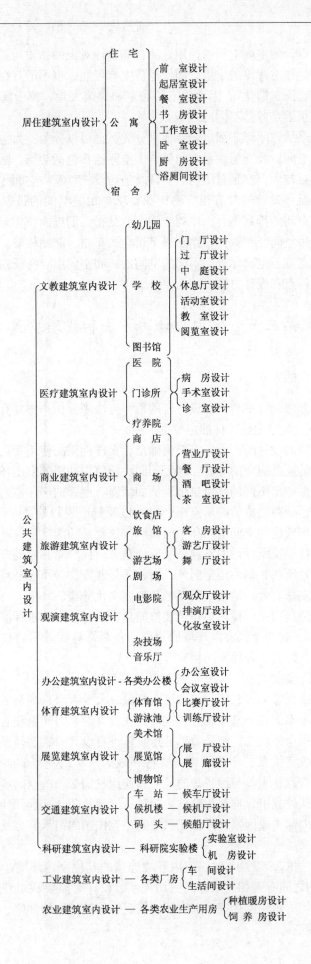

选用，无不与所设计的室内空间的使用性质，和设计对象的物质功能和精神功能紧密联系在一起。例如住宅建筑的室内，即使经济上有可能，也不适宜在造型、用色、用材方面使"居住装饰宾馆化"，因为住宅的居室和宾馆大堂、游乐场所之间的基本功能和要求的环境氛围是截然不同的。

室内设计如果从空间形态和组合特征来分类，也可以分为：大空间、相同空间的排列组合、序列空间以及交通联系空间等。大空间通常包括会场、剧场的观众厅、体育馆等，由于体量较大，在顶盖结构、空调及消防设施以及大空间厅内人员的视、听和疏散安全等方面，设计时都有相应的特殊要求。相同空间的排列组合，主要指教室、病房等室内空间的排列组合。序列空间主要是指人们进入该建筑后，将循一定的顺序通过各个使用空间，例如博物馆、展览馆、火车站、航站楼等。交通联系空间是指门厅，过厅、走廊、电梯厅等。不同的空间形态和空间组合特征在室内设计时都需要注意其相应的特点和设计方法。

第三节　室内设计的方法和程序步骤

一、室内设计的方法

室内设计的方法，这里着重从设计者的思考方法来分析，主要有以下几点：

1. 功能定位、时空定位、标准定位

进行室内环境的设计时，首先需要明确是什么样性质的使用功能？是居住的还是办公的？是游乐的还是商业的等等？因为不同性质使用功能的室内环境，需要满足不同的使用特点，塑造出不同的环境氛围，例如恬静、温馨的居住室内环境，井井有条的办公室内环境，新颖独特的游乐室内环境，以及舒适悦目的商业购物室内环境等，当然还有与功能相适应的空间组织和平面布局，这就是功能定位。

时空定位也就是说所设计的室内环境应该具有时代气息和时尚要求，考虑所设计的室内环境的位置所在，国内还是国外，南方还是北方，城市还是乡镇，以及设计空间的周围环境、左邻右舍，地域空间环境和地域文化等等。

至于标准定位是指室内设计、建筑装修的总投入和单方造价标准（指核算成每平方米的造价标准），这涉及到室内环境的规模，各装饰界面选用的材质品种，采用设施、设备、家具、灯具、陈设品的档次等。

2. 大处着眼、细处着手，从里到外，从外到里

大处着眼、细处着手，总体与细部深入推敲。大处着眼，即是如第一章中所叙述的，室内设计应考虑的几个基本观点。这样，在设计时思考问题和着手设计的起点就高，有一个设计的全局观念。细处着手是指具体进行设计时，必须根据室内的使用性质，深入调查，收集信息，掌握必要的资料和数据，从最基本的人体尺度、人流动线、活动范围和特点、家具与设备等的尺寸和使用它们必须的空间等着手。

从里到外、从外到里，局部与整体协调统一。建筑师 A·依可尼可夫曾说："任何建筑创作，应是内部构成因素和外部联系之间相互作用的结果，也就是'从里到外'、'从外到里'。"

室内环境的"里"，以及和这一室内环境连接的其他室内环境，以至建筑室外环境的"外"，它们之间有着相互依存的密切关系，设计时需要从里到外，从外到里多次反复协调，务使更趋完善合理。室内环境需要与建筑整体的性质、标准、风格，与室外环境相协调统一。

3. 意在笔先、贵在立意创新

意在笔先原指创作绘画时必须先有立意（Idea），即深思熟虑，有了"想法"后再动笔，也就是说设计的构思、立意至关重要。可以说，一项设计，没有立意、没有立意创新就等于没有"灵魂"，设计的难度也往往在于要有一个好的构思。具体设计时意在笔先固然好，但是一个较为成熟的构思，往往需要有足够的信息量，有商讨和思考的时间，因此也可以边动笔边构思，即所谓笔意同步，在设计前期和出方案过程中使立意、构思逐步明确。但关键仍然是要有一个好的构思，也就是说在构思和立意中要有创新意识，设计是创造性劳动，之所以比较艰难，也就在于需要有原创力和创新精神。

对于室内设计来说，正确、完整，又有表现力地表达出室内环境设计的构思和意图，使建设者和评审人员能够通过图纸、模型、说明等，全面地了解设计意图，也是非常重要的。在设计投标竞争中，图纸质量的完整、精确、优美是第一关，因为在设计中，形象毕竟是很重要的一个方面，而图纸表达则是设计者的语言，一个优秀室内设计的内涵和表达也应该是统一的。

二、室内设计的程序步骤

室内设计根据设计的进程，通常可以分为四个阶段，即设计准备阶段、方案设计阶段、施工图设计阶段和设计实施阶段。

1. 设计准备阶段

设计准备阶段主要是接受委托任务书，签订合同，或者根据标书要求参加投标；明确设计期限并制定设计计划进度安排，考虑各有关工种的配合与协调；

明确设计任务和要求，如室内设计任务的使用性质、功能特点、设计规模、等级标准、总造价，根据任务的使用性质所需创造的室内环境氛围、文化内涵或艺术风格等；

熟悉设计有关的规范和定额标准，收集分析必要的资料和信息，包括对现场的调查踏勘以及对同类型实例的参观等。

在签订合同或制定投标文件时，还包括设计进度安排，设计费率标准，即室内设计收取业主设计费占室内装饰总投入资金的百分比（一般由设计单位根据任务的性质、要求、设计复杂程度和工作量，提出收取设计费率数，通常为4%～8%，最终与业主商议确定）；收取设计费，也有按工程量来计算，即按每平方米收多少设计费，再乘以总计工程的平方米来计算。

2. 方案设计阶段

方案设计阶段是在设计准备阶段的基础上，进一步收集、分析、运用与设计任务有关的资料与信息，构思立意，进行初步方案设计，深入设计，进行方案的分析与比较。

确定初步设计方案，提供设计文件。室内初步方案的文件通常包括：

（1）平面图（包括家具布置），常用比例1∶50，1∶100；

（2）室内立面展开图，常用比例1∶20，1∶50；

（3）平顶图或仰视图（包括灯具、风口等布置），常用比例1∶50，1∶100；

（4）室内透视图（彩色效果）；

（5）室内装饰材料实样版面（墙纸、地毯、窗帘、室内纺织面料、墙地面砖及石材、木材等均用实样，家具、灯具、设备等用实物照片）；

（6）设计意图说明和造价概算。

初步设计方案需经审定后，方可进行施工图设计。

3. 施工图设计阶段

施工图设计阶段需要补充施工所必要的有关平面布置、室内立面和平顶等图纸，还需包括构造节点详图、细部大样图以及设备管线图，编制施工说明和造价预算。

4. 设计实施阶段

设计实施阶段也即是工程的施工阶段。室内工程在施工前，设计人员应向施工单位进行设计意图说明及图纸的技术交底；工程施工期间需按图纸要求核对施工实况，有时还需根据现场实况提出对图纸的局部修改或补充（由设计单位出具修改通知书）；施工结束时，会同质检部门和建设单位进行工程验收。

为了使设计取得预期效果，室内设计人员必须抓好设计各阶段的环节，充分重视设计、施工、材料、设备等各个方面，并熟悉、重视与原建筑物的建筑设计、设施（风、水、电等设备工程）设计的衔接，同时还须协调好与建设单位和施工单位之间的相互关系，在设计意图和构思方面取得沟通与共识，以期取得理想的设计工程成果。

第三章　室内设计的依据、要求和特点

现代室内设计在环境为源、重视生态平衡、可持续发展的前提下，考虑问题的出发点和目的都是为人服务，满足人们生活、生产活动的需要，为人们创造理想的室内空间环境，使人们感到生活在其中，受到关怀和尊重；一经确定的室内空间环境，同样也能启发、引导甚至在一定程度上影响和改变人们活动于其间的生活方式和行为模式。

为了创造一个理想的室内空间环境，我们必须了解室内设计的依据和要求，并知道现代室内设计所具有的特点及其发展趋势。

第一节　室内设计的依据

室内设计既然是作为环境设计系列中的一"环"，因此室内设计事先必须对所在建筑物的周边环境功能特点、设计意图、结构构成、设施设备等情况充分掌握，进而对建筑物所在地区的室外自然和人工条件、人文景观、地域文化等也有所了解。例如，同样设计旅馆，建筑外观和室内环境的造型风格，显然建在北京、上海的市区内和建在广西桂林和海南三亚的江河海岸边理应有所不同，同样是大城市内，北京和上海又会由于气候条件、周边环境、人文景观的不同，建筑外观和室内设计也会有所差别，这也许就是"从外到里"、"从里到外"，具体地说，室内设计主要有以下各项依据：

一、人体尺度以及人们在室内停留、活动、交往、通行时的空间范围

首先是人体的尺度和动作域所需的尺寸和空间范围，人们交往时符合心理要求的人际距离（详见第九章第四节），以及人们在室内通行时，各处有形无形的通道宽度。

人体的尺度，即人体在室内完成各种动作时的活动范围，是我们确定室内诸如门扇的高宽度、踏步的高宽度、窗台阳台的高度、家具的尺寸及其相间距离，以及楼梯平台、室内净高等的最小高度的基本依据。涉及到人们在不同性质的室内空间内，从人们的心理感受考虑，还要顾及满足人们心理感受需求的最佳空间范围（图3-1）。

从上述的依据因素，可以归纳为：

（1）静态尺度（人体尺度）；

（2）动态活动范围（人体动作域与活动范围）；

（3）心理需求范围（人际距离、领域性等）。

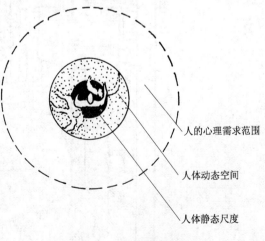

人的心理需求范围

人体动态空间

人体静态尺度

图 3-1　人体的静态尺度、
动态空间与心理需求范围示意

二、家具、灯具、设备、陈设等的尺寸以及使用、安置它们时所需的空间范围

室内空间里，除了人的活动外，主要占有空间的内含物即是家具、灯具、设备（指设置于室内的空调器、热水器、散热器、排风机等）、陈设之类；在有的室内环境里，如宾馆的门厅、高雅的餐厅等等，室内绿化和水石小品等的所占空间尺寸，也应成为组织、分隔室内空间的依据条件（图3-2～图3-4）。

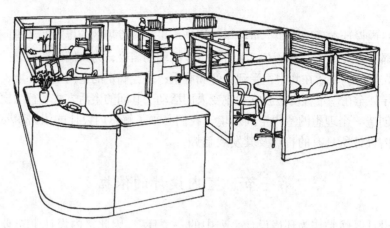

图3-2　家具所占室内空间

图3-3　绿化与水石小品所占室内空间

(a)

(b)

图 3-4 家具、灯具及绿化所占室内空间

对于灯具、空调设备、卫生洁具等，除了有本身的尺寸以及使用、安置时必须的空间范围之外，值得注意的是，此类设备、设施，由于在建筑物的土建设计与施工时，对管网布线等都已有一整体布置，室内设计时应尽可能在它们的接口处予以连接、协调。诚然，对于出风口、灯具位置等从室内使用合理和造型等要求，适当在接口上作些调整也是允许的。

三、室内空间的结构构成、构件尺寸，设施管线等的尺寸和制约条件

室内空间的结构体系、柱网的开间间距、楼面的板厚梁高、风管的断面尺寸以及水电管线的走向和铺设要求等，都是组织室内空间时必须考虑的。有些设施内容，如风管的断面尺寸、水管的走向等，在与有关工种的协商下可作调整，但仍然是必要的依据条件和制约因素。例如集中空调的风管通常在梁板底下设置，计算机房的各种电缆管线常铺设在架空地板内，室内空间的竖向尺寸，就必须考虑这些因素（图 3-5）。

图 3-5　结构构件、设施管线所占空间范围

四、符合设计环境要求、可供选用的装饰材料和可行的施工工艺

由设计设想变成现实，必须动用可供选用的地面、墙面、顶棚等各个界面的装饰材料，装饰材料的选用，必须提供实物样品，因为同一名称的石材、木材也还有纹样、质量的差别；采用现实可行的施工工艺，这些依据条件必须在设计开始时就考虑到，以保证设计图的实施。

五、业已确定的投资限额和建设标准，以及设计任务要求的工程施工期限

具体而又明确的经济和时间概念，是一切现代设计工程的重要前提。

室内设计与建筑设计的不同之处，在于同样一个旅馆的大堂，相对而言，不同方案的土建单方造价比较接近，而不同建设标准的室内装修，可以相差几倍甚至十多倍。例如一般社会旅馆大堂的室内装修费用单方造价 1000 元左右足够，而五星级宾馆大堂的单方造价可以高达 8000～10000 元（例如上海新亚—汤臣五星级宾馆大堂方案阶段的装修单方造价为 1200 美元）。可见对室内设计来说，投资限额与建设标准是室内设计必要的依据因素。同时，不同的工程施工期限，将导致室内设计中不同的装饰材料安装工艺以及界面设计处理手法。

正如第二章第三节，有关室内设计的程序步骤中已经明确，在工程设计时，诚然，室内使用功能、相应所需要烘托的文化氛围，也就是建设单位提出的设计任务书，以及有关的规范（如防火、卫生防疫、环保等）和定额标准，也都是室内设计的

依据文件，此外，原有建筑物的建筑总体布局和建筑设计总体构思也是室内设计时重要的设计依据因素。

第二节　室内设计的要求

室内设计的要求主要有以下各项：

（1）具有使用合理的室内空间组织和平面布局，提供符合使用要求的室内声、光、热效应，以满足室内环境物质功能的需要；

（2）具有造型优美的空间构成和界面处理，宜人的光、色和材质配置，符合建筑物性格的环境气氛，以满足室内环境精神功能的需要；

（3）采用合理的装修构造和技术措施，选择合适的装饰材料和设施设备，使其具有良好的经济效益；

（4）符合安全疏散、防火、卫生等设计规范，遵守与设计任务相适应的有关定额标准；

（5）随着时间的推移，考虑具有适应调整室内功能、更新装饰材料和设备的可能性；

（6）联系到可持续发展的要求，室内环境设计应充分考虑室内环境的节能、节材、防止污染，符合生态要求，并注意充分利用和节省室内空间；

（7）加大室内设计与建筑装饰的科技含量，如采用工厂预制、现场以干作业安装为主等现代工业化的设计与施工工艺，这对于住宅等大量性建筑尤为重要。

从上述室内设计的依据条件和设计要求的内容来看，相应地也对室内设计师应具有的知识和素养提出要求，或者说，应该按下述各项要求的方向，去努力提高自己。

（1）建筑单体设计和环境总体设计的基本知识，特别是对建筑单体功能分析、平面布局、空间组织、形体设计的必要知识，具有对总体环境艺术和建筑艺术的理解和素养；

（2）具有建筑材料、装饰材料、建筑结构与构造、施工技术等建筑材料和建筑技术方面的必要知识；

（3）具有对声、光、热等建筑物理，风、水、电等建筑设备的必要知识；

（4）对一些学科，如人体工程学、环境心理学等，以及现代计算机技术具有必要的知识和了解；

（5）具有较好的艺术素养和设计表达能力，具有建筑与室内设计历史、建筑美学、社会学等方面的素养，对历史传统、人文民俗、乡土风情等有一定的了解；

（6）熟悉有关建筑和室内设计的规章和法规。

可见室内设计师是在建筑和室内的工程技术、历史人文和文化艺术、以及社会学等方方面面都具有较佳素养的人才，有道是"以其昏昏，使人昭昭"是不现实的，因此室内设计师必须首先加强涉及上述要求的学习和必要知识的掌握，学会与相关学科和管理人员的协调，并且随着时代的进步不断更新所学的知识，具有创新精神。

第三节　室内设计的特点和发展趋势

一、室内设计的特点

室内设计与建筑设计之间的关系极为密切，相互渗透，通常建筑设计是室内设计的前提，正如城市规划和城市设计是建筑单体设计的前提一样。室内设计与建筑设计有许多共同点，即都要考虑物质功能和精神功能的要求，都需遵循建筑美学的原理，都受物质技术和经济条件的制约等等。室内设计作为一门相对独立的新兴学科，还有以下几个特点：

1. 对人们身心的影响更为直接和密切

由于人的一生中极大部分时间是在室内度过（包括旅途的车、船、飞机内舱在内），因此室内环境的优劣，必然直接影响到人们的安全、健康、效率和舒适，室内空间的大小和形状，室内界面的线形图案等，都会给人们生理上、心理上有较强的长时间、近距离的感受，甚至可以接触和触摸到室内的家具、设备以至墙面、地面等界面，因此很自然地对室内设计要求更为深入细致，更为慎密，要更多地从有利于人们身心健康和舒适的角度去考虑，要从有利于丰富人们的精神文化生活的角度去考虑。

2. 对室内环境的构成因素考虑更为周密

室内设计对构成室内光环境和视觉环境的采光与照明、色调和色彩配置、材料质地和纹理，对室内热环境中的温度、相对湿度和气流，对室内声环境中的隔声、吸声和噪声背景等的考虑，在现代室内设计中这些构成因素的大部分都要有定量的标准。例如一般商场光环境照度推荐的照度值如表 3-1 所示，部分民用建筑的室内舒适空气环境和允许噪声值如表 3-2、表 3-3 所示。

商场室内照度值（lx） 表 3-1

商 场 室 内 部 位	推荐照度	商 场 室 内 部 位	推荐照度
橱窗及重点陈列台	750~1500	商场门厅、广播室、美工室、试衣间	75~150
自选商场、超级市场营业厅	500~750	值班室、一般工作室	30~75
一般商场营业厅	300~500	一般商品库、楼梯间、走道、卫生间	20~50

舒适性空调的室内设计参数 表 3-2

建筑类别	夏 季		冬 季	
	高 级	一 般	高 级	一 般
宾馆 办公楼 医院、学校	25~27℃ 50%~60% 0.2~0.4m/s	26~28℃ 55%~65% 0.2~0.4m/s	20~22℃ ≥35% 0.15~0.25m/s	18~20℃ 不规定 0.15~0.25m/s
百货商场 展览馆、影剧院 车站、机场等	26~28℃ 55%~65% 0.3~0.5m/s	27~29℃ 55%~65% 0.3~0.5m/s	18~20℃ ≥35% 0.2~0.3m/s	16~18℃ 不规定 0.2~0.3m/s
电视演播室 计算机房 广播、通讯机房	24~26℃ 40%~50% 0.3~0.5m/s	26~27℃ 45%~55% 0.3~0.5m/s	18~20℃ ≥35% 0.2~0.3m/s	18~20℃ ≥35% 0.2~0.3m/s

注：表中%为相对湿度；m/s为空气流动速度米/秒。

民用建筑允许噪声级 表 3-3

类 别	A 声级（dBA）	类 别	A 声级（dBA）
播音、录音室	30	住 宅	42
音 乐 厅	34	旅馆客房	42
电 影 院	38	办公室	46
教 室	38	体育馆	46
医院病房	38	大办公室	50
图 书 馆	42	餐 厅	50

3. 较为集中、细致、深刻地反映了设计美学中的空间形体美、功能技术美、装饰工艺美

如果说，建筑设计主要以外部形体和内部空间给人们以建筑艺术的感受，室内设计则以室内空间、界面线形以及室内家具、灯具、设备等内含物的综合，给人们以室内环境艺术的感受，因此室内设计与装饰艺术和工业设计的关系也极为密切。

4. 室内功能的变化、材料与设备的老化与更新更为突出

比之建筑设计，室内设计与时间因素的关联更为紧密，更新周期趋短，更新节奏趋快。在室内设计领域里，可能更需要引入"动态设计"、"潜伏设计"等新的设计观念，即随着社会生活的发展和变化，认真考虑因时间因素引起的对平面布局、界面构造与装饰以至施工方法、选用材料等一系列相应的问题。

5. 具有较高的科技含量和附加值

现代室内设计所创造的新型室内环境，往往在电脑控制、自动化、智能化等方面具有新的要求，从而使室内设施设备、电器通讯、新型装饰材料和五金配件等等都具有较高的科技含量，如智能大楼、能源自给住宅、生态建筑、电脑控制住宅等。由于科技含量的增加，也使现代室内设计及其产品整体的附加值增加。

二、室内设计的发展趋势

随着社会的发展和时代的前进，现代室内设计具有如下的发展趋势：

(1) 从总体上看，室内设计学科的相对独立性日益增强；同时，与多学科、边缘学科的联系和结合趋势也日益明显。现代室内设计除了仍以建筑设计作为学科发展的基础外，工艺美术、工业设计和景观设计的一些观念、思考和工作方法也日益在室内设计中显示其作用；

(2) 室内设计的发展，适应于当今社会发展的特点，趋向于多层次、多风格，即室内设计由于使用对象的不同、建筑功能和投资标准的差异，明显地呈现出多层次、多风格的发展趋势。但需要着重指出的是，不同层次、不同风格的现代室内设计都将在满足使用功能的同时，更为重视人们在室内空间中的精神因素的需要和环境的文化内涵，更为重视设计的原创力和创新精神；

(3) 专业设计进一步深化和规范化的同时，业主及大众参与的势头也将有所加强，这是由于室内空间环境的创造总是离不开生活、生产活动于其间的使用者的切身需求，设计者倾听使用者的想法和要求，有利于使设计构思达到沟通与共识，贴近使用大众的需求、贴近生活，能使使用功能更具实效，更为完善；

(4) 设计、施工、材料、设施、设备之间的协调和配套关系加强，上述各部分自身的规范化进程进一步完善，例如住宅产业化中一次完成的全装修工艺，相应地要求模数化、工厂生产、现场安装以及流水作业等一系列的改革；

(5) 由于室内环境具有周期更新的特点，且其更新周期相应较短，因此在设计、施工技术与工艺方面优先考虑干式作业、块件安装、预留措施（如设施、设备的预留位置和设施、设备及装饰材料的置换与更新）等的要求日益突出；

(6) 环境、环境、环境，怎么说多不为过！如前所述，这里的环境有宏观、中观、微观三个层次来考虑。从可持续发展的宏观要求出发，室内设计将更为重视节约资源（人力、能源、材料等）、节约室内空间（也就是节省土地），防止环境污染，考虑"绿色装饰材料"的运用，创造有利于身心健康的室内环境。现代社会从资源节约和历史文脉考虑，许多旧建筑，都有可能在保留结构体系和建筑基本面貌的情况下，对室内布局、设施设备、室内装修装饰等，根据现代社会所需功能和氛围要求予以更新改造，而该项工作主要由室内设计师承担。

第四章　室内空间组织和界面处理

第一节　室内空间组织

人类劳动的显著特点，就是不但能适应环境，而且能改造环境，创建适应人们生活居住的人工环境。从原始人的穴居，发展到具有完善设施的室内空间，是人类经过漫长的岁月，对自然环境进行长期改造的结果。最早的室内空间是3000年前的洞窟，从洞窟内的反映当时游牧生活的壁画来看，证明人类早期就开始注意装饰自己的居住环境。室内环境是反映人类物质生活和精神生活的一面镜子，是生活创造的舞台。人的本质趋向于有选择地对待现实，并按照他们自己的生活活动所需和思想、愿望来加以改造和调整，现实环境总是不能满足他们的要求。不同时代的生活方式和行为模式，对室内空间提出了不同的要求，正是由于人类不断改造和现实生活紧密相联的室内环境，使得室内空间的发展变得永无止境，并在空间的量和质两方面充分体现出来（见图4-1）。

自然环境既有人类生存生活必需和有益的一面，如阳光、空气、水、绿化等；也有不利于人类的一面，如暴风雪、地震、海啸、泥石流等。因此，室内空间最初的主要功能是对自然界有害性侵袭的防范，特别是对经常性的日晒、风雨的防范，仅作为赖以生存的掩体，由此而产生了室内外空间的区别。但在创造室内环境时，人类也十分注重与大自然的结合。人类社会发展至今日，人们愈来愈认识到发展科学、改造自然，并不意味着可以对自然资源进行无限制的掠夺和索取，建设城市、创造现代化的居住环境，并不意味着可以不依赖自然，甚至任意破坏自然生态结构，侵吞甚至消灭其他生物和植被，使人和自然对立、和自然隔绝。与此相反，人类在自身发展的同时，必须尊重和保护赖以生存的自然环境。因此，确立"天人合一"的理念，维持生态平衡，返璞归真，回归自然，创造可持续发展的建筑和室内外环境，已成为人们的共识。对室内设计来说，这种内与外、人工与自然、外部空间和内部空间的紧密相联的、合乎逻辑的内涵，是室内设计的基本出发点，也是室内外空间交融、渗透、更替现象产生的基础，并表现在空间上既分隔又联系的多类型、多层次的设计手法上，以满足不同条件下对空间环境的不同需要。

一、室内空间的概念

人工环境的室内空间是人类劳动的产物，是相对于自然空间而言的，是人类有序生活组织所需要的物质产品。人对空间的需要，是一个从低级到高级，从满足生活上的物质要求，到满足心理上的精神需要的发展过程。但是，不论物质或精神上的需要，都是受到当时社会生产力、科学技术水平和经济文化等方面的制约。人们的需要随着社会发展提出不同的要求，空间随着时间的变化也相应发生改变，这是一个相互影响、相互联系的动态过程。因此，室内空间的内涵、概念也不是一成不变的，而是在不断地补充、创新和完善。

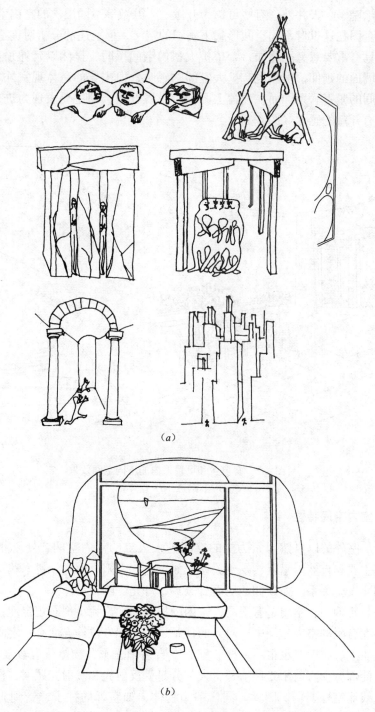

图 4-1　空间的发展

（a）室内空间的发展过程；（b）现代穴居美国佛罗里达大西洋海岸的掩土住宅

　　对于一个具有地面、顶盖、东南西北四方界面的六面体的房间来说，室内外空间的区别容易被识别，但对于不具备六面体围蔽的空间，可以表现出多种形式的内外空间关系，有时确实难以在性质上加以区别。但现实生活告诉我们，一个最简单的独柱伞壳，如站台、沿街的帐篷摊位，在一定条件下（主要是高度），可以避免日晒雨淋，在一定程度上达到了最原始的基本功能。而徒具四壁的空间，也只能称之为"院子"或"天井"而已，因为它们是露天的。由此可见，有无顶盖是区别内、外部空间的主要标志。具备地面（楼面）、顶盖、墙面三要素的房间是典型的室内空间；不具备三

51

要素的，除院子、天井外，有些可称为开敞、半开敞等不同层次的室内空间。我们的目的不是企图在这里对不同空间形式下确切的定义，但上述的分析对创造、开拓室内空间环境具有重要意义。譬如，希望扩大室内空间感时，显然以延伸顶盖最为有效。而地面、墙面的延伸，虽然也有扩大空间的感觉，但主要的是体现室外空间的引进，室内外空间的紧密联系。而在顶盖上开洞，设置开窗，则主要表现为进入室外空间，同时也具有开敞的感觉（图 4-2）。

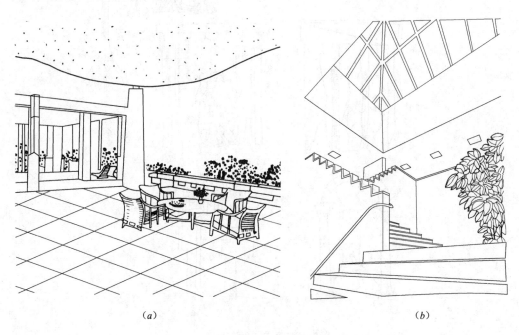

（a）　　　　　　　　　　　　　　　　　　（b）

图 4-2　有顶盖和设置天窗的不同空间效果
（a）有顶盖；（b）设天窗

二、室内空间特性

人类从室外的以自然因素为主的空间进入人工的室内空间，处于相对的不同环境，外部主要和自然因素直接发生关系，如天空、太阳、山水、树木花草；内部主要和人工因素发生关系，如顶棚、地面、家具、灯光、陈设等。

室外是延伸的，室内是有限的，室内围护空间无论大小都有规定性，因此相对说来，生活在有限的室内空间中，对人的视距、视角、方位等方面有一定限制。室内外光线在性质上、照度上也很不一样。室外在直射阳光下，物体具有较强的明暗对比，室内除可能部分受直射阳光照射外，大部分是受反射光和漫射光照射，没有强的明暗对比，光线比室外要弱。因此，同样一个物体，如室外的柱子，受到光影明暗的变化，显得小；室内的柱子因在漫射光的作用下，没有强烈的明暗变化，显得大一点；室外的色彩显得鲜明，室内的显得灰暗。这对考虑物体的尺度、色彩是很重要的，当然在人工照明的条件下，由于光源、灯具的不同设置，又会显示不同的效果。

室内是与人最接近的空间环境，人在室内活动，身临其境，室内空间周围存在的一切与人息息相关。室内一切物体既触摸频繁，又察之入微，对材料在视觉上和质感上比室外有更强的敏感性。

由室内空间采光、照明、色彩、装修、家具、陈设等多因素综合造成的室内空间形象通过视觉感受，在人们的心理上产生比室外空间更强的承受力和感受力，从而影响到人的生理、精神状态。室内空间的这种人工性、局限性、隔离性、封闭性、贴近性，其作用类似蚕的茧子，有人称为人的"第二层皮肤。"

现代室内空间环境，对人的生活思想、行为、知觉等方面发生了根本的变化，应该说是一种合乎发展规律的进步现象。但同时也带来不少的问题，主要由于与自然的隔绝、脱离日趋严重，从而使现代人体能下降。因此，有人提出回归自然的主张，怀念日出而作、日落而息的与自然共呼吸的生活方式，在当代得到了很大的反响。特别是经历了 2003 年的"非典"疫情，更使人们充分意识到在室内人工空间环境中，日照、自然采光、自然通风以及良好的空气质量等这些自然环境的诸多因素，对创建现代室内人工环境时是何等重要，它们是直接关系到人们的生命和健康的重要因素。

在创建人工环境的同时，人和自然的关系应该是和谐的，是可以调整的，尽管生态平衡、可持续发展、资源循环等是一项全球性的系统工程，但也应从各行各业做起。对室内设计来说，应尽可能扩大室外活动空间，考虑室内外的沟通，利用自然采光、自然能源、自然材料，重视室内绿化，合理利用地下空间等，创造可持续发展的室内空间环境，保障人和自然协调发展。

三、室内空间功能

空间的功能包括物质功能和精神功能。物质功能包括使用上的要求，如空间的占地面积、大小、围合形状，适合的家具、设备布置，使用方便，节约空间，交通组织、疏散、消防、安全等措施以及科学地创造良好的采光、照明、通风、隔声、隔热等的物理环境等等。

现代电子工业的发展，新技术设施的引进和利用，室内智能化设施的配置，对建筑使用提出了相应的要求和改革，其物质功能的重要性、复杂性是不言而喻的。

如住宅，在满足一切基本的物质需要后，还应考虑符合业主的经济条件，在维修、保养等方面开支的限度，提供安全设备和安全感，并在家庭生活期间发生变化时，有一定的灵活性，即动态可变的因素。

关于个人的心理需要，如对个性、社会地位、职业、文化教育等方面的表现和对个人理想目标的追求等提出的要求。心理需要还可以通过对人们行为模式的分析去了解。

精神功能是在物质功能的基础上，在满足物质需求的同时，从人的文化、心理需求出发，如人的不同的爱好、愿望、意志、审美情趣、民族文化、民族象征、民族风格等，并能充分体现在空间形式的处理和空间形象的塑造上，创建与功能性质相符的所需的室内环境氛围，使人们获得精神上的满足和美的享受。

而对于建筑空间形态的美感问题，由于审美观念的差别，往往难于一致，而且审美观念就每个人来说，由于社会经历、文化素养等因素也是不同和发展变化的，要确立统一的标准是困难的，但这并不能否定建筑形象美的一般规律。

建筑美，不论其内部或外部均可概括为形式美和意境美两个主要方面。

空间的形式美的规律如平常所说的构图原则或构图规律，如统一与变化、对比、微差、韵律、节奏、比例、尺度、均衡、重点、比拟和联想等等，这无疑是在创造建筑形象美时必不可少的手段。许多不够完美的作品，总可以在这些规律中找出某些不足之处。由于人的审美观念的发展变化，这些规律也在不断得到补充、调整、发展和完善。

但是符合形式美的空间，不一定达到意境美。正象画一幅人像，可以在技巧上达到相当高度，如比例、明暗、色彩、质感等等，但如果没有表现出人的神态、风韵，还不能算作上品。因此，所谓意境美就是要表现特定场合下的特殊性格，也可称为建筑个性或建筑性格。太和殿的"威严"，朗香教堂的"神秘"，意大利佛罗伦萨大看台的"力量"，流水别墅的"幽雅"都表现出建筑的性格特点，达到了具有感染强烈的意境效果，是空间艺术表现的典范。由此可见，形式美只能解决一般问题，意境美才能解决特殊问题；形式美只涉及问题的表象，意境美才深入到问题的本质；形式美只抓住了人的视觉，意境美才抓住了人的心灵。掌握建筑的性格特点和设计的主题思想，通过室内的一切条件，如室内空间、色彩、照明、家具陈设、绿化等等，去创造具有一定气氛、情调、神韵、气势……的意境美，是室内建筑形象创作的主要任务。

在创造意境美时，还应注意体现时代精神、民族和地方风格、地域文化的表现，对住宅来说还应注意住户个性与个人风格的体现。

意境创造要重视室内空间的气质和环境氛围，抓住人的心灵，要了解和掌握人的心理状态和心理活动规律对空间氛围的需求，此外，还可以通过人的行为模式，来分析人们的不同的心理特点。

四、室内空间组合

室内空间组合首先应该根据物质功能和精神功能的要求进行创造性的构思，一个好的方案总是根据当时当地的环境，结合建筑功能要求进行整体筹划，分析矛盾主次，抓住问题关键，内外兼顾，从单个空间的设计到群体空间的序列组织，由外到里，由里到外，反复推敲，使室内空间组织达到科学性、经济性、艺术性、理性与感性的完美结合，做出有特色、有个性的空间组合。组织空间离不开结构方案的选择和具体布置，结构布局的简洁性和合理性与空间组织的多样性和艺术性，应该很好地结合起来。经验证明，在考虑空间组织的同时应该考虑室内家具等的布置要求以及结构布置对空间产生的影响，否则会带来不可弥补的先天性缺陷。

随着社会的发展、人口的增长，可利用的空间是一种趋于相对减少的量，空间的价值观念将随着时间的推移而日趋提高，因此如何充分地、合理地利用和组织空间，就成为一个更为突出的问题。合理地利用空间，不仅反映在对内部空间的巧妙组织，而且在空间围合的大小、形状的变化，整体和局部之间的有机联系，在功能和美学上达到协调和统一。

美国建筑师雅各布森的住宅，巧妙地利用不等坡斜屋面，恰如其分地组织了需要不同层高和大小的房间，使之各得其所。其中起居室空间虽大但因高度不同的变化而显得很有节制，空间也更生动。书房学习室适合于较小的空间而更具有亲切、宁静的气氛。整个空间布局从大、高、开敞至小、亲切、封闭，十分紧凑而活泼，并尽可能地直接和间接接纳自然光线，以便使冬季的黑暗减至最小（图4-3）。日本丹下健三设计的日南文化中心（图4-4），大小空间布置得体，观众厅部分因视线要求地坪升起与顶部结构斜度呼应，舞台上部空间升高也与结构协调，各部分空间得到充分利用，是公共建筑采用斜屋面的成功例子。英国法兰巴恩聋哑学校（图4-5）采用八角形的标准教室，这种多边形平面形式有助于分散干扰回声和扩散声，从而为聋哑学校教室提供最静的声背景，空间组合封闭和开敞相结合，别具一格。每个教室内有8个马蹄形布置的课桌，与室内空间形式十分协调，该教室地面和顶棚还设有感应圈，以增强每个学生助听器的放大声。

在空间的功能设计中，还有一个值得重视的问题，就是对储藏空间的处理。储藏空间在每类建筑中是必不可少的，在居住建筑中尤其显得重要。如果不妥善处理，常会引起侵占其他空间或造成室内空间的杂乱。包括储藏空间在内的家具布置和室内空间的统一，是现代住宅设计的主要特点，一般常采用下列几种方式（图4-6）：

1. 嵌入式（或称壁龛式）

它的特点是贮存空间与结构结成整体，充分保持室内空间面积的完整，常利用突出于室内的框架柱，嵌入墙内的空间，以及利用窗子上下部空间来布置橱柜（图4-6a）。

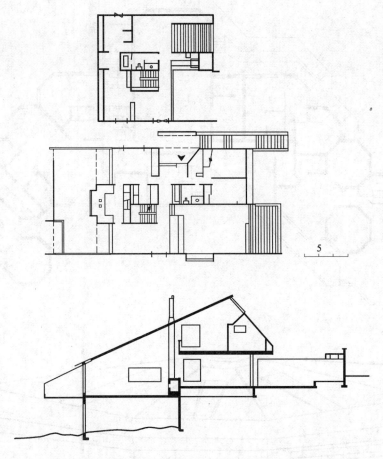

图 4-3 美国西雅图建筑师雅各布森为自己设计的住宅

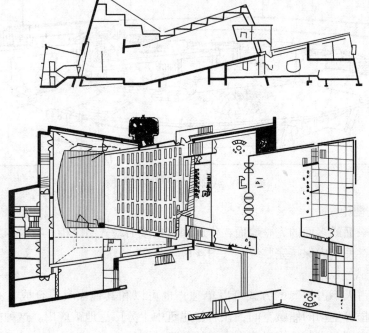

图 4-4 日本日南文化中心

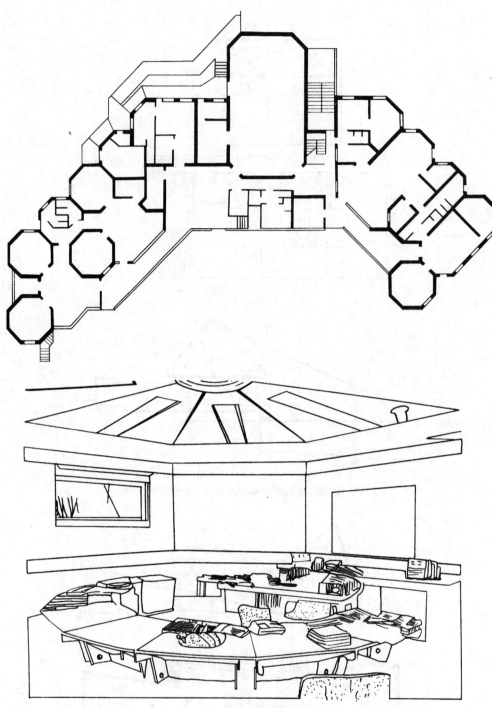

图 4-5 英国法兰巴恩聋哑学校

2. 壁式橱柜

它占有一面或多面的完整墙面，作成固定式或活动式组合柜，有时作为房间的整片分隔墙柜，使室内保持完整统一（图 4-6b）。

3. 悬挂式

这种"占天不占地"的方式可以单独，也可以和其他家具组合成富有虚实、凹凸、线面纵横等生动的储藏空间，在居住建筑中十分广泛地被应用。这种方式应高度适当，构造牢固，避免地震时落物伤人的危险（图 4-6c、d）。

图 4-6 储藏空间的方式

(a) 嵌入式；(b) 壁式橱柜；(c)、(d) 悬挂式；(e) 收藏式；(f) 桌橱结合式

4. 收藏式

结合壁柜设计活动床桌，可以随时翻下使用，使空间用途灵活，在小面积住宅中，和有临时增加家具需要的用户中，运用非常广泛（图 4-6e）。

5. 桌橱结合式

充分利用桌面剩余空间，桌子与橱柜相结合（图 4-6f）。

此外还有其他多功能的家具设计，如沙发床及利用家具单元作各种用途的拼装组合家具。当在考虑空间功能和组织的时候，另一个值得注意的问题是，除上述所说的有形空间外，还存在着"无形空间"或称心理空间。

实验证明，某人在阅览室里，当周围到处都是空座位而不去坐，却偏要紧靠一个人坐下，那么后者不是局促不安地移动身体，就是悄悄走开，这种感情很难用语言表达。在图书馆里，那些想独占一处的人，就会坐在长方桌一头的椅子上；那些竭力不让他人和他并坐的人，就会占据桌子两侧中间的座位；在公园里，先来的人坐在长凳的一端，后来者就会坐在另一端，此后行人对是否要坐在中间位置上，往往犹豫，这种无形的空间范围圈，就是心理空间。

室内空间的大小、尺度、家具布置和座位排列，以及空间的分隔等，都应从物质需要和心理需要两方面结合起来考虑。设计师是物质和精神环境的创造者，不但应关心人的物质需要，更要了解人的心理需求，并通过良好的优美环境来影响和提高人的心理素质，把物质空间和心理空间统一起来。

五、空间形式与构成

室内空间是通过一定形式的界面围合而表现出来。建筑就其形式而言，就是一种空间构成，但并非有了建筑内容就能自然生长、产生出形式来。功能决不会自动产生形式，形式是靠人类的形象思维产生的，形象思维在人的头脑中有广阔的天地。因此，同样的内容也并非只有一种形式才能表达，研究空间形式与构成，就是为了更好地体现室内的物质功能与精神功能的要求，形式和功能，两者是相辅相成、互为因果、辩证统一的。研究空间形式离不开对平面图形的分析和空间图形的构成。

空间的尺度与比例，是空间构成形式的重要因素。在三维空间中，等量的比例如正方体、圆球，没有方向感，但有严谨、完整的感觉。不等量的比例如长方体、椭圆体，具有方向感，比较活泼，富有变化的效果。在尺度上应协调好绝对尺度和相对尺度的关系。任何形体都是由不同的线、面、体所组成。因此，室内空间形式主要决定于界面形状及其构成方式。有些空间直接利用上述基本的几何形体，更多的情况是，进行一定的组合和变化，使得空间构成形式丰富多彩。

建筑空间的形成与结构、材料有着不可分割的联系，空间的形状、尺度、比例以及室内装饰效果，很大程度上取决于结构构成形式及其所使用的材料质地，把建筑造型与结构构成造型统一起来这一观点愈来愈被广大建筑师所接受。艺术和技术相结合产生的室内空间形象，正是反映了建筑空间艺术的本质，是其他艺术所无法代替的。例如奈尔维设计的罗马奥林匹克体育馆（图 4-7），由预制菱形受力构件所组成的圆顶，形如美丽的葵花，具有十分动人的韵律感和完满感，充分显示工程师的高度智慧，是技术和艺术的结晶。又如某教堂（图 4-8），以三个双曲抛物面，覆盖着三部分不同观众的席位，中间为圣台，通过暴露结构的天窗，很适于教堂光线的要求，功能与结构十分协调。再如沙特阿拉伯国际航站（图 4-9），利用桅杆支撑的双曲薄膜屋盖，能够在任何方向的风荷载下，保证纤维拉力的大跨度帐篷结构，将内部空间造成特有的柔和曲线，简洁明快，富有时代特点。我国传统的木构架，在创造室内空间的艺术效果时，也有辉煌的成就，并为中外所共知。

　　由上可知，建筑空间形态和装饰的创新和变化，首先要在结构构成造型的创新和变化中去寻找美的规律，建筑围合空间的形状、大小的变化，应和相应的结构系统取得协调一致。要充分利用结构造型美来作为空间形象构思的基础，把艺术融化于技术之中。这就要求设计师必须具备必要的结构知识，熟悉和掌握现有的结构体系，并对结构从总体至局部，具有敏锐的、科学的和艺术的综合分析。

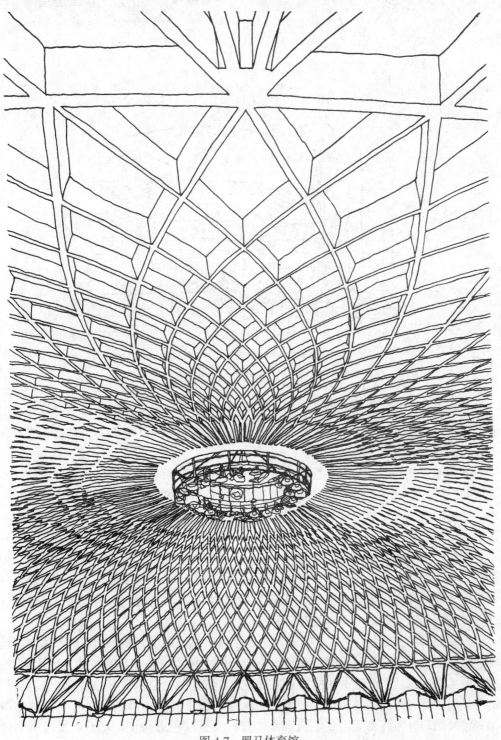

图 4-7　罗马体育馆

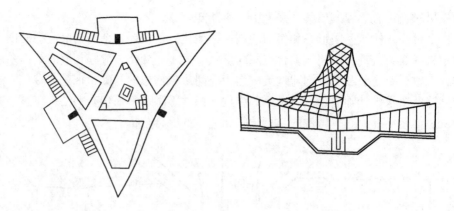

图 4-8　某教堂

图 4-9　沙特阿拉伯国际航站

　　结构和材料的暴露与隐藏、自然与加工是艺术处理的两种不同手段,有时宜藏不宜露,有时宜露不宜藏,有时需现自然之质朴,有时需求加工之精巧,技术和艺术既有统一的一面,也有矛盾的一面。

　　同样的形状和形式,由于视点位置的不同,视觉效果也不一样。因此,通过空间轴线的旋转,形成不同的角度,使同样的空间有不同的效果。也可以通过对空间比例、尺度的变化使空间取得不同的感受,例如,中国传统民居以单一的空间组合成丰富多样的形式。

　　现代建筑充分利用空间处理的各种手法,如空间的错位、错叠、穿插、交错、切削、旋转、裂变、退台、悬挑、扭曲、盘旋等,使空间形式构成得到充分的发展。但是要使抽象的几何形体具有深刻的表现性,达到具有某种意境的室内景观,还要求设计者对空间构成形式的本质具有深刻的认识。

　　约在 20 世纪 20 年代初,西方现代艺术发展中,出现了以抽象的几何形体表现绘画和雕塑的构成主义流派,它是在受到毕加索的立体主义和赖特有机建筑的影响下,掀起的风格派运动中产生的。构成主义把矩形、红蓝黄三原色、不对称平衡作为创作的三要素。具有代表性的是荷兰抽象主义画家蒙德里安(1874～1944 年)用狭窄的黑带将画面划分为许多黑、白、灰和红、蓝、黄三原色方块图。随后,里特维尔德(1888～1964 年)根据构成主义的原则,设计了非常著名的红蓝黄三色椅,至今还在市场上广泛流传。当时俄国先锋派领袖康定斯基的第一幅纯抽象作品已在1910年问世，至1920年，塔特林为第三国际设计的纪念碑，是最有代表性的构成主义作品，虽然没有建成，但1971年在伦敦旋转艺术展览中复制了这个作品，能使大家一睹它的风采。在这个时期绘画、雕塑和建筑三者紧密联系和合作，都以抽象的几何形体和艺术表现的手段而走上同一条道路，这绝不是偶然的。

从具象到抽象，由感性到理性，由复杂到简练，从客观到主观，没有一个艺术家能离开这条道路，或者走到极端，或者在这条路上徘徊。我们且不谈其他艺术应该走什么道路，但对建筑来说，由于建筑本身是由几何形体所构成，不论设计师有意或无意，建筑总是以其外部的体量组合，由内部的空间形态呈现于人们的面前，建筑的这种存在是客观现实，人们必须天天面对它，接受它的影响。因此，如果把建筑艺术看为一种象征性艺术，那么它的艺术表现的物质基础，也就只能是抽象的几何形体组合和空间构成了。

六、空间类型

空间的类型或类别可以根据不同空间构成所具有的性质特点来加以区分，以利于在设计组织空间时选择和运用。

1. 固定空间和可变空间（或灵活空间）

固定空间常是一种经过深思熟虑的使用不变、功能明确、位置固定的空间，因此可以用固定不变的界面围隔而成。如目前居住建筑设计中常将厨房、卫生间作为固定不变的空间，确定其位置，而其余空间可以按用户需要自由分隔。图4-10为美国A·格罗斯曼住宅平面，以厨房、洗衣房、浴室为核心，作为固定空间，尽端为卧室，通过较长的走廊，加强了私密性，在住宅的另一端，以不到顶的大储藏室隔墙，分隔出学习室、起居室和餐室。

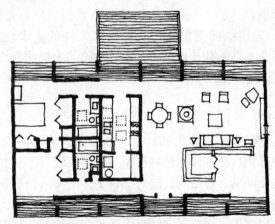

图4-10　A·格罗斯曼住宅平面

另外，有些永久性的纪念堂，也常作为固定不变的空间。

可变空间则与此相反，为了能适合不同使用功能的需要而改变其空间形式，因此常采用灵活可变的分隔方式，如折叠门、可开可闭的隔断（图4-11），以及影剧院中的升降舞台、活动墙面、天棚等。

2. 静态空间和动态空间

静态空间一般说来形式比较稳定，常采用对称式和垂直水平界面处理。空间比较封闭，构成比较单一，视觉常被引导在一个方位或落在一个点上，空间常表现得非常

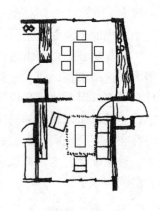

图 4-11 可变空间示例

清晰明确，一目了然。图 4-12（a）为一会议室，家具作封闭形周边布置，顶棚、地面上下对应，吊灯位于空间的几何中心，空间限定得十分严谨；图 4-12（b）为北京燕京饭店自动扶梯旁休息处，对称布置，以实墙为背景，视线停留于此。

　　动态空间，或称为流动空间，往往具有空间的开敞性和视觉的导向性的特点，界面（特别是曲面）组织具有连续性和节奏性，空间构成形式富有变化性和多样性，常使视线从这一点转向那一点。开敞空间连续贯通之处，正是引导视觉流通之时，空间的运动感既在于塑造空间形象的运动性上，如斜线、连续曲线等，更在于组织空间的节律性上。如锯齿形式有规律的重复，使视觉处于不停地流动状态。图 4-13（a）为某商场采用曲面玻璃墙面；图 4-13（b）为昆明金龙饭店中庭弧线形楼梯；图 4-13（c）为某酒店大厅，采用空间交错构图，有点像赖特的流水别墅，具有动感；图 4-13（d）为某公寓采用整洁的瓷砖图案，从楼梯边墙一直延伸到墙裙、隔板，引导视线，获得空间流动的效果；图 4-13（e）为某办公室暴露结构斜撑，使空间静中有动。

　　3. 开敞空间和封闭空间

　　开敞空间和封闭空间也有程度上的区别，如介于两者之间的半开敞和半封闭空间。它取决于房间的适用性质和周围环境的关系，以及视觉上和心理上的需要。在空间感上，开敞空间是流动的、渗透的，它可提供更多的室内外景观和扩大视野；封闭空间是静止的、凝滞的，有利于隔绝外来的各种干扰。在使用上，开敞空间灵活性较大，便于经常改变室内布置；而封闭空间提供了更多的墙面，容易布置家具，但空间变化受到限制，同时，和大小相仿的开敞空间比较显得要小。在心理效果上，开敞空间常表现为开朗的、活跃的；封闭空间常表现为严肃的、安静的或沉闷的，但富于安全感。在对景观关系上和空间性格上，开敞空间是收纳性的、开放性的；而封闭空间是拒绝性的。因此，开敞空间表现为更带公共性和社会性，而封闭空间更带私密性和个体性。图 4-14 为面对旧金山海湾的居室，根据住户不同的要求，作成开敞和封闭的处理。对于规模较大的重要公共建筑，空间的开敞性和封闭性还应结合整个空间序列布置来考虑。

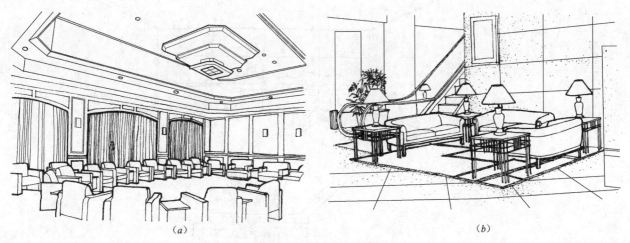

(a)

(b)

图 4-12 静态空间示例

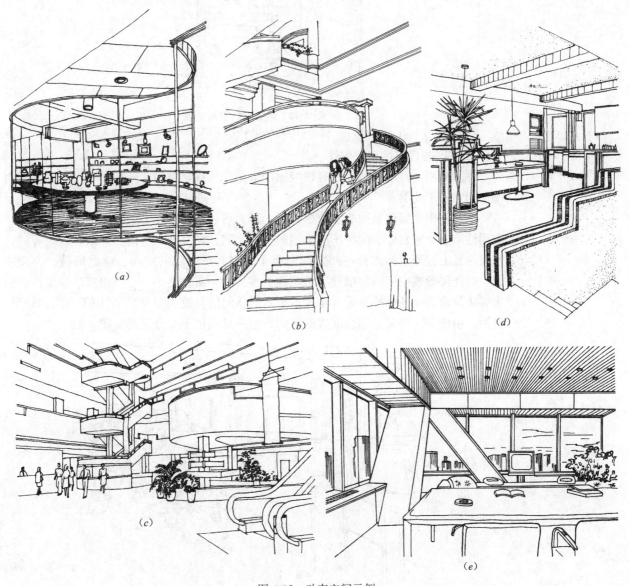

(a)

(b)

(d)

(c)

(e)

图 4-13 动态空间示例

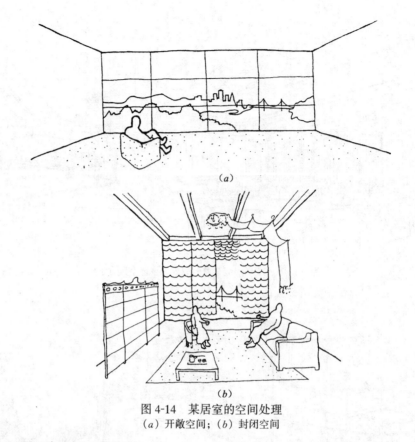

图 4-14 某居室的空间处理
（*a*）开敞空间；（*b*）封闭空间

4.空间的肯定性和模糊性

界面清晰、范围明确、具有领域感的空间，称肯定空间。一般私密性较强的封闭型空间常属于此类。

在建筑中凡属似是而非、模棱两可，而无可名状的空间，通常称为模糊空间。在空间性质上，它常介于两种不同类别的空间之间，如室外、室内，开敞、封闭等；在空间位置上常处于两部分空间之间而难于界定其所归属的空间，可此可彼，亦此亦彼。由此而形成空间的模糊性、不定性、多义性、灰色性……，从而富于含蓄性和耐人寻味，常为设计师所宠爱（参见本节八、空间的过渡和引导），多用于空间的联系、过渡、引伸等。许多采用套间式的房间，空间界线也不十分明确（图 4-15）。

图 4-15 模糊空间示例

5. 虚拟空间和虚幻空间

虚拟空间是指在界定的空间内，通过界面的局部变化而再次限定的空间，如局部升高或降低地坪或天棚，或以不同材质、色彩的平面变化来限定空间等等（图 4-16）。

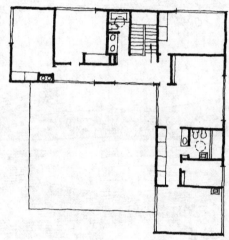

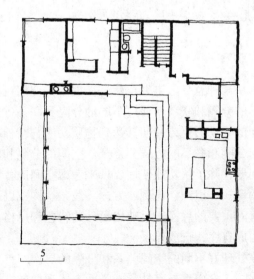

图 4-16　虚拟空间示例

　　虚幻空间，是指室内镜面反映的虚像，把人们的视线带到镜面背后的虚幻空间去，于是产生空间扩大的视觉效果，有时还能通过几个镜面的折射，把原来平面的物件造成立体空间的幻觉，紧靠镜面的物体，还能把不完整的物件（如半圆桌），造成完整的物件（圆桌）的假象。因此，室内特别狭小的空间，常利用镜面来扩大空间感，并利用镜面的幻觉装饰来丰富室内景观。除镜面外，有时室内还利用有一定景深的大幅画面，把人们的视线引向远方，造成空间深远的意象（图 4-17）。

图 4-17　虚幻空间示例

七、空间的分隔与联系

　　室内空间的组合，从某种意义上讲，也就是根据不同使用目的，对空间在垂直和水平方向进行各种各样的分隔和联系，通过不同的分隔和联系方式，为人们提供良好的空间环境，满足不同的活动需要，并使其达到物质功能与精神功能的统一。上述不同空间类型或多或少与分隔和联系的方式分不开。空间的分隔和联系不单是一个技术问题，也是一个艺术问题，除了从功能使用要求来考虑空间的分隔和联系外，对分隔和联系的处理，如它的形式、组织、比例、方向、线条、构成以及整体布局等等，都对整个空间设计效果有着重要的意义，反映出设计的特色和风格。良好的分隔总是以少胜多，虚实得宜，构成有序，自成体系。

　　空间的分隔，应该处理好不同的空间关系和分隔的层次。首先是室内外空间的分隔，如入口、天井、庭院，它们都与室外紧密联系，体现内外结合及室内空间与自然空间交融等等。其次是内部空间之间的关系，主要表现在，封闭和开敞的关系，空间的静止和流动的关系，空间过渡的关系，空间序列的开合、扬抑的组织关系，表现空间的开放性与私密性的关系以及空间性格的关系。最后是个别空间内部在进行装修、布置家具和陈设时，对空间的再次分隔。这三个分隔层次都应该在整个设计中获得高度的统一。

建筑物的承重结构，如承重墙、柱、剪力墙以及楼梯、电梯井和其他竖向管线井等，都是对空间的固定不变的分隔因素，因此，在划分空间处理时应特别注意它们对空间的影响，非承重结构的分隔材料，如各种轻质隔断、落地罩、博古架、帷幔、家具、绿化等分隔空间，应注意它们构造的牢固性和装饰性。例如，意大利托思卡纳松林里的某住宅（图 4-18），在框架的轨道上作任意的活动分隔变化，住宅的广度是模糊的和不限定的，自然直接伸进住宅，使建筑与自然交织在一起，并创造不同的内部空间感受。

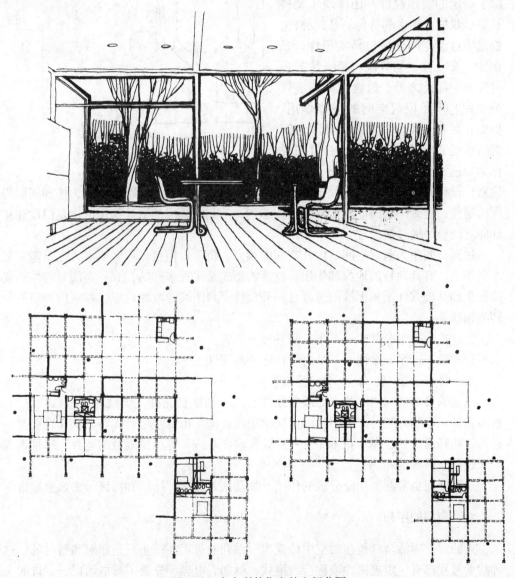

图 4-18 意大利某住宅的空间分隔

此外，利用顶棚、地面的高低变化或色彩、材料质地的变化，可作象征性的空间限定，即上述的虚拟空间的一种分隔方式。

八、空间的过渡和引导

空间的过渡和过渡空间，是根据人们日常生活的需要提出来的，比如：当人们进入自己的家庭时，都希望在门口有块地方擦鞋换鞋，放置雨伞、挂雨衣，或者为了家庭的安全性和私密性，也需要进入居室前有块缓冲地带。又如：在影剧院中，为了不使观众从明亮的室外突然进入较暗的观众厅而引起视觉上的急剧变化的不适应感觉，常在门厅、休息厅和观众厅之间设立渐次减弱光线的过渡空间。这些都属于实用性的过渡空间。此外，还有如厂长、经理办公室前设置的秘书接待室，某些餐厅、宴会厅前的休息室，除了一定的实用性外，还体现了某种礼节、规格、档次和身份。凡此种种，都说明过渡空间性质包括实用性、私密性、安全性、礼节性、等级性等多种性质。除此之外，过渡空间还常作为一种艺术手段起空间的引导作用。例如北京和平宾馆门厅和楼梯间之间的踏步处理（图 4-19），对旅馆来说作为交通枢纽的楼梯，应该十分引人

图 4-19 北京和平宾馆门厅

注意，设计师在楼梯间入口处延伸出几个踏步，这样，这几个踏步可视为楼梯间向门厅的延伸，使人一进门厅就能醒目地注意到，达到了视线的引导作用，也是门厅和楼梯间之间极好的过渡处理。

过渡空间作为前后空间、内外空间的媒介、桥梁、衔接体和转换点，在功能和艺术创作上，有其独特的地位和作用。过渡的形式是多种多样的，有一定的目的性和规律性，如从公共性至私密性的过渡常和开放性至封闭性过渡相对应，和室内外空间的转换相联系：

公共性——半公共性——半私密性——私密性

开敞性——半开敞性——半封闭性——封闭性

室　外——半室外——半室内——室　内

过渡的目的常和空间艺术的形象处理有关，如欲扬先抑，欲散先聚，欲广先窄，欲高先低，欲明先暗等。要想达到像文学中所说的"山穷水尽疑无路，柳岸花明又一村"、"曲径通幽处，禅房花木深"、"庭院深深深几许"等诗情画意的境界，恐怕都离不开过渡空间的处理。

过渡空间也常起到功能分区的作用，如动区和静区、净区和污区等的过渡地带。

九、空间的序列

人的每一项活动都是在时空中体现出一系列的过程，静止只是相对和暂时的，这种活动过程都有一定规律性或称行为模式，例如看电影，先要了解电影广告，进而去买票，然后在电影开演前略加休息或做其他准备活动（买小吃、上厕所等），最后观看（这时就相对静止）。看毕后由后门或旁门疏散，看电影这个活动就基本结束。而建筑物的空间设计一般也就按这样的序列来安排：

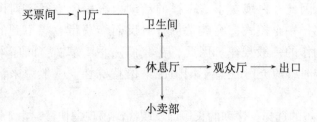

这就是空间序列设计的客观依据。对于更为复杂的活动过程或同时进行多种活动，如参观规模较大的展览会，进行各种文娱社会活动和游园等，建筑空间设计相应也要复杂一些，在序列设计上，层次和过程也相应增多。空间序列设计虽应以活动过程为依据，但如仅仅满足行为活动的物质需要，是远远不够的，因为这只是一种"行为工艺过程"的体现而已，而空间序列设计除了按"行为工艺过程"要求，把各个空间作为彼此相互联系的整体来考虑外，还以此作为建筑时间、空间形态的反馈作用于人的一种艺术手段，以便更深刻、更全面、更充分地发挥建筑空间艺术对人心理上、精神上的影响。空间序列布置艺术，是我国建筑文化的一个重要内容。明十三陵是杰出的代表之一，其序列之长可称世界之最。以长陵为例，其空间序列是由神道和建筑本身一部分所组成。神道是入陵的引导部分，设置神道的目的是在到达陵的主体部分前创造一个肃穆庄严的环境。神道是以一座雕刻工整、轮廓线坚强有力的石牌坊开始的，一进来就见到陵区大门——大红门，入大红门望见比例严谨的碑亭，亭外四角立白石华表，绕过碑亭，道旁纵深排列着石人石兽，石兽坐立交替，姿态沉静，后面配以苍山远树，气氛肃穆。穿过这群石象生，再过一座石牌坊——龙凤门，才踏上通往长陵之路。由石牌坊至长陵，总长有7km，在龙凤门以前的一段路上，每段视线的终点，都适当布置建筑物、石象生来控制每一段空间，使人一直被笼罩在谒陵的气氛中。因此，空间的连续性和时间性是空间序列的必要条件，人在空间内活动感受到的精神状态是空间序列考虑的基本因素；空间的艺术章法，则是空间序列设计主要的研究对象，也是对空间序列全过程构思的结果。

1. 序列的全过程

序列的全过程一般可以分为下列几个阶段：

（1）起始阶段。这个阶段为序列的开端，开端的第一印象在任何时间艺术中无不予以充分重视，因为它与预示着将要展开的心理推测有着习惯性的联系。一般说来，具有足够的吸引力是起始阶段考虑的主要核心。

（2）过渡阶段。它既是起始后的承接阶段，又是出现高潮阶段的前奏，在序列中，起到承前启后、继往开来的作用，是序列中关键的一环。特别在长序列中，过渡阶段可以表现出若干不同层次和细微的变化，由于它紧接着高潮阶段，因此对最终高潮出现前所具有的引导、启示、酝酿、期待，乃是该阶段考虑的主要因素。

（3）高潮阶段。高潮阶段是全序列的中心，从某种意义上说，其他各个阶段都是为高潮的出现服务的，因此序列中的高潮常是精华和目的所在，也是序列艺术的最高体现。充分考虑期待后的心理满足和激发情绪达到顶峰，是高潮阶段的设计核心。

（4）终结阶段。由高潮回复到平静，以恢复正常状态是终结阶段的主要任务，它虽然没有高潮阶段那么显著，但也是必不可少的组成部分，良好的结束又似余音缭绕，有利于对高潮的追思和联想，耐人寻味。

2. 不同类型建筑对序列的要求

不同性质的建筑有不同的空间序列布局，不同的空间序列艺术手法有不同的序列设计章法。因此，在现实丰富多样的活动内容中，空间序列设计绝不会是完全像上述序列那样一个模式，突破常例有时反而能获得意想不到的效果，这几乎也是一切艺术创作的一般规律。因此，在我们熟悉、掌握空间序列设计的普遍性外，在进行创作时，应充分注意不同情况下的特殊性。一般说来，影响空间序列的关键在于：

（1）序列长短的选择。序列的长短即反映高潮出现的快慢。由于高潮一出现，就意味着序列全过程即将结束，因此一般说来，对高潮的出现绝不轻易处置，高潮出现愈晚，层次必须增多，通过时空效应对人心理的影响必然更加深刻。因此，长序列的设计往往运用于需要强调高潮的重要性、宏伟性与高贵性。

如毛主席纪念堂（图 4-20），在空间序列设计上也作了充分的考虑。瞻仰群众由花岗石台阶拾级而上，经过宽阔庄严的柱廊和较小的门厅，到达宽 34.6m、深 19.3m的北大厅，厅中部高 8.5m、两侧高 8m，正中设置了栩栩如生的汉白玉毛主席坐像，由此而感到犹似站在毛主席身旁，庄严肃穆，令人引起许多追思和回忆，这对瞻仰遗容在情绪上作了充分的准备和酝酿。为了突出从北大厅到瞻仰厅的入口，南墙上的两扇大门选用名贵的金丝楠木装修，其醒目的色泽和纹理，导向性极强。为了使群众在视觉上能适应由明至暗的过程需要，以及突出瞻仰厅的主要序列（即高潮阶段），在北大厅和瞻仰厅之间，恰当地设置了一个较长的过厅和走道这个过渡空间，这样使瞻仰群众一进入瞻仰厅，感到气氛更比北大厅雅静肃穆。这个宽 11.3m、深 16.3m、高5.6m 的空间，在尺度上和空间环境安排上，都类似一间日常的生活卧室，使肃穆中又具有亲切感。在群众向毛主席遗容辞别后，进入宽 21.4m、深 9.8m、高 7m 的南

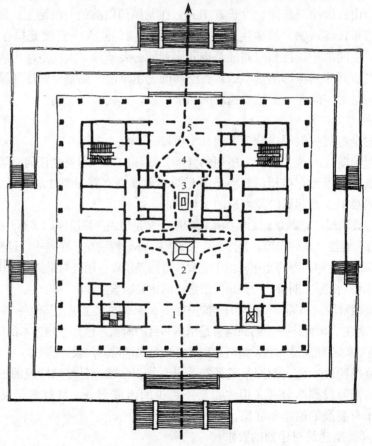

图 4-20　毛主席纪念堂

大厅，厅内色彩以淡黄色为主，稳重明快，地面铺以东北红大理石，在汉白玉墙面上，镌刻着毛主席亲笔书写的气势磅礴、金光闪闪的《满江红——和郭沫若同志》词，以激励我们继续前进，起到良好的结束作用。毛主席纪念堂并没有完全效仿我国古代的冗长的空间序列和令人生畏的空间环境气氛，仅有五个紧接的层次，高潮阶段在位置上略偏中后，在空间上也不是最大的体量，这和特定的社会条件、建筑性质、设计思想有关，也是对传统序列的一个改革。

F·L·赖特在他的约翰逊制蜡公司营业大厅的设计中，就是在装饰形象上充分地利用了空间序列的原理而取得动人心弦的效果。首先在公司的大门和通廊上运用了一点蘑菇柱的局部。在大门处柱子很矮，且只有半个柱头。在通廊中依然很矮，但是整个柱头进了一小步。到了前厅，才看到那修长的、贯穿四层楼的蘑菇柱的优美形象，但它们是和楼层相结合的，并不独立。而最后那片似树林般的蘑菇柱大厅呈现在你面前时，无人不被这壮观的场面所激动。很明显，前面几次不完整形象的出现起到了心理准备和造成悬念的作用，当观者的期待愈大而序列高潮的效果能够满足这种期待时，则人们得到的艺术享受愈强烈。正如一些音乐的前奏中包含了许多主题旋律的因素，当前奏终结、主题出现时，欣赏者所得到的感受一样。

对于某些建筑类型来说，采取拉长时间的长序列手法并不合适，例如以讲效率、速度、节约时间为前提的各种交通客站，它的室内布置应该一目了然，层次愈少愈好，通过的时间愈短愈好，不使旅客因找不到办理手续的地点和迂回曲折的出入口而造成心理紧张。

对于有充裕时间进行观赏游览的建筑空间，为迎合游客尽兴而归的心理愿望，将建筑空间序列适当拉长也是恰当的。

（2）序列布局类型的选择。采取何种序列布局，决定于建筑的性质、规模、地形环境等因素。一般可分为对称式和不对称式、规则式或自由式。空间序列线路，一般可分为直线式、曲线式、循环式、迂回式、盘旋式、立交式等等。我国传统宫廷寺庙以规则式和曲线式居多，而园林别墅以自由式和迂回曲折式居多，这对建筑性质的表达很有作用。现代许多规模宏大的集合式空间，丰富的空间层次，常以循环往复式和立交式的序列线路居多，这和方便功能联系，创造丰富的室内空间艺术景观效果有很大的关系。F·L·赖特的哥根哈姆博物馆，以盘旋式的空间线路产生独特的内外空间而闻名于世（图4-21）。

（3）高潮的选择。在某类建筑的所有房间中，总可以找出具有代表性的、反映该建筑性质特征的、集中一切精华所在的主体空间，常常把它作为选择高潮的对象，成为整个建筑的中心和参观来访者所向往的最后目的地。根据建筑的性质和规模不同，考虑高潮出现的次数和位置也不一样，多功能、综合性、规模较大的建筑，具有形成多中心、多高潮的可能性。即便如此，也有主从之分，整个序列似高潮起伏的波浪一样，从中可以找出最高的波峰。根据正常的空间序列，高潮的位置总是偏后，故宫建筑群主体太和殿和毛主席纪念堂的代表性空间瞻仰厅，均布置在全序列的中偏后，闻名世界的长陵布置在全序列的最后。

由波特曼首创共享空间的现代旅馆中庭风靡于世，各类建筑竞相效仿，显然极大地丰富了一般公共建筑中对于高潮的处理，并使社交休息性空间提到了更高的阶段，这样也就成为全建筑中最引人注目和引人入胜的精华所在。例如广州白天鹅宾馆的中庭，以故乡水为题，山、泉、桥、亭点缀其中，故里乡情，宾至如归，不但提供了良好的游憩场所，而且也满足了一般旅客特别是侨胞的心理需要。像旅馆那样以吸引和招揽旅客为目的的公共建筑，高潮中庭在序列的布置中显然不宜过于隐蔽，相反地希望以此作为显示该建筑的规模、标准和舒适程度的体现，常布置于接近建筑入口和建筑的中心位置。这种在短时间出现高潮的序列布置，因为序列短，没有或很少有预示性的过渡阶段，使人由于缺乏思想准备，反而会引起出奇不意的新奇感和惊叹感，这也是一般短序列章法的特点。由此可见，不论采取何种不同的序列章法，总是和建筑的目的性一致的，也只有建立在客观需要基础上的空间序列艺术，才能显示其强大的生命力。

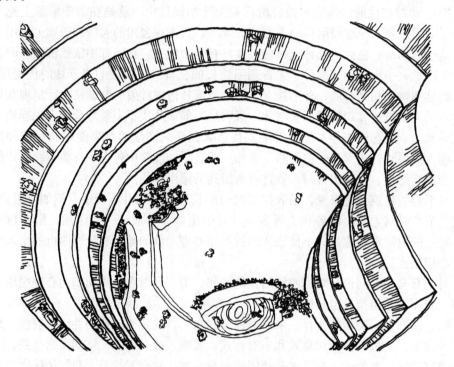

图 4-21 美国哥根哈姆博物馆

3. 空间序列的设计手法

良好的建筑空间序列设计，宛似一部完整的乐章、动人的诗篇。空间序列的不同阶段和写文章一样，有起、承、转、合；和乐曲一样，有主题，有起伏，有高潮，有结束；也和剧作一样，有主角和配角，有矛盾双方的对立面，也有中间人物。通过建筑空间的连续性和整体性给人以强烈的印象、深刻的记忆和美的享受。

但是良好的序列章法还是要靠通过每个局部空间，包括装修、色彩、陈设、照明等一系列艺术手段的创造来实现的，因此，研究与序列有关的空间构图就成为十分重要的问题了，一般应注意下列几方面：

（1）空间的导向性。指导人们行动方向的建筑处理，称为空间的导向性。良好的交通路线设计，不需要指路标和文字说明牌（如"此路不通"），而是用建筑所特有的语言传递信息，与人对话。许多连续排列的物体，如列柱、连续的柜台，以至装饰灯具与绿化组合等等，容易引起人们的注意而不自觉地随着行动（图 4-22）。有时也利用带有方向性的色彩、线条，结合地面和顶棚等的装饰处理，来暗示或强调人们行动的方向和提高人们的注意力。因此，室内空间的各种韵律构图和象征方向的形象性构图就成为空间导向性的主要手法。没有良好的引导，对空间序列是一种严重破坏。

图 4-22 美国纽约某广告画廊

（2）视觉中心。在一定范围内引起人们注意的目的物称为视觉中心。空间的导向性有时也只能在有限的条件内设置，因此在整个序列设计过程中，有时还必须依靠在关键部位设置引起人们强烈注意的物体，以吸引人们的视线，勾起人们向往的欲望，控制空间距离。视觉中心的设置一般是以具有强烈装饰趣味的物件标志，因此，它既有被欣赏的价值，又在空间上起到一定的注视和引导作用，一般多在交通的入口处、转折点和容易迷失方向的关键部位设置有趣的动静雕塑，华丽的壁饰、绘画，形态独特的古玩，奇异多姿的盆景……，这是常用为视觉中心的好材料。有时也可利用建筑构件本身，如形态生动的楼梯、金碧辉煌的装修引起人们的注意，吸引人们的视线，必要时还可配合色彩照明加以强化，进一步突出其重点作用。因此，在进行室内装修和陈设布置时，除了美化室内环境外，还必须充分考虑作为视觉中心职能的需要，加以全面安排（图 4-23）。

图 4-23 美国某公司研究中心休息处

（3）空间构图的对比与统一。空间序列的全过程，就是一系列相互联系的空间过渡。对不同序列阶段，在空间处理上（空间的大小、形状、方向、明暗、色彩、装修、陈设……）各有不同，以造成不同的空间气氛，但又彼此联系，前后衔接，形成按照章法要求的统一体。空间的连续过渡，前一空间就为后来空间作准备，按照总的序列格局安排，来处理前后空间的关系。一般说来，在高潮阶段出现以前，一切空间过渡的形式可能，也应该有所区别，但在本质上应基本一致，以强调共性，一般应以"统一"的手法为主。但作为紧接高潮前准备的过渡空间，往往就采取"对比"的手法，诸如先收后放，先抑后扬，欲明先暗等等，不如此不足以强调和突出高潮阶段的到来。例如广州中国大酒家（图4-24），因其入口侧对马路，故将出挑大于入口高度的巨大楼座作为进口的强烈标志，旨在正对过路的行人，在处理序列的起始阶段，就采用突出地引起过路人注意的设计手法，同时由于把入口空间的比例压低到在视觉上感到仅能过人的低空间，来与内部高大豪华的中央大厅空间形成鲜明的对比，使人见后发出惊异的赞叹，从而达到了作为高潮的目的，这是一个运用"先抑后扬"的典型例子。由此可见，统一对比的建筑构图原则，同样可以运用到室内空间处理上来。前苏联导演库里肖夫对电影蒙太奇曾下过这样的定义，即"通过各画面的关系，创造出画面本身并未含有的新意"，这对空间序列组织，室内装饰构成，具有十分重要的借鉴意义。

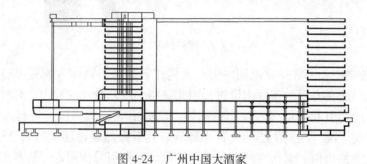

图4-24　广州中国大酒家

十、空间形态的构思和创造

随着社会生产力的不断发展，文化技术水平的提高，人们对空间环境的要求也将愈来愈高，而空间形态乃是空间环境的基础，它决定空间总的效果，对空间环境的气氛、格调起着关键性的作用。室内空间的各种各样的不同处理手法和不同的目的要求，最终将凝结在各种形式的空间形态之中。人类经过长期的实践，对室内空间形式的创造积累了丰富的经验，但由于建筑室内空间的无限丰富性和多样性，特别对于在不同方向、不同位置空间上的相互渗透和融合，有时确实很难找出恰当的临界范围而明确地划分这一部分空间和那一部分空间，这就为室内空间形态分析带来一定的困难。然而，当人们抓住了空间形态的典型特征及其处理方法的规律，也就可以从浩如烟海、眼花缭乱、千姿百态的空间中，理出一些头绪来。

1．常见的基本空间形态

（1）下沉式空间（也称地坑）。室内地面局部下沉，在统一的室内的空间中就产生了一个界限明确、富有变化的独立空间。由于下沉地面标高比周围的要低，因此有一种隐蔽感、保护感和宁静感，使其成为具有一定私密性的小天地。人们在其中休息、交谈也倍觉亲切，在其中工作、学习，较少受到干扰。同时随着视点的降低，空间感觉增大，并对室内外景观也会引起不同凡俗的变化，并能适用于多种性质的房间。图4-25为两个下沉式空间的例子，根据具体条件和不同要求，可以有不同的下降高度，少则一二阶，多则四五阶不等，对高差交界的处理方式也有许多方法，或布

(a)

(b)

图 4-25　下沉式空间

置矮墙绿化，或布置沙发座位，或布置平柜、书架以及其他储藏用具和装饰物，可由设计师任意创作。高差较大者应设围栏，但一般来说高差不宜过大，尤其不宜超过一层高度，否则就会如楼上、楼下和进入底层地下室的感觉，失去了下沉空间的意义。

（2）地台式空间。与下沉式空间相反，如将室内地面局部升高也能在室内产生一个边界十分明确的空间，但其功能、作用几乎和下沉式空间相反，由于地面升高形成一个台座，在和周围空间相比变得十分醒目突出，因此它们的用途适宜于惹人注目的展示和陈列或眺望。许多商店常利用地台式空间将最新产品布置在那里，使人们一进店堂就可一目了然，很好地发挥了商品的宣传作用。图 4-26（a）为美国纽约诺尔新

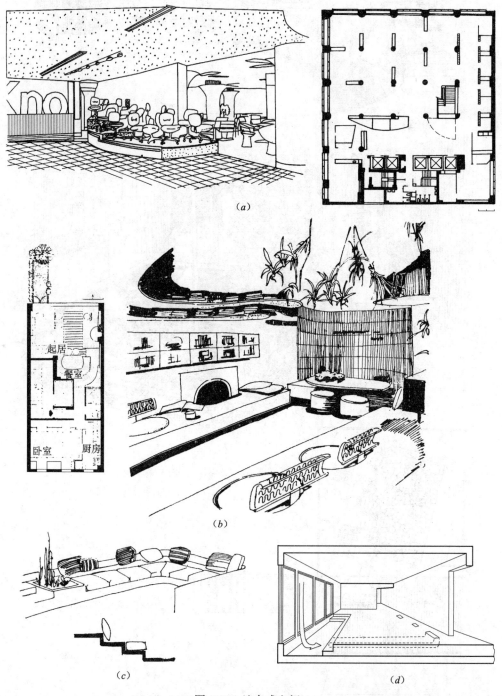

图 4-26　地台式空间

（a）美国纽约诺尔新陈列室；（b）美国纽约鲁道夫住宅起居室；（c）地面与家具结合；（d）起居室地坪升高

陈列室，以地台方式展出家具，这些色彩鲜明的家具排列紧密，俨然一幅五彩缤纷的立体抽象图案。现代住宅的卧室或起居室虽然面积不大，但也利用地面局部升高的地台布置床位或座位，有时还利用升高的踏步直接当作座席使用，使室内家具和地面结合起来，产生更为简洁而富有变化的新颖的室内空间形态（图 4-26b、c）。此外，还可利用地台进行通风换气，改善室内气候环境。图 4-26（d）为起居室地坪升高，一般为 40～50cm，最冷的空气在所占地板下面循环。公共建筑，如茶室、咖啡厅常利用升起阶梯形地台方式，以使顾客更好地看清室外景观。

（3）凹室与外凸空间。凹室是在室内局部退进的一种室内空间形态，特别在住宅建筑中运用比较普遍。由于凹室通常只有一面开敞，因此在大空间中自然比较少受干扰，形成安静的一角，有时常把顶棚降低，造成具有清静、安全、亲密感的特点，是空间中私密性较高的一种空间形态。根据凹进的深浅和面积大小的不同，可以作为多种用途的布置，在住宅中多数利用它布置床位，这是最理想的私密性位置。有时甚至在家具组合时，也特地空出能布置座位的凹角。在公共建筑中常用凹室，避免人流穿越干扰，获得良好的休息空间。许多餐厅、茶室、咖啡厅，也常利用凹室布置雅座。对于长内廊式的建筑，如宿舍、门诊、旅馆客房、办公楼等，能适当间隔布置一些凹室，作为休息等候场所，可以避免空间的单调感（图 4-27）。

（a）

（b）

图 4-27　凹室

　　凹凸是一个相对概念,如凸式空间就是一种对内部空间而言是凹室,对外部空间而言是向外凸出的空间。如果周围不开窗,从内部而言仍然保持了凹室的一切特点,但这种不开窗的外凸式空间,在设计上一般没有多大意义。除非外形需要,或仅能作为外凸式楼梯、电梯等使用,大部分的外凸式空间希望将建筑更好地伸向自然、水面,达到三面临空,饱览风光,使室内外空间融合在一起,或者为了改变朝向方位,采取的锯齿形的外凸空间,这是外凸式空间的主要优点。住宅建筑中的挑阳台、日光室都属于这一类。外凸式空间在西洋古典建筑中运用得比较普遍,因其有一定特点,故至今在许多公共建筑和住宅建筑中也常采用(图4-28)。

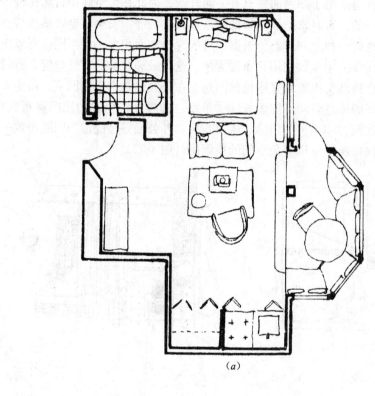

（a）

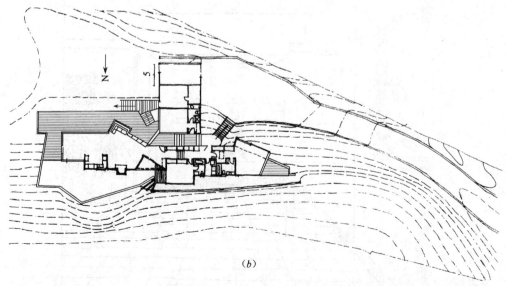

（b）

图4-28　外凸式住宅空间平面

（4）回廊与挑台。也是室内空间中独具一格的空间形态。回廊常采用于门厅和休息厅，以增强其入口宏伟、壮观的第一印象和丰富垂直方向的空间层次。结合回廊，有时还常利用扩大楼梯休息平台和不同标高的挑平台，布置一定数量的桌椅作休息交谈的独立空间，并造成高低错落、生动别致的室内空间环境。由于挑台居高临下，提供了丰富的俯视视角环境，现代旅馆建筑中的中庭，许多是多层回廊挑台的集合体，并表现出多种多样处理手法和不同效果，借以吸引广大游客。图 4-29 为某美术馆回廊。图 4-30 为纽约建筑师唐·查普尔为自己设计的住宅，二层空廊为了联系两边卧室，而且也可以避免南向阳光直射至休息区。图 4-31 为餐室一角。

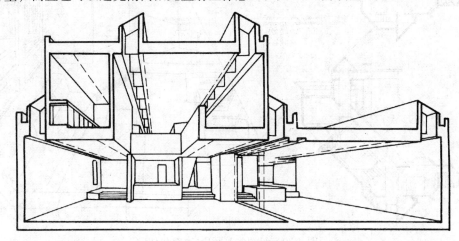

图 4-29 某美术馆回廊

（5）交错、穿插空间。城市中的立体交通，车水马龙川流不息，显示出一个城市的活力，也是繁华城市壮观的景象之一。现代室内空间设计亦早已不满足于习惯的封闭六面体和静止的空间形态，在创作中也常把室外的城市立交模式引进室内，不但对于大量群众的集合场所如展览馆、俱乐部等建筑，在分散和组织人流上颇为相宜，而且在某些规模较大的住宅也有使用。在这样的空间中，人们上下活动交错川流，俯仰相望，静中

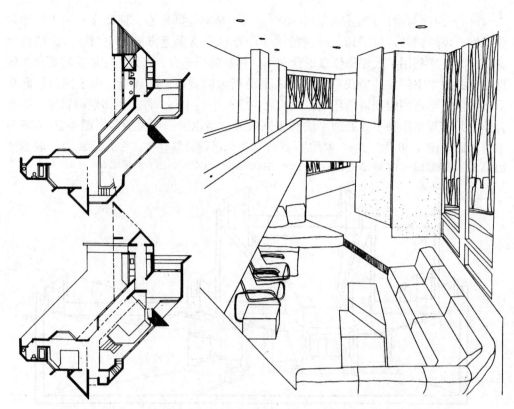

图 4-30 纽约建筑师唐·查普尔住宅

图 4-31 某错层式住宅的餐室一角

有动,不但丰富了室内景观,也确实给室内环境增添了生气和活跃气氛。这里可以回忆赖特的著名建筑落水别墅,其所以特别被人推崇,除了其他因素之外,不能不指出该建筑的主体部分成功地塑造出的交错式空间构图起到了极其关键性的作用。交错、穿插空间形成的水平、垂直方向空间流通,具有扩大空间的效果(图 4-32)。

(6)母子空间。人们在大空间一起工作、交谈或进行其他活动,有时会感到彼此干扰,缺乏私密性,空旷而不够亲切;而在封闭的小房间虽避免了上述缺点,但又会产生工作上不便和空间沉闷、闭塞的感觉。采用大空间内围隔出小空间,这种封闭与开敞相结合的办法可使二者得兼,因此在许多建筑类型中被广泛采用(图 4-33)。甚至有些公共大厅如柏林爱乐音乐厅(图 4-34),把大厅划分成若干小区,增强了亲切感和私密感,更好地满足了人们的心理需要。这种强调共性中有个性的空间处理,强调心(人)、物

图 4-32　美国考德威尔住宅

（空间）的统一，是公共建筑设计中的一大进步。现在有许多公共场所，厅虽大，但使用率很低，因为常常在这样的大厅中找不到一个适合于少数几个人交谈、休息的地方。当然也不是说所有的公共大厅都应分小隔小，如果处理不当，有时也会失去公共大厅的性质或分隔得支离破碎，所以按具体情况灵活运用，这是任何母子空间成败的关键。

图 4-33　某办公室

图 4-34　柏林爱乐音乐厅

（7）共享空间。波特曼首创的共享空间，在各国享有盛誉，它以其罕见的规模和内容，丰富多姿的环境，独出心裁的手法，将多层内院打扮得光怪陆离、五彩缤纷。从空间处理上讲，共享大厅可以说是一个具有运用多种空间处理手法的综合体系（图4-35）。现在也有许多象四季厅、中庭等一类的共享大厅，在各类建筑中竞相效仿，相继诞生。但某些大厅却缺乏应有的活力，很大程度上是由于空间处理上不够生动，没有恰当地融汇各种空间形态。变则动，不变则静，单一的空间类型往往是静止的感觉，多样变化的空间形态就会形成动感。波特曼式的共享大厅其特点之一就在于此。

（8）虚拟和虚幻空间。见本节六。

(a)

(b)

图4-35　共享空间

（a）北京昆仑饭店；（b）某休息空间

2. 室内空间设计手法

内部空间的多种多样的形态，都是具有不同的性质和用途的，它们受到决定空间形态的各方面因素的制约，决非任何主观臆想的产物，因此，要善于利用一切现实的客观因素，并在此基础上结合新的构思，特别要注意化不利因素为有利因素，才是室内空间创造的惟一源泉和正确途径。

(1) 结合功能需要提出新的设想。许多真正成功的优秀作品，几乎毫无例外地紧紧围绕着"用"字上下功夫，以新的形式来满足新的用途，就要有新的构思。例如荷兰阿佩尔多恩的办公楼，根据希望创造家庭式的气氛的构思，采取小型方匣作为基本模型，布置二、三、四层，以适应不同要求的工作室，空间亲切，分隔很自由（图4-36）。

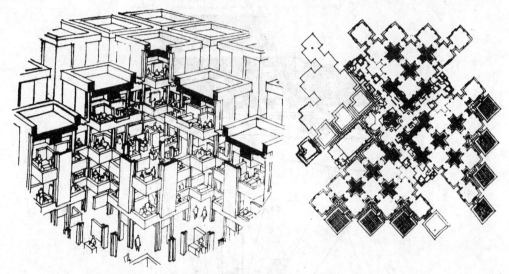

图4-36　荷兰阿佩尔多恩办公楼

(2) 结合自然条件，因地制宜。自然条件在各地有许多不同，如气候、地形、环境等的差别，特别是建设地段的限制在高度密集的城市中更显著。这种不利条件往往可以转为有利条件，产生别开生面的内外空间。图4-37 所示，都是在不利的条件下

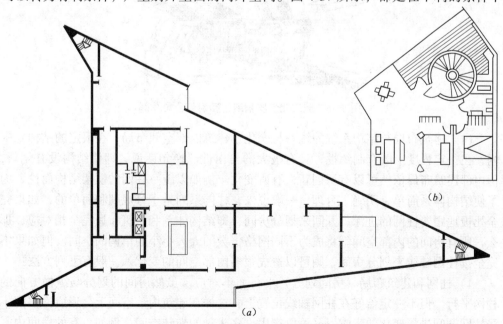

图4-37　利用自然条件创造室内外空间
(a) 加拿大温尼伯美术馆；(b) 阿拉伯皮拉尔某住宅

所形成的意想不到的空间关系。阿拉伯皮拉尔某住宅由于地段位置极端困难，从而促使利用非正规的结构技术，10层建筑支撑在钢筋混凝土圆柱体上，包括电梯和楼梯，每层只有一户，内部空间很别致。

（3）结构形式的创新。结构的受力系统有一般的规律，但采取的形式是可以千变万化的，正象自然界的生物一样，都有同一的结构体系，却反映出千姿百态的类别。这里仅以美国北卡罗来纳达勒姆某公司总部为例（图4-38），该建筑由于采取平头"A"字形骨架，斜向支承杆件在顶部由横梁连接，使内部空间别具一格。

图 4-38　美国北卡罗来纳达勒姆某公司总部

（4）建筑布局与结构系统的统一与变化。建筑内部空间布局，在限定的结构范围内，在一定程度上既有制约性，又有极大的自由性。换句话说，即使结构没有创新，但内部建筑布局依然可以有所创新，有所变化。例如以统一柱网的框架结构而论，为了使结构体系简单、明确、合理，一般说来，柱网系列是十分规则和简单的，如果完全死板地跟着柱网的进深、开间来划分房间，即结构体系和建筑布局完全相对应，那么，所有房间的内部空间就将成为不同网格倍数的大大小小的单调的空间。但如果不完全按柱网轴线来划分房间，则可以造成很多内部空间的变化。一般有下列方法：

1）柱网和建筑布局（房间划分）平行而不对应。虽然房间的划分与纵横方向的柱网平行，但不一定恰好在柱网轴线位置上，这样在建筑内部空间上会形成许多既不受柱网开间进深变化的影响，又可以产生许多生动的趣味空间。例如，有的房间内露出一排柱子，有的房间内只有一根或几根柱子；有的房间是对称的，有的则为不对称的等等。而且柱子在房间内的位置也可按偏离柱网的不同而不同，运用这样方法的例子很多（图4-39）。

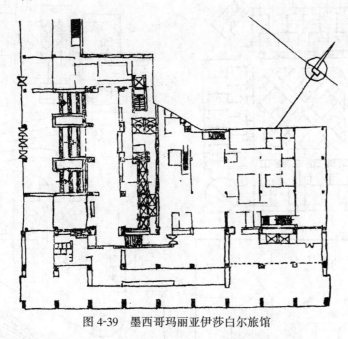

图4-39　墨西哥玛丽亚伊莎白尔旅馆

2）柱网和建筑（分划）成角布置。采用这样的方法非常普遍，它所形成的内部空间和前一方法的不同点在于能形成许许多多非90°角的内部空间，这样除了具有上述的变化外，还打破了千篇一律的矩形平面空间。采用此法中，一般以与柱网成45°者居多，相对方向的45°交角又形成了90°直角，这样在变化中又避免了更多的锐角房间出现。从这种45°承重的或非承重的墙体布置，最近已发展到家具也采取45°的布置方法。图4-40（a）为美国萨玛丽顿沙漠医院护理单元，45°的交通布置起到了功能方便的作用；图4-40（b）为美国达拉斯家具陈列室，内部空间生动活泼，富有韵律，而且许多房间还是以直角居多；图4-40（c）为美国亚特兰大某住宅，以门厅为中心，结合地形以地坪变化分隔房间，组成良好的开敞的流动空间。

3）上下层空间的非对应关系。上述结构和建筑房间分划的关系，主要指平面关系，由于这样的平面变化，室内空间也随之有所改观，但现代建筑也不以平面上的变化为满足，还希望在垂直方向上同时有所变化和创新。因此，在许多建筑中，经常采用上下空间非对应的布置方式，这种上下层的非对应关系是多种多样的。例如下面一层没有房间，而相对应的上层部位设置房间；或上层间是纵向的布置，而下层房间却为横向布置；或下层房间小，上层房间大等等。这样有时可能会对结构带来一些麻烦，因此可以考虑调整整体的结构系统，也可以进行局部的变化，这是完全可以做到的。图4-41为某住宅扩建，黑色斜线部分为新建二层高的居室与原轴线成45°，并拆去原有建筑下面隔墙（虚线部分），新增加一个结构柱。

建筑本身是一个完整的整体，外部体量和内部空间，只是其表现形式的两个方面，是统一的、不能分割的。过去长时期很少从内部空间的要求来考虑建筑，但在研究内部空间的同时，还应该熟悉和掌握现代建筑对外部造型上的一些规律和特点，那就是：①整体性：强调大的效果；②单一性：强调简洁、明确的效果；③雕塑性：强调完整独立的性格；④重复性：强调单元化，"以一当十"，重复印象；⑤规律性：强调主题符号贯彻始终；⑥几何性：强调鲜明性；⑦独创性：强调建筑个性、地方性，标新立异，不予雷同；⑧总体性：强调与环境结合。这些特点都会反映和渗透到内部空间来，设计者要有全局观点和掌握协调内外的本领。

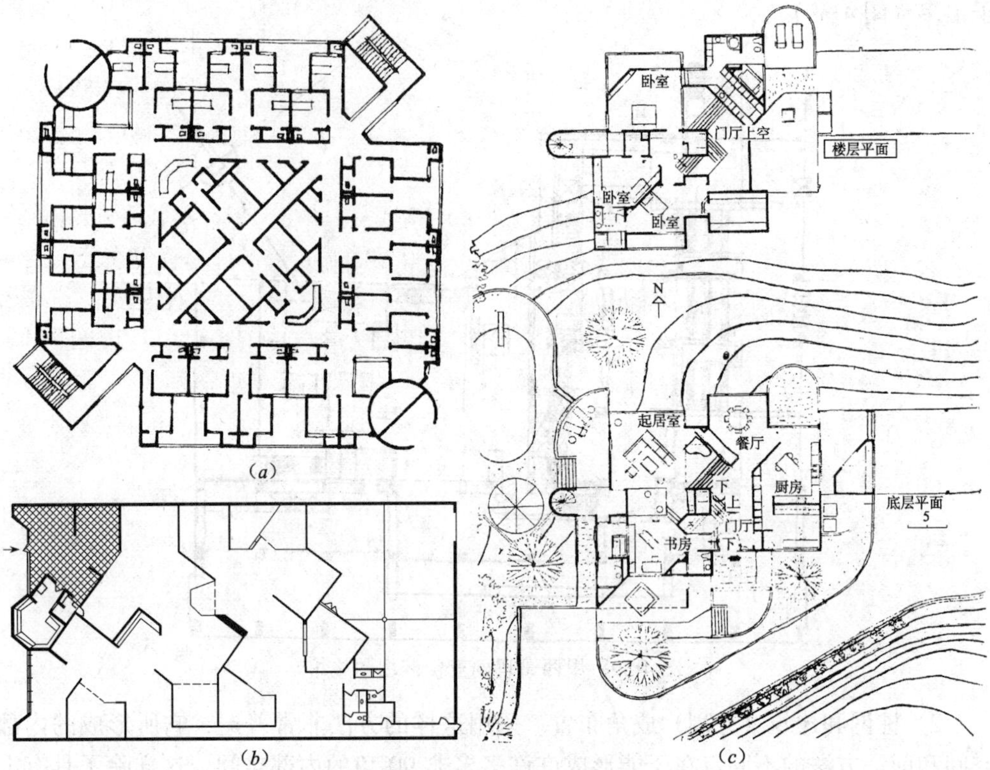

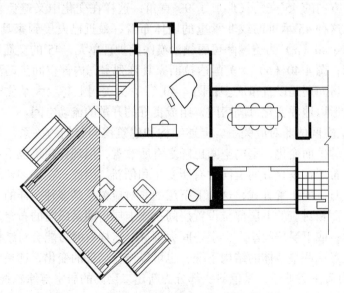

图 4-40　成角布置的建筑平面

（*a*）美国萨玛丽顿沙漠医院；（*b*）美国达拉斯某家具陈列室；（*c*）美国亚特兰大某住宅

图 4-41　某住宅扩建

十一、室内空间构图

1. 构图要素

综合室内各组成部分之间关系，将体现出室内设计的基本特征，因此，把任何一个特殊的设计（如家具、灯具等），作为室内的一个统一体或整体的组成部分来看，而不考虑在色彩、照明、线条、形式、图案、质地或空间之间的相互关系是不可能的。因为这些要素中的某一种，多少在自己的某些方面对整体效果起到一定作用，除光、色将在以后的章节中讨论外，这里仅对下面几个主要因素加以论述：

（1）线条。任何物体都可以找出它的线条组成，以及它所表现的主要倾向。在室内设计中，虽然多数设计是由许多线条组成的，但经常是一种线条占优势，并对设计的性格表现起到关键的作用。我们观察物体时，总是要受到线条的驱使，并根据线条的不同形式，使我们获得某些联想和某种感觉，并引起感情上的反应。在希望室内创造一定的主题、情调气氛时，记住这一点是很重要的。

图 4-42　直线和曲线的不同效果

线条有两类，直线和曲线(图 4-42)，它们反映出不同的效果。直线又有垂直线、水平线和斜线。

1）垂直线。因其垂直向上，表示刚强有力，具有严肃的或者是刻板的男性的效果，垂直线使人有助于觉得房间较高，结合当前居室层高偏低的情况，利用垂直线造成房间较高的感觉是恰当的。

2）水平线。包括接近水平的横斜线，使人觉得宁静和轻松，它有助于增加房间的宽度和引起随和、平静的感觉，水平线常常由室内的桌凳、沙发、床而形成的，或者由于某些家具陈设处于统一水平高度而形成的水平线，使空间具有开阔和完整的感觉。

3）斜线。斜线最难用，它们好似嵌入空间中活动的一些线，因此它们很可能促使眼睛随其移动。锯齿形设计是二条斜线的相会，运动从而停止。但连续的锯齿形，具有类似波浪起伏式的前进状态。

图 4-43（a）表明垂直线用得过多，显得单调；如果采用一些水平线和曲线，使之削弱垂直线或起到软化作用，感觉就要生动一些，图 4-43（b）为改进后的效果。

（a）

（b）

图 4-43　垂直线的使用效果

（a）垂直线条过多；（b）改进后效果

如果水平线条用得过多（图 4-44a），也会显得单调，这样需要增加一些垂直线，形成一定的对比关系，显得更有生气（图 4-44b）。

图 4-44　水平线条的使用效果

（a）水平线条过多；（b）用些垂直线条，使水平线条显出生机

如果斜线用得过多（图 4-45a），同样会产生上述问题，分别对不同情况采用垂直、水平线条加以改进（图 4-45b）。

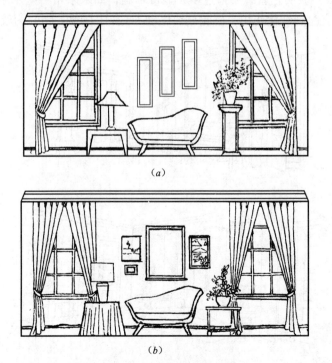

图 4-45　斜线的使用效果

（a）斜线过多；（b）改进后效果

4）曲线。曲线的变化几乎是无限的，由于曲线的形成是不断改变方位，因此富有动感。不同的曲线表现出不同的情绪和思想，圆的或任何丰满的动人的曲线，给人以轻快柔和的感觉，这种曲线在室内的家具、灯具、花纹织物、陈设品等中，都可以找到。曲线有时能体现出特有的文雅、活泼、轻柔的美感，但若使用不当也可能造成软弱无力和繁琐或动荡和不安定的效果。"S"形曲线是一种较为柔软的曲线形式，曲线运动因其自然的反方向运动而形成对比、有趣，表现出十分优美文雅，许多装饰品如发夹或图案纹样，采用"S"形的很多；"S"形沙发也是其中之一（图4-46）；还有一些灯具也组成"S"形排列。曲线的起止有一定规律，突然中断，会造成不完整、不舒适的感觉，它和直线运动是不一样的。

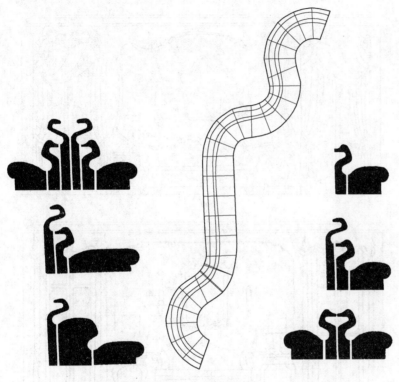

图4-46　"S"形沙发

室内空间的形式、结构、构造等所表现的线条，以及装饰等线条，如门、拱门、墙裙、镶板、线脚、家具、陈设品、图案等，都必须在设计时充分考虑其线条在总体中造成的效果。过多地强调一种形式线条组成，无论是属于哪一种线型，都会造成单调和不愉快。图4-47（a）曲线用得过多，显得繁杂和动荡；而当曲线和其他线形相结合时，情况就好得多，看来不觉复杂，且更为悦目（图4-47b）。在图4-48中可以看出，其中由于花钵和灯具采用了曲线形状，使整个矩形空间生动起来。

当然，强调一种线型有助于主题的体现。譬如，一个房间要想松弛、宁静，水平线应占统治地位。家具的型式在室内具有主要地位，某些家具可以全部用直线组成，而另一些家具则可以用直线和曲线相结合组成。此外，织物图案也可以用来强调线条，如条纹、方格花纹和各种几何形状花纹。有时一个房间的气氛可因非常简单的、重要的线条的改变而发生变化，使整个室内大大改观。人们常用垂悬于窗上的织物、装饰性的窗帘钩，去形成优美的曲线。采用蛋形、鼓形、铃形的灯罩也能造成十分别致的效果。图4-49用彩色线条把床罩、墙面、顶棚连贯起来，使空间产生特殊的效果。

（2）形状和形式。形状（Shape）和形式（Form）两术语通常可以互换，但也有某些不同。如前所述，立方体是一种稳定的形式，但用得过多就单调，球体和曲线组成的空间，更能引人入胜。并且由于弧形没有尽端，使空间似乎延长而显得大一些。而一个物体的形式通常也代表了它的用途需要，如按人体工程学要求做的坐椅靠背曲线。

在一个房间中仅有一种形式是很少的，大多数室内表现为各种形式的综合，如曲线形的灯罩、直线构成的沙发、矩形的地毯、斜角顶棚或楼梯。

虽然重复是达到韵律的一种方法，但过多地重复一种形式会变得无趣，譬如靠在一个矩形的墙面，放上一张矩形的桌子，桌上有个矩形的镜子，墙上再有一个矩形的画框……，就可能显得太单调。

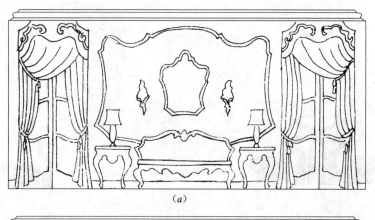

(a)

(b)

图 4-47　曲线在室内空间中的效果

(a) 单一曲线形式；(b) 曲线与其他线形组合

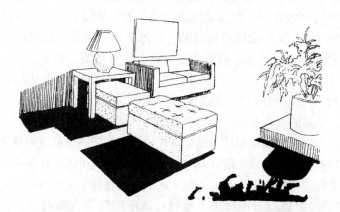

图 4-48　花钵、灯具等曲线型式在矩形空间的作用

图 4-49　相同线型在室内空间中的效果

（3）图案纹样。墙纸、窗帘、地毯、沙发蒙面织物等等，常常以其图案纹样、色彩、质地而吸引顾客去购买。图案纹样几乎是千变万化的，可有不同的线条构成，有各种不同的植物、动物、花卉、几何图案、抽象图案等等。它们常占有室内的极大的面积，在室内很引人注意，用得恰当可以增加趣味，并起到装饰作用，丰富室内景观。采取什么样的图案花纹，其形状、大小、色彩、比例与整个空间尺度也有关系，应与室内总的效果和装饰目的结合起来考虑，例如香山饭店的中庭地毯，采用中国传统的冰纹图案，就和整个建筑的主导思想非常吻合。

2．构图原则

室内设计在某种意义上来说，就是对形色、质地的选择和布置，其结果也表达了某种个性、风格和爱好。从这点来说，家庭的"设计"则是反映住户或设计者的思想个性。对于设计的综合选择和布置，并没有固定的规则和公式，因为一些规则和公式，将会妨碍个性的自然表现和缺乏创造性。按陈规的和缺乏个性的模仿设计，很快会使人厌烦。但是如果要使设计达到某种效果和目的，对一些基本的原则还是应该考虑的。

（1）协调。设计最基本的是协调，应将所有的设计因素和原则，结合在一起去创造协调。达·芬奇说"每一部分统一配置成整体，从而避免了自身的不完全"，这是最精确的对协调的阐述，伊罗·萨里南察觉到，当你处于统一的建筑中，它"发出的是同样的信息"。

每人都听到在音乐会开始前的乐队调音，因为，如果每个乐师只关心自己的乐器，而不顾总体的音响效果，那么其结果是任何一种音乐都不会悦耳，但当乐队指挥轻打指挥棒时，乐队就变得统一，并且随着指挥的节拍合成曲目。室内设计也是如此，各因素或综合体必须合而为一整体，且每个因素必须对设计的主题和气氛起到一份作用。

当然，要保持一切都是一个样子是很容易达到协调的。但是，采用的形、色、质、图案和线条都一样，那就会很单调的。必要的变化给予趣味，然而太多的变化会产生混乱。一个好的室内设计应既不单调又不混乱。在什么地方，怎样采取有趣的变化，并不致破坏由各组成部分的协调是问题的关键，惟一的答案是在于设计必须表现的主题和思想，换句话说，变化应该提高气氛而不是与之相矛盾。图 4-50 是某博物馆图书室的发光顶棚及三个悬垂球灯，可以看出照明、阅览桌、地面（下沉式）三者取得很好的协调，而沿墙周围书架则为矩形结构的。

（2）比例。未经训练的人，经常具有天生的良好的比例的感觉，例如沙发常自动地布置在紧靠着起居室长墙一边；小妇人避免戴大的帽子和用大的手提包，因为这对她是过重的负担；信笺的书写格式，在纸上不注意空白，对眼睛是个干扰等等。这些例子都说明空间分隔，不是愉快的就是妨碍的，室内设计的各部分比例和尺度、局部和局部、局部与整体，在每天生活中都会遇到，并且运用了这些原则，有时也是无意识的。

图 4-50　某博物馆图书室室内

当然，许多艺术家具有运用更不寻常比例的经验，并且在现代设计中，发现一种希望背离传统的空间关系。某些建筑师创造了不仅是愉悦的，而且是鼓舞和刺激人心的效果，但也有些人对比例概念并没有真正熟悉和理解，常常采用不恰当的比例，起初似乎很有趣，但不久就失去其感染力。

房间的大小和形状，将决定家具的总数和每件家具的大小，一个很小的房间，挤满重而大的家具，既不实用也不美观。在现代的室内，倾向于使用少量的、尺度相当小的家具，以保持空间的开阔、空透的面貌，同时也要避免在房间内的家具看来似乎无关紧要甚至消失。当一组家具具有统一的比例时，就感到舒适，图 4-51 中扶手椅和桌子高度一致，既实用又在房间中创造了线条的连贯和统一。

图 4-51　家具尺度在室内空间中的作用

色彩、质地、线条对比例起到重要作用，例如强烈光辉的色彩，使其突出而处于明显的特殊地位。具有反光的和具有图案纹样的质地，也使其显得更重要。通过色彩和质地的对比，更能加强线和形式，垂直线倾向于把物体拉长，水平线造成物体短胖。采用与墙面色彩协调的窗帘和与墙面色彩形成强烈对比的窗帘，可创造出不同的空间比例效果。

（3）平衡。当各部分的质量，围绕一个中心焦点而处于安定状态时称为平衡。平衡对视觉感到愉快，室内的家具和其他的物体的"质量"，是由其大小、形状、色彩、质地决定的。所有这些，必须考虑使其适合于平衡，如果两物大小相同，但一为亮黄色，一为灰色，则前者显得重，粗糙的表面比光滑的显得重，有装饰的比无装饰的要

重。图 4-52（a）中，由于门和另一端的小桌大小悬殊，立面显得不平衡，经过重新
调整后，就显得平衡了（图 4-52b）。

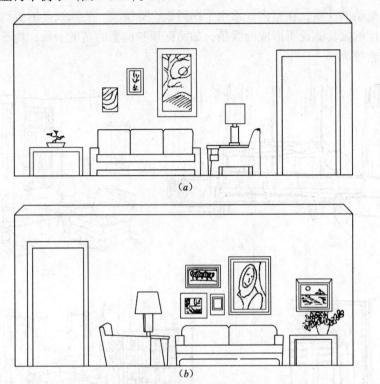

图 4-52　平衡在室内空间的作用

　　当在中心点两边的物体在各方面均相同，称为对称平面，正象在一个具有对称特点
的房间，各组家具也对称布置那样，具有静止和稳定性（图 4-53a）。但对称平衡有时
也显得呆板和僵化，不对称的平衡显得活泼生动（图 4-53b）。体量上的不对称的平衡，
常常利用色彩和质地来达到平衡的效果。例如起居室一端为餐室，起居室的家具和餐室
的家具，有不同质量大小，在这种情况下，可以通过不同的色彩来进行调整。

图 4-53　对称平衡与不对称平衡
（a）对称平衡；（b）不对称平衡

　　（4）韵律。迫使视觉从一部分自然地、顺利地巡视至另一部分时的运动力量，来
自韵律的设计。韵律的原则在产生统一方面极端重要，因为它使眼睛在一特殊焦点上
静止前已扫视整个室内，而如果眼睛从一个地点跳至另一地点，其结果是对视觉的不

适和最大干扰。在设计中产生韵律的方法有：

1）连续的线条（图4-54a）。一般房间的设计是由许多不同的线条组成的，连续线条具有流动的性质，在室内经常用于踢脚板、挂镜线、装饰线条的镶边，以及各种在同一高度的家具陈设所形成的线条，如画框顶和窗楣的高度一致，椅子、沙发和桌子高度一致等等。

图4-54　韵律在室内空间中的作用

2）重复（图4-54b）。通过线条、色彩、形状、光、质地、图案或空间的重复，能控制人们的眼睛按指定的方向运动，虽然垂线能令人眼睛上下看，但一组水平方向布置的垂线，却能使眼睛从这一边看到那一边，即沿着不是垂直的而是水平方向移动。形状的重复也能令人眼睛向某种方向移动，例如一排陈列在墙上的装饰圆盘，可使眼睛从这一点移至另一点；在室内具有明显相同的色彩、质地、图案纹样的织物或家具，由于其重复使用，人们一进室内，也能很快地被引导到这些物件中来。但应避免重复过多或形成单调，如果同样颜色重复过多，那么也可以通过不同的质地或图案的变化而使之不单调。

3）放射（图4-54c）。虽然岔开的线，不能有助于眼睛顺利地从设计的一部分到另一部分，但它们能创造出特殊的气氛和效果来。由中心发出的放射形，常在照明装置、结构杆件和许多装饰物中运用。

4）渐变（图4-54d）。通过一系列的级差变化，可使眼睛从某一级过渡到另一级，这个原则也可通过线条、大小、形状、明暗、图案、质地、色彩的渐次变化而达到。渐变比重复更为生动和有生气。运用渐变方法，或许利用陈设品比用大件家具更容易做到。色彩的渐变多用于某些织物，眼睛将从占优势的强调子向更柔和的调子运动。

5）交替（图4-54e）。任何因素均可交替，白与黑、冷与暖、长与短、大与小、上与下、明与暗……，自然界中的白天与夜晚、冬与夏、阴与晴的交替，斑马条纹的深浅的交替……。这种交替所创造的韵律，是十分自然生动的。在有规律的交替中，意外的变化也可造成一种不破坏整体的统一而独特的风格，例如当黑白条纹交替时，突然出现二条黑条纹，它提供了有趣的变化而不影响统一。

（5）重点。室内的一切布置，如果非常一般化，就会使人感到平淡无味，不能使人获得深刻的印象和美好的回忆。如果根据房间的性质，围绕着一种预期的思想和目的，进行有意识的突出和强调，经过周密的安排、筛选、调整、加强和减弱等一系列的工作，使整个室内主次分明，重点突出，形成一般所谓视觉焦点或趣味中心。在一个房间内可以多于一个趣味中心，但重点太多必然引起混乱。

1）趣味中心的选择。这往往决定于房间的性质、风格和目的，也可以按主人的爱好、个性特点来确定。此外，某些房间的结构面貌常自然地成为注意的中心，设有火炉的起居室，常以火炉为中心突出室内的特点，窗口也常成为视觉的焦点，如果窗外有良好的景色也可利用作为趣味中心。某些卧室把精心设计的床头板附近范围，作为突出卧室的趣味中心。壁画、珍贵陈设品和收藏品，均可引起人们的注意，加强室内的重点。图4-55为美国斯坦福德某公司总部总经理接待室，以中国古装作为重点装饰品。如果将个人业余爱好收藏的各种标本，作为室内的重点装饰，可以不落俗套，不一般化。

图4-55 美国斯坦福德某公司总经理接待室

　　2）形成重点的手法。有许多方法可用来加强对室内重要部分的注意，它们包括：重复；通过异常的大小、质地、线条、色彩、空间、图案形成等的对比；也可以通过物体的布置、照明的运用以及出其不意的非凡的安排来形成重点。例如，多色的织物在许多重复的单色中，就显得突出。此外，体量大的物体也易引起人的特别注意。又如室内以光滑质地占优势的情况下，那一片十分粗糙的质地（如地毯）则容易引起注意。室内空间的特殊形状或结构面貌也常首先引人注意，也可依此利用为趣味中心，切不要去选择那些本来不能引起人注意和兴趣的角落去布置趣味中心。在趣味中心的周围，背景应宁可使其后退而不突出，只有在不平常的位置，利用不平常的陈设品，采用不平常的布置手法，方能出其不意地成为室内的趣味中心。

　　图 4-56（a），电视机上的柜子的色彩和长沙发一样，因此眼睛沿着房间周围运动，但发现不出任何可以形成强调点的视觉中心。图 4-56（b），柜子与墙的色彩一样，形成一个柔和的背景区，这样就不十分引起注意，柜子的玻璃收藏品移至隔架，使通过光线表现其自然美，而其中地毯则成为视觉中心。

(a) (b)

图 4-56　视觉中心的形成

　　通过图 4-57 中的两组对比我们可以看出，良好的趣味中心可以给人留下深刻的印象。

(a)

图 4-57　趣味中心的形成（一）

(a) 每一表面均很显眼，无趣味中心

图 4-57　趣味中心的形成（二）

（*b*）通过图案建立趣味中心，将其他面积削弱；

（*c*）家具布置凌乱，形不成趣味中心；（*d*）家具组织有序而协调，重点突出，形成趣味中心

第二节　室内界面处理

　　室内界面，即围合成室内空间的底面（楼、地面）、侧面（墙面、隔断）和顶面（平顶、顶棚）。人们使用和感受室内空间，但通常直接看到甚至触摸到的则为界面实体。

　　从室内设计的整体观念出发，我们必须把空间与界面、"虚无"与实体，这一对"无"与"有"的矛盾，有机地结合在一起来分析和对待。但是在具体的设计进程中，不同阶段也可以各具重点，例如在室内空间组织、平面布局基本确定以后，对界面实体的设计就显得非常突出。

　　室内界面的设计，既有功能技术要求，也有造型和美观要求。作为材料实体的界面，有界面的线形和色彩设计，界面的材质选用和构造问题。此外，现代室内环境的界面设计还需要与房屋室内的设施、设备予以周密的协调，例如界面与风管尺寸及出、回风口的位置，界面与嵌入灯具或灯槽的设置，以及界面与消防喷淋、报警、通讯、音响、监控等设施的接口也极需重视（图 4-58）。

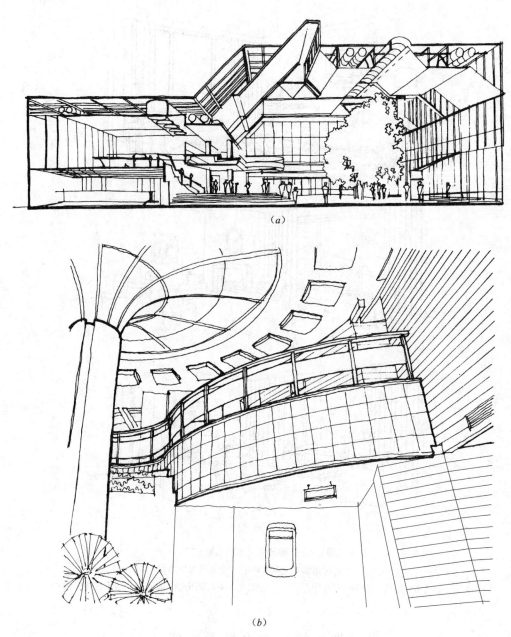

(a)

(b)

图 4-58　室内界面与风口、灯具等的协调

（a）哥伦布市市政厅中心剖视中的顶界与设施的协调；（b）香港某建筑室内顶界面与灯具的协调

一、界面的要求和功能特点

底面、侧面、顶面等各类界面，室内设计时，既对它们有共同的要求，各类界面在使用功能方面又各有它们的特点：

1. 各类界面的共同要求

（1）耐久性及使用期限；

（2）耐燃及防火性能（现代室内装饰应尽量采用不燃及难燃性材料，避免采用燃烧时释放大量浓烟及有毒气体的材料）；

（3）无毒（指散发气体及触摸时的有害物质低于核定剂量）；

（4）无害的核定放射剂量（如某些地区所产的天然石材，具有一定的氡放射剂量）；

（5）易于制作安装和施工，便于更新；

（6）必要的隔热保暖、隔声吸声性能；

（7）装饰及美观要求；

（8）相应的经济要求。

2．各类界面的功能特点

（1）底面（楼、地面）——耐磨、防滑、易清洁、防静电等；

（2）侧面（墙面、隔断）——挡视线，较高的隔声、吸声、保暖、隔热要求；

（3）顶面（平顶、顶棚）——质轻，光反射率高，较高的隔声、吸声、保暖、隔热要求。

为便于分析比较，各类界面的基本功能要求如表 4-1 所示。

各类界面的基本功能要求 表 4-1

基本功能要求	使用期限及耐久性	耐燃及防火性能	无毒不发散有害气体	核定允许的放射剂量	易于施工安装或加工制作，便于更新	自重轻	耐磨耐腐蚀	防滑	易清洁	隔热保暖	隔声吸声	防潮防水	光反射率
底面（楼、地面）	●	●	●	●	●	○	●	●	●	●	●	●	
侧面（墙面、隔断）	○	●	●	●	●	○	○		○	●	●	○	○
顶面（平顶、顶棚）	○	●	●	●	●	●				●	●	○	●

注：●——较高要求；○——一般要求。

二、界面装饰材料的选用

室内装饰材料的选用，是界面设计中涉及设计成果的实质性的重要环节，它最为直接地影响到室内设计整体的实用性、经济性、环境气氛和美观与否。设计人应熟悉材料质地、性能特点，了解材料的价格和施工操作工艺要求，善于和精于运用当今的先进的物质技术手段，为实现设计构思，创造坚实的基础。

界面装饰材料的选用，需要考虑下述几方面的要求：

1．适应室内使用空间的功能性质

对于不同功能性质的室内空间，需要由相应类别的界面装饰材料来烘托室内的环境氛围，例如文教、办公建筑的宁静、严肃气氛，娱乐场所的欢乐、愉悦气氛，与所选材料的色彩、质地、光泽、纹理等密切相关。

2．适合建筑装饰的相应部位

不同的建筑部位，相应地对装饰材料的物理、化学性能，观感等的要求也各有不同。例如对建筑外装饰材料，要求有较好的耐风化、防腐蚀的耐候性能，由于大理石中主要成分为碳酸钙（$CaCO_3$），常与城市大气中的酸性物化合而受侵蚀，因此外装饰一般不宜使用大理石；又如室内房间的踢脚部位，由于需要考虑地面清洁工具、家具、器物底脚碰撞时的牢度和易于清洁，因此通常需要选用有一定强度、硬质、易于清洁的装饰材料，常用的粉刷、涂料、墙纸或织物软包等墙面装饰材料，都不能直落地面。

3. 符合更新、时尚的发展需要

由于现代室内设计具有动态发展的特点，设计装修后的室内环境，通常并非是"一劳永逸"的，而是需要更新，讲究时尚。原有的装饰材料需要由无污染、质地和性能更好的、更为新颖美观的装饰材料来取代。

界面装饰材料的选用，还应注意"精心设计、巧于用材、优材精用、一般材质新用"。

装饰标准有高低，即使是标准高的室内，也不应是高贵材料的堆砌。这里借鉴鲁迅先生《而已集》中的一段文字，对我们装饰设计很有启迪："做富贵诗，多用些'金''玉''锦''绮'字面，自以为豪华，而不知见其寒蠢，真会写富贵景象的，有道'笙歌归院落，灯火下楼台'，全不用那些字。"

室内界面处理，铺设或贴置装饰材料是"加法"，但一些结构体系和结构构件的建筑室内，也可以做"减法"，如明露的结构构件，利用模板纹理的混凝土构件或清水砖面等。例如某些体育建筑、展览建筑、交通建筑的顶面由显示结构的构件构成，有些人们不易直接接触的墙面，可用不加装饰、具有模板纹理的混凝土面或清水砖面等等。

在有地方材料的地区，适当选用当地的地方材料，既减少运输，相应地降低造价，又使室内装饰易具地方风味。

界面装饰材料的选用，还应考虑便于安装、施工和更新。

现将不同界面的各类装饰材料的特性、适用范围与选用，分别列于表4-2～表4-4。

底面装饰材料特性与选用　　　　　　　　　　　　　　　　　　　　表 4-2

底面装饰材料(楼、地面)	水泥砂浆	现浇水磨石	PVC卷材	木地面	预制水磨石	陶瓷锦砖	花岗石	大理石
材料特性及其适用的室内楼地面	适用于一般生活活动及辅助用房	色彩和花饰可按设计配置，易清洁，防滑及吸声差，适用于公共活动和盥洗用房	色彩和花饰可供选择，有弹性，易清洁，易施工，适用于人流量不大的居住或公共活动用房	有纹理，隔热保暖性好，有弹性，适用于居住、托幼以及舞厅等	色彩和花饰可供选择，易清洁、易施工，防滑及吸声差，适用于公共活动和盥洗用房	耐久、耐磨性好，易清洁，易施工，吸声差，适用于公共活动用房、交通性建筑以及盥洗用房等	有纹理，耐久、耐磨性好，易清洁，吸声差，适用于装饰要求高的公共活动建筑的门厅、走廊及有大量人流的交通建筑等	有纹理，易清洁，吸声差，适用于装饰要求高的公共活动建筑的门厅、休息廊、餐厅等

侧面装饰材料特性与选用　　　　　　　　　　　　　　　　　　　　表 4-3

侧面装饰材料（墙面）	灰砂粉刷水泥砂浆粉刷	油漆涂料	墙纸墙布	PVC板贴面	人造革及织锦缎	木装修木台度木板夹板贴面	陶瓷面砖	大理石花岗石	镜面玻璃
材料的性能及其适用的室内墙面	适用于一般生活活动及辅助用房	色彩可供选择，易清洗，适用于一般公共活动、居住用房	色彩、纹样可供选择，高发泡类稍具吸声作用，适用于旅馆客房、居住用房以及人流量不大的公共活动用房和走廊	色彩、纹样可供选择，易清洁，适用于行政办公、餐厅、会议等公共活动用房	有纹理，触摸感好，吸声好，需经阻燃处理，适用于装饰要求高的会堂、接待餐厅或居住用房	色彩、纹样可供选择，触摸感好，需经阻燃处理，适用于装饰要求高的会堂、接待室以及居住用房等	易清洁，维修更新较方便，吸声差，适用于公共活动以及盥洗室等	有纹理，易清洁，吸声差，适用于装饰要求高的旅馆、会场、文化建筑等的门厅、走廊、公共活动用房，以及交通建筑等	具有扩大室内空间感，吸声差，适用于需要扩大室内空间感的公共活动用房

顶面装饰材料特性与选用　　　　　　　　　　表 4-4

顶面装饰材料（平、吊顶）	灰砂粉刷 水泥砂浆 粉刷	油漆 涂料	墙纸 墙布	木装修 夹板平顶	石膏板 石膏矿 棉板	硅钙板 矿棉水 泥板穿孔板	金属压型 板金属 穿孔板	金属 格片
材料特性及其适用的室内平、吊顶	适用于一般生活活动及辅助用房	色彩可供选择，易清洁，适用于一般公共活动、居住用房	色彩、纹样可供选择，高发泡类稍具吸声作用，适用于旅馆客房、居住用房以及人流量不大的公共活动用房和走廊	有纹理，需经阻燃处理，适用于居住生活及空间不大的公共活动用房	防火性能好，平顶上部便于安装管线，适用于各类公共活动用房	防火性能好，穿孔板具有吸声作用，适用于各类公共活动用房	自重轻，平顶上部便于安装和检修管线，适用于装饰要求较高的各类公共活动用房	自重轻，平顶上部便于安装和检修管线及灯具，适用于大面积公共活动用房及交通建筑

　　现代工业和后工业社会，"回归自然"是室内装饰的发展趋势之一，因此室内界面装饰常适量地选用天然材料。即使是现代风格的室内装饰，也常选配一定量的天然材料，因为天然材料具有优美的纹理和材质，它们和人们的感受易于沟通。常用的木材、石材等天然材质的性能和品种示例如下：

　　木材：具有质轻、强度高、韧性好、热工性能佳，且手感、触感好等特点，纹理和色泽优美愉悦，易于着色和油漆，便于加工、连接和安装，但需注意防止挠曲变形，应予防火和防蛀处理，表面的油漆或涂料应选用不致散发有害气体的涂层。

　　杉木、松木——常用作内衬构造材料，因纹理清晰，现代工艺改性后可作装饰面材；

　　柳桉——有黄、红等不同品种，易于加工，不挠曲；

　　水曲柳——纹理美，广泛用于装饰面材；

　　阿必东——产于东南亚，加工较不易，用途同水曲柳；

　　椴木——纹理美，易加工；

　　桦木——色较淡雅；

　　枫木——色较淡雅；

　　橡木——有红橡和白橡之分，白橡木可染色，较坚韧，近年来广泛用于家具及饰面；

　　山毛榉木——纹理美，色较淡雅；

　　柚木——性能优，耐腐蚀，用于高级地板、台度及家具等。

　　此外还有雀眼木、桃花心木、樱桃木、花黎木、黑胡桃木等，纹理具有材质特色，常以薄片或夹板形式作小面积镶拼装饰面材。

　　从尽可能节约优质木材考虑，应尽可能将优质材当薄片及夹板的面层的材质使用，也可作为复合材的面层。

　　石材：浑实厚重，压强高，耐久、耐磨性能好，纹理和色泽极为美观，且各品种的特色鲜明。其表面根据装饰效果需要，可作凿毛、烧毛、亚光、磨光镜面等多种处理，运用现代加工工艺，可使石材成为具有单向或双向曲面、饰以花色线脚等的异形材质。天然石材作装饰用材时宜注意材料的色差，如施工工艺不当，湿作业时常留有明显的水渍或色斑，影响美观。从节省天然材质考虑，石材也应尽可能加工成 2～5mm 的薄片，并与金属成高分子材料组成复合材料用于装饰面材。

　　花岗石：

　　黑色——济南青、福鼎黑、蒙古黑、黑金砂等；

白色——珍珠白、银花白、大花白、森巴白等；

麻黄色——麻石（产于江苏金山、浙江莫干山、福建沿海等地）、金麻石、菊花石等；

蓝色——蓝珍珠、蓝点啡麻（蓝中带麻色）、紫罗兰（蓝中带紫红色）等；

绿色——棱霞绿、宝兴绿、印度绿、绿宝石、幻彩绿等；

浅红色——玫瑰红、西丽红、樱花红、幻彩红等；

棕红、橘红色——虎皮石、蒙地卡罗、卡门红、石岛红等；

深红色——中国红、印度红、岑溪红、将军红、红宝石、南非红等。

大理石：

黑色——桂林黑、黑白根（黑色中夹以少量白、麻色纹）、晶墨玉、芝麻黑、黑白花（又名残雪，黑底上带少量方解石浮色）等；

白色——汉白玉、雪花白、宝兴白、爵士白、克拉拉白、大花石、鱼肚白等；

麻黄色——锦黄、旧米黄、新米黄、金花米黄、银线米黄、沙阿娜、金峰石等；

绿色——丹东绿、莱阳绿（呈灰斑绿色）、大花绿、孔雀绿等；

各类红色——皖螺、铁岭红（东北红）、珊瑚红、陈皮红、挪威红、万寿红等。

此外还有如宜兴咖啡、奶油色、紫地满天星、青玉石、木纹石等不同花色、纹理的大理石。

界面材质的选用，首先还是应该从使用功能合理方面来考虑，例如住宅的居室从脚感舒适和保暖隔热等考虑，木质地面还是有较好的使用性能；又如地铁车站的地面，由于人流量大，耐磨的性能极为重要，又要考虑防滑和易清洁，因此选用花岗岩石材，表面又不宜磨得过于光滑，应是可以选用的材质之一。

三、室内界面处理及其感受

人们对室内环境气氛的感受，通常是综合的、整体的，既有空间形状，也有作为实体的界面。视觉感受界面的主要因素有：室内采光、照明、材料的质地和色彩、界面本身的形状、线脚和面上的图案肌理等（有关采光、照明和室内色彩，将在本书以后章节中论述）。

在界面的具体设计中，根据室内环境气氛的要求和材料、设备、施工工艺等现实条件，也可以在界面处理时重点运用某一手法，例如：显露结构体系与构件构成（图4-59）；突出界面材料的质地与纹理（图4-60）；界面凹凸变化造型特点与光影效果（图4-61）；强调界面色彩或色彩构成；界面上的图案设计与重点装饰（图4-62）。

1. 材料的质地

室内装饰材料的质地，根据其特性大致可以分为：天然材料与人工材料；硬质材料与柔软材料；精致材料与粗犷材料，如磨光的花岗石饰面板，即属于天然硬质精致材料，斩假石即属人工硬质粗犷材料等等。

天然材料中的木、竹、藤、麻、棉等材料常给人们以亲切感，室内采用显示纹理的木材、藤竹家具、草编铺地以及粗略加工的墙体面材，粗犷自然，富有野趣，使人有回归自然的感受。

不同质地和表面加工的界面材料，给人们的感受示例（图4-63）；

平整光滑的大理石——整洁、精密；

纹理清晰的木材——自然、亲切；

具有斧痕的假石——有力、粗犷；

全反射的镜面不锈钢——精密、高科技；

　　清水勾缝砖墙面——传统、乡土情；

　　大面积灰砂粉刷面——平易、整体感。

　　由于色彩、线形、质地之间具有一定的内在联系和综合感受，又受光照等整体环境的影响，因此，上述感受也具有相对性。

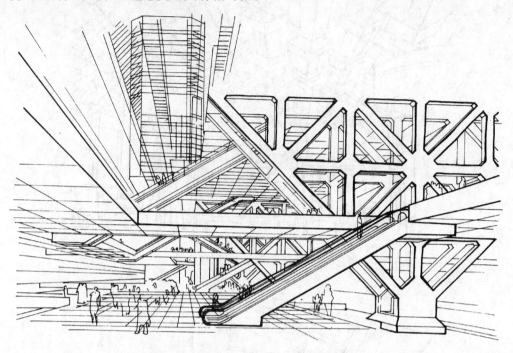

图 4-59　显露结构体系与构件构成的室内

图 4-60　突出砖面材质与砌筑工艺的室内墙面

图 4-61 顶界面的凹凸肌理处理

图 4-62 界面设计的图案与重点处理

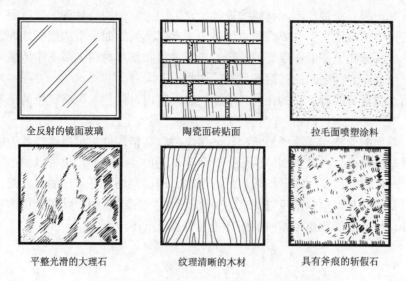

全反射的镜面玻璃　　　　陶瓷面砖贴面　　　　拉毛面喷塑涂料

平整光滑的大理石　　　　纹理清晰的木材　　　　具有斧痕的斩假石

图 4-63　不同质地和表面加工特点的界面材料

2．界面的线形

界面的线形是指界面上的图案、界面边缘、交接处的线脚以及界面本身的形状。

（1）界面上的图案与线脚（图 4-64）：界面上的图案必须从属于室内环境整体的气氛要求，起到烘托、加强室内精神功能的作用。根据不同的场合，图案可能是具象的或抽象的、有彩的或无彩的、有主题的或无主题；图案的表现手段有绘制的、与界面同质材料的，或以不同材料制作。界面的图案还需要考虑与室内织物（如窗帘、地毯、床罩等）的协调。

图 4-64　界面上的图案与线脚

　　界面的边缘、交接、不同材料的连接，它们的造型和构造处理，即所谓"收头"，是室内设计中的难点之一。界面的边缘转角通常以不同断面造型的线脚处理，如墙面木台度下的踢脚和上部的压条等的线脚，光洁材料和新型材料大多不作传统材料的线脚处理，但也有界面之间的过渡和材料的"收头"问题。

　　界面的图案与线脚，它的花饰和纹样，也是室内设计艺术风格定位的重要表达语言。

　　(2) 界面的形状：界面的形状，较多情况是以结构构件、承重墙柱等为依托，以结构体系构成轮廓，形成平面、拱形、折面等不同形状的界面；也可以根据室内使用功能对空间形状的需要，脱开结构层另行考虑，例如剧场、音乐厅的顶界面，近台部分往往需要根据几何声学的反射要求，做成反射的曲面或折面。除了结构体系和功能要求以外，界面的形状也可按所需的环境气氛设计（图 4-65）。

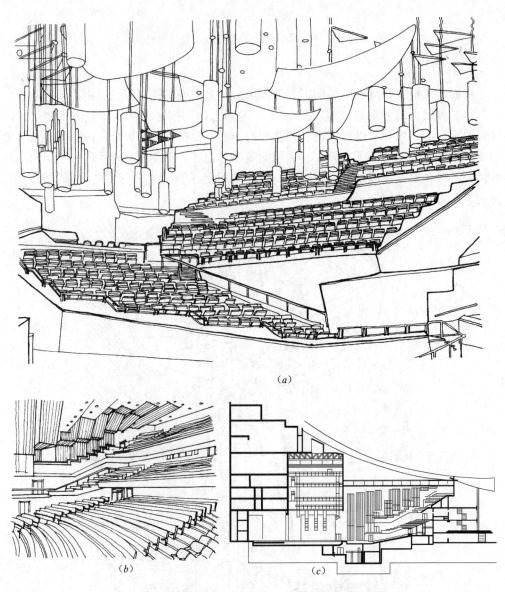

(a)

(b)　　　　　　　　　(c)

图 4-65　根据音质及造型要求相结合的室内界面形状
(a) 柏林爱乐音乐厅内景；(b) 某剧场观众厅内景；(c) 该剧场剖面示意

3. 界面的不同处理与视觉感受

室内界面由于线型的不同划分、花饰大小的尺度各异、色彩深浅的各样配置以及采用各类材质，都会给人们视觉上以不同的感受。

室内界面的不同处理与视觉感受如图 4-66 所示。

应该指出的是，界面不同处理手法的运用，都应该与室内设计的内容和相应需要营造的室内环境氛围、造型风格相协调，如果不考虑场合和建筑物使用性质，随意选用各种界面处理手法，可能会有"画蛇添足"的不良后果。

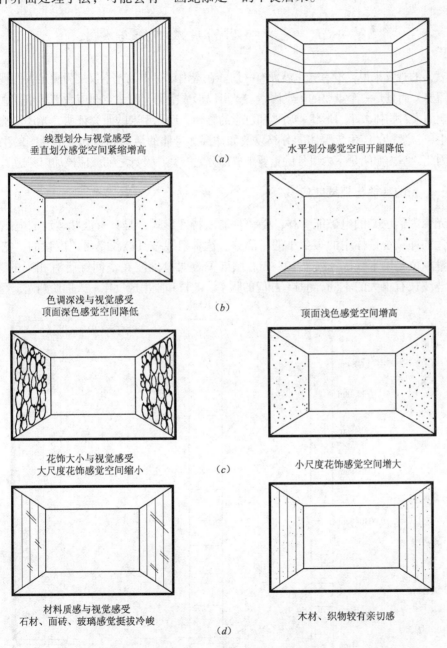

线型划分与视觉感受　　　　　　　　　　水平划分感觉空间开阔降低
垂直划分感觉空间紧缩增高

(a)

色调深浅与视觉感受　　　　　　　　　　顶面浅色感觉空间增高
顶面深色感觉空间降低

(b)

花饰大小与视觉感受　　　　　　　　　　小尺度花饰感觉空间增大
大尺度花饰感觉空间缩小

(c)

材料质感与视觉感受　　　　　　　　　　木材、织物较有亲切感
石材、面砖、玻璃感觉挺拔冷峻

(d)

图 4-66　室内界面处理的视觉感受

第五章　室内采光与照明

第一节　采光照明的基本概念与要求

就人的视觉来说，没有光也就没有一切。在室内设计中，光不仅是为满足人们视觉功能的需要，而且是一个重要的美学因素。光可以形成空间、改变空间或者破坏空间，它直接影响到人对物体大小、形状、质地和色彩的感知。近几年来的研究证明，光还影响细胞的再生长、激素的产生、腺体的分泌以及如体温、身体的活动和食物的消耗等的生理节奏。因此，室内照明是室内设计的重要组成部分之一，在设计之初就应该加以考虑。

一、光的特性与视觉效应

光像人们已知的电磁能一样，是一种能的特殊形式，是具有波状运动的电磁辐射的巨大的连续统一体中的很狭小的一部分。这种射线按其波长是可以度量的，它规定的度量单位是纳米（nm），即 10^{-9}m。图 5-1 表明电磁波在空间穿行有相同的速率，电磁波波长有很大的不同，同时有相应的频率，波长和频率成反比。人们谈到光，经常以

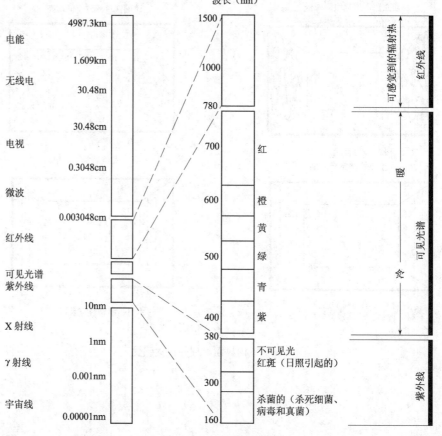

图 5-1　电磁波的特性

波长做参考，辐射波在它们所含的总的能量上，也是各不相同的（作功的能），辐射波的力量（它们的工作等级）与其振幅（Amplitude）有关。一个波的振幅是它的高或深，以其平均点来度量，象海里的波升到最高峰，并有最深谷，深的波比浅波具有更大的力量。

二、照度、光色、亮度

1. 照度（Intensity of Illumination）

人眼对不同波长的电磁波，在相同的辐射量（Radiant Flux）时，有不同的明暗感觉。人眼的这个视觉特性称为视觉度，并以光通量（Luminous Flux）作为基准单位来衡量。

光通量的单位为流明（lm），光源的发光效率的单位为流明/瓦特（lm/W）。

不同的日光源和电光源，发光效率如表 5-1 所示。

不同日光源和电光源的发光效率（lm/W） 表 5-1

光 源	发 光 效 率
太阳光（高度角为 7.5°）	90
太阳光（高度角大于 25°）	117
太阳光（建议的平均高度）	100
天空光（晴天）	150
天空光（平均）	125
综合自然光（天空光与太阳光的平均值）	115
白炽灯（150W）	16～40
荧光灯（40W CWX）	50～80
高压钠灯	40～140

光源在某一方向单位立体角内所发出的光通量叫做光源在该方向的发光强度（Luminous Intensity），单位为坎德拉（cd），被光照的某一面上其单位面积内所接收的光通量称为照度，其单位为勒克斯（lx）。

2. 光色

光色主要取决于光源的色温（K），并影响室内的气氛。色温低，感觉温暖；色温高，感觉凉爽。一般色温<3300K 为暖色，3300K<色温<5300K 为中间色，色温>5300K 为冷色。光源的色温应与照度相适应，即随着照度增加，色温也应相应提高。否则，在低色温、高照度下，会使人感到酷热；而在高色温，低照度下，会使人感到阴森的气氛（图 5-2）。

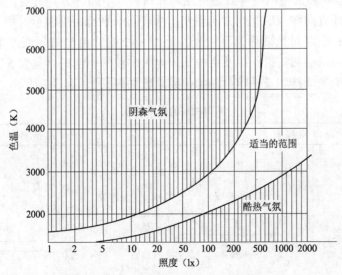

图 5-2 照度、色温和室内空间气氛的关系

设计者应联系光、目的物和空间彼此关系，去判断其相至影响。光的强度能影响人对色彩的感觉，如红色的帘幕在强光下更鲜明，而弱光将使蓝色和绿色更突出。设计者应有意识地去利用不同色光的灯具，调整使之创造出所希望的照明效果，如点光源的白炽灯与中间色的高亮度荧光灯相配合。

人工光源的光色，一般以显色指数（Ra）表示，Ra 最大值为 100，80 以上显色性优良；79～50 显色性一般；50 以下显色性差。

白炽灯　$Ra = 97$；卤钨灯　$Ra = 95～99$；白色荧光灯　$Ra = 55～85$；日光色灯 $Ra = 75～94$；高压汞灯　$Ra = 20～30$；高压钠灯　$Ra = 20～25$；氙灯　$Ra = 90～94$。

3. 亮度（Luminous Radiance）

亮度作为一种主观的评价和感觉，和照度的概念不同，它是表示由被照面的单位面积所反射出来的光通量，也称发光度（Luminosity），因此与被照面的反射率有关，例如在同样的照度下，白纸看起来比黑纸要亮。有许多因素影响亮度的评价，诸如照度、表面特性、视觉、背景、注视的持续时间甚至包括人眼的特性。

4. 材料的光学性质

光遇到物体后，某些光线被反射，称为反射光；光也能被物体吸收，转化为热能，使物体温度上升，并把热量辐射至室内外，被吸收的光就看不见；还有一些光可以透过物体，称透射光（图 5-3）。这三部分光的光通量总和等于入射光通量。

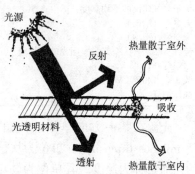

图 5-3　入射光与反射光、吸收光和透射光的关系

设入射光通量为 F，反射光通量为 F_1，透射光通量为 F_2。

则　反射率　$\rho = F_1/F$

透射率　$\tau = F_2/F$

吸收率　$\alpha = (F - F_1 - F_2)/F$

即　　　$\rho + \tau + \alpha = 1$

当光射到光滑表面的不透明材料上，如镜面和金属镜面，则产生定向反射，其入射角等于反射角，并处于同一平面；如果射到不透明的粗糙表面时，则产生漫射光（见表 5-2 图）。材料的透明度导致透射光离开物质以不同的方式透射，当材料两表面平行，透射光线方向和入射光线方向不变；两表面不平行，则因折射角不同，透过的光线就不平行；非定向光被称为漫射光，是由一个相对粗糙的表面产生非定向的反射，或由内部的反射和折射，以及由内部相对大的粒子引起的（见表 5-3 图）。

不同材料的光学性质及透明材料的透射系数如表 5-2、表 5-3 所示。

不同材料的光学性质　　　　　　　　　　　　　　表 5-2

表 面 粗 糙 材 料		表 面 光 滑 材 料	
粗砖 混凝土 低光泽的平涂料 石灰石 白灰粉刷 低光泽的塑料制品 （丙烯腈丁、三聚氰胺 甲醛塑料、聚氯乙烯） 砂石 粗木材	漫射光 粗糙面	抛光铝 亮（磁）漆 玻璃 磨光大理石 抛光塑料 不锈钢 水磨石 马口铁 油光木材	α　β 光滑面（$\alpha = \beta$）

透　明　材　料		透射系数（％）
直接透射	透明玻璃或塑料	80～94
	透明的颜色玻璃或塑料：	
	蓝色	3～5
	红色	8～17
	绿色	10～17
	淡黄色	30～50
扩散透射	毛玻璃，朝向光源	82～88
	毛玻璃，远离光源	63～78
漫透射	细白石膏	20～50
	玻璃砖	40～75
	大理石	5～40
	塑料（丙烯酸、乙烯基、玻璃纤维增强塑料）	30～65

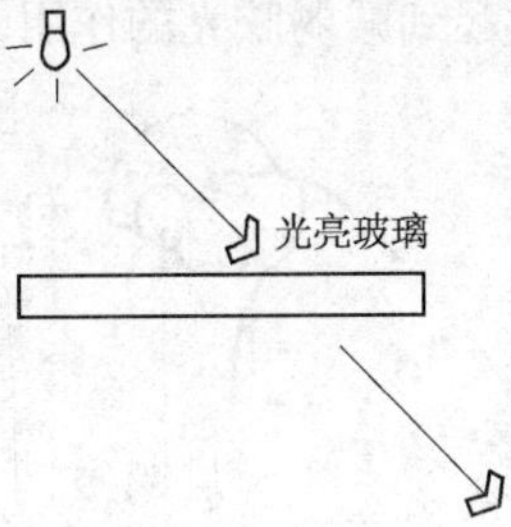

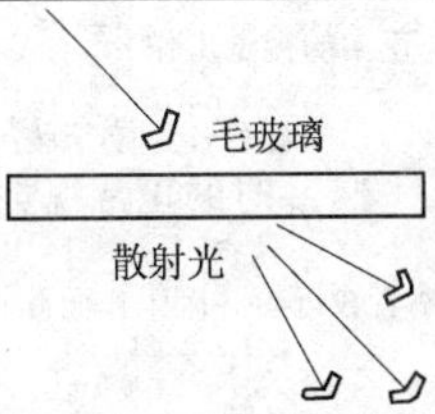

透明材料的透射系数　　表 5-3

（图中标注：光亮玻璃、毛玻璃、散射光、玻璃纤维增强塑料、漫射光）

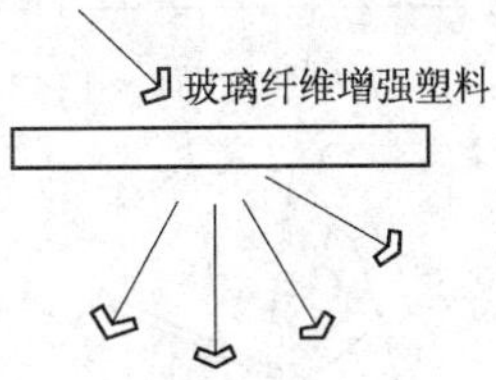

三、照明的控制

1. 眩光的控制

眩光与光源的亮度、人的视觉有关。图 5-4 为成年人坐/立时的正常视角。由强光直射人眼而引起的直射眩光，应采取遮阳的办法；对人工光源，避免的办法是降低光源的亮度、移动光源位置和隐蔽光源。当光源处于眩光区之外，即在视平线 45°之外，眩光就不严重，遮光灯罩可以隐蔽光源，避免眩光（见图 5-5）。遮挡角与保护角之和为 90°，遮挡角的标准各国规定不一，一般为 60°～70°，这样保护角为 30°～20°。因反射光引起的反射眩光，决定于光源位置和工作面或注视面的相互位置。避免的办法是，将其相互位置调整到反射光在人的视觉工作区域之外。人的写、读、工作的正常视觉范围见图5-6。当决定了人的视点和工作面的位置后，就可以找出引起反射眩

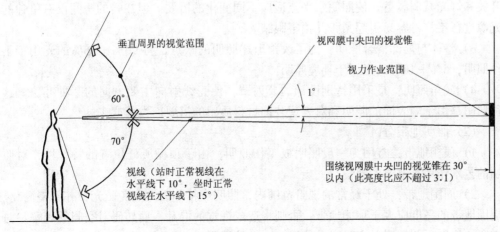

（图中标注：垂直周界的视觉范围、视网膜中央凹的视觉锥、视力作业范围、60°、70°、1°、视线（站时正常视线在水平线下 10°，坐时正常视线在水平线下 15°）、围绕视网膜中央凹的视觉锥在 30°以内（此亮度比应不超过 3:1））

图 5-4　成年人坐/立时的视觉范围

光的区域，在此区域内不应布置光源（图5-7）。从图中可以看出利用倾斜工作面，较之平面不宜布置光源的区域要小，此外，如注视工作面为粗糙面或吸收面，使光扩散或吸收，或适当提高环境亮度，减少亮度对比，也可起到减弱眩光的作用。

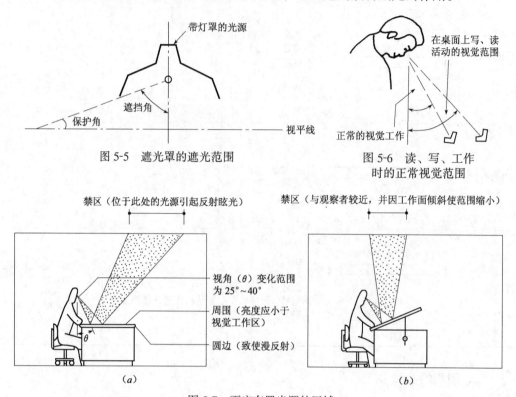

图 5-5　遮光罩的遮光范围

图 5-6　读、写、工作
时的正常视觉范围

图 5-7　不应布置光源的区域

2. 亮度比的控制

控制整个室内的合理的亮度比例和照度分配，与灯具布置方式有关。

（1）一般灯具布置方式

1）整体照明：其特点是常采用匀称的镶嵌于顶棚上的固定照明，这种形式为照明提供了一个良好的水平面和在工作面上照度均匀一致，在光线经过的空间没有障碍，任何地方光线充足，便于任意布置家具，并适合于空调和照明相结合。但是耗电量大，在能源紧张的条件下是不经济的，否则就要将整个照度降低。

2）局部照明：为了节约能源，在工作需要的地方才设置光源，并且还可以提供开关和灯光减弱装备，使照明水平能适应不同变化的需要。但在暗的房间仅有单独的光源进行工作，容易引起紧张并损害眼睛。

3）整体与局部混合照明：为了改善上述照明的缺点，将 90%～95% 的光用于工作照明，5%～10% 的光用于环境照明。

4）成角照明：是采用特别设计的反射罩，使光线射向主要方向的一种办法。这种照明是由于墙表面的照明和对表现装饰材料质感的需要而发展起来的。

（2）照明地带分区

1）顶棚地带：常用为一般照明或工作照明，由于顶棚所处位置的特殊性，对照明的艺术作用有重要的地位。

2）周围地带：处于经常的视野范围内，照明应特别需要避免眩光，并希望简化。周围地带的亮度应大于顶棚地带，否则将造成视觉的混乱，而妨碍对空间的理解和对方向的识别，并妨碍对有吸引力的趣味中心的识别。

3）使用地带：使用地带的工作照明是需要的，通常各国颁布有不同工作场所要求的最低照度标准。

上述三种地带的照明应保持微妙的平衡，一般认为使用地带的照明与顶棚和周围地带照明之比为 2～3：1 或更少一些，视觉的变化才趋向于最小。图 5-8 为在工作面上良好的亮度分配，其最大的极限比为 10：3：1。

（3）室内各部分最大允许亮度比

1）视力作业与附近工作面之比3：1；

2）视力作业与周围环境之比10：1；

3）光源与背景之比 20：1；

4）视野范围内最大亮度比 40：1。

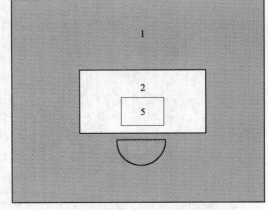

图 5-8　工作面上良好亮度分配例子

美国菲利普照明实验室还对在办公室内整体照明和局部照明之间的比例作了调查，如桌上总照明度为 1000lx，则整体照明大于 50％ 为好，在 35％～50％ 为尚好，少于 35％ 则不好。

第二节　室内采光部位与照明方式

一、采光部位与光源类型

1. 采光部位

利用自然采光，不仅可以节约能源，并且在视觉上更为习惯和舒适，在心理上能和自然接近、协调，可以看到室外景色，更能满足精神上的要求，如果按照精确的采光标准，日光完全可以在全年提供足够的室内照明。室内采光效果，主要取决于采光部位和采光口的面积大小和布置形式，一般分为侧光、高侧光和顶光三种形式。侧光可以选择良好的朝向、室外景观，使用维护也较方便，但当房间的进深增加时，采光效率很快降低，因此，常加高窗的高度或采用双向采光或转角采光来弥补这一缺点。图 5-9 为某海滨别墅和珠海石景山庄，窗高，不但有良好的景观，而且室内充满阳光，明朗而富有生气。高侧采光，照度比较均匀，留出较多的墙面可以布置家具、陈设，常用于展览、商场，但使用不便。

顶光的照度分布均匀，影响室内照度的因素较少，但当上部有障碍物时，照度就急剧下降。此外，在管理、维修方面较为困难。图 5-10 为采光面积相同的侧窗和高侧窗室内照度的比较。图 5-11 为屋顶采光的室内照度分布。顶部采光常用于大厅（图 5-12）。

室内采光还受到室外周围环境和室内界面装饰处理的影响，如室外临近的建筑物，既可阻挡日光的射入，又可从墙面反射一部分日光进入室内。此外，窗面对室内说来，可视为一个面光源（Area Source），它通过室内界面的反射，增加了室内的照度。由此可见，进入室内的日光（昼光）因素（Daylight Factor：DF）由下列三部分组成（图 5-13）：

（1）直接天光（Sky Component：SC）；

（2）外部反射光（Externally Reflected Component：ERC）（室外地面及相邻界面的反射）；

（3）室内反射光（Internal Reflected Component：IRC）（由顶棚、墙面、地面的反射）。

$$DF = SC + ERC + IRC$$

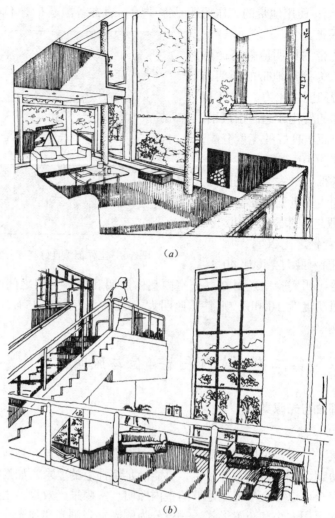

图 5-9 高窗采光
（a）某海滨别墅；（b）珠海石景山庄

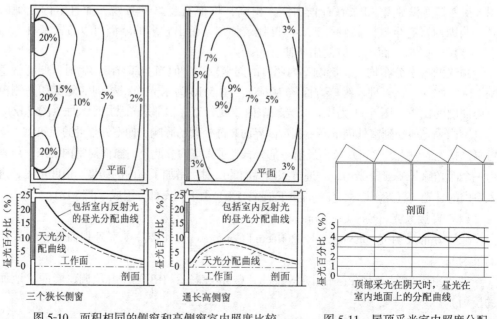

图 5-10 面积相同的侧窗和高侧窗室内照度比较　　图 5-11 屋顶采光室内照度分配

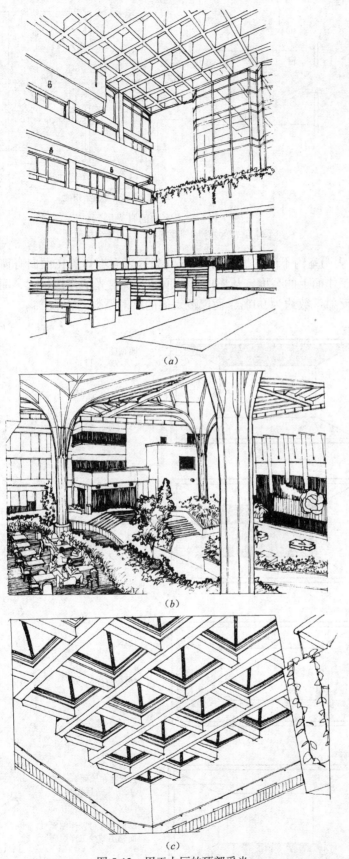

图 5-12　用于大厅的顶部采光
（a）清华大学图书馆；（b）某中庭；（c）北京新世纪饭店顶部采光细部构造

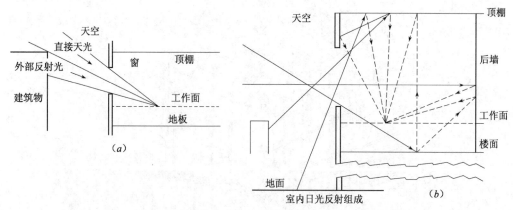

图 5-13 进入室内的日光因素
(a) 直接天光和外部反射光；(b) 室内反射光

图 5-14 表明室内不同的黑（暗）、白（亮）表面均布置在面向有窗的墙面，其目的在于增加工作面上的亮度，从图中可见顶棚对反射光的作用最大，而地面最小。一般白色表面反射系数约为 90%，而黑色表面的反射系数约为 20%。

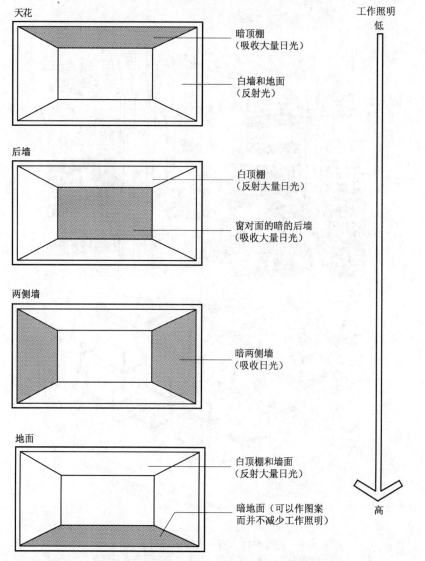

图 5-14 不同黑白表面对工作照明的影响

　　此外，窗子的方位也影响室内的采光，当面向太阳时，室内所接收的光线要比其他方向的要多。窗子采用的玻璃材料的透射系数不同，则室内的采光效果也不同。

　　自然采光一般采取遮阳措施，以避免阳光直射室内所产生的眩光和过热的不适感觉。温州湖滨饭店休息厅（图5-15）采用垂直百叶。昆明金龙饭店中庭天窗采用白色和浅黄色帷幔（图5-16），使室内产生漫射光，光线柔和平静。但阳光对活跃室内气氛，创造空间立体感以及光影的对比效果，起着重要的作用（图5-17）。

图 5-15　温州湖滨饭店休息厅

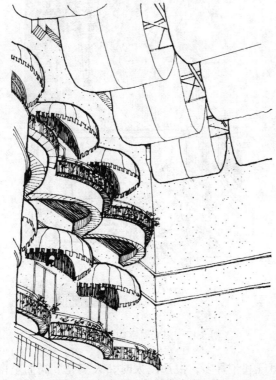

图 5-16　昆明金龙饭店中庭天窗

　　2. 光源类型

　　光源类型可以分为自然光源和人工光源。我们在白天才能感到自然光，即昼光（Day Light）。昼光由直射地面的阳光（或称日光 Sun Light）和天空光（或称天光 Sky Light）组成。自然光源主要是日光，日光的光源是太阳，太阳连续发出的辐射能量相当于约6000K色温的黑色辐射体，但太阳的能量到达地球表面，经过了化学

117

元素、水分、尘埃微粒的吸收和扩散。被大气层扩散后的太阳能能产生蓝天，或称天光，这个蓝天才是作为有效的日光光源，它和大气层外的直接的阳光是不同的。当太阳高度角较低时，由于太阳光在大气中通过的路程长，太阳光谱分布中的短波成分相对减少更为显著，故在朝、暮时，天空呈红色。

（a）

（b）

图 5-17　阳光对室内气氛的影响

当大气中的水蒸气和尘雾多，混浊度大时，天空亮度高而呈白色。

人工光源主要有白炽灯、荧光灯、高压放电灯。

家庭和一般公共建筑所用的主要人工光源是白炽灯和荧光灯，放电灯由于其管理费用较少，近年也有所增加。每一光源都有其优点和缺点。

（1）白炽灯　自从爱迪生时代起，白炽灯基本上保留同样的构造，即由两金属支架间的一根灯丝，在气体或真空中发热而发光。在白炽灯光源中发生的变化是增加玻璃罩、漫射罩以及反射板、透镜和滤光镜等去进一步控制光。

白炽灯可用不同的装潢和外罩制成，一些采用晶亮光滑的玻璃，另一些采用喷砂或酸蚀消光，或用硅石粉沫涂在灯泡内壁，使光更柔和。色彩涂层也运用于白炽灯，如珐琅质涂层、塑料涂层及其他油漆涂层。

另一种白炽灯为水晶灯或碘灯，它是一种卤钨灯，体积小、寿命长。卤钨灯的光线中都含有紫外线和红外线，因此受到它长期照射的物体都会褪色或变质。最近日本开发了一种可把红外线阻隔、将紫外线吸收的单端定向卤钨灯，这种灯有一个分光镜，在可见光的前方，将红外线反射阻隔，使物体不受热伤害而变质。

白炽灯的优点：

1）光源小、便宜。

2）具有种类极多的灯罩形式，并配有轻便灯架、顶棚和墙上的安装用具和隐蔽装置。

3）通用性大，彩色品种多。

4）具有定向、散射、漫射等多种形式。

5）能用于加强物体立体感。

6）白炽灯的色光最接近于太阳光色。

白炽灯的缺点：

1）其暖色和带黄色光，有时不一定受欢迎。日本制成能吸收波长为 570～590nm 黄色光的玻璃壳白炽灯，使光色比一般的白炽灯白得多。

2）对所需电的总量说来，发出的较低的光通量，产生的热为 80%，光仅为 20%，节能性能较差。

3）寿命相对地较短（1000h）。

前时，美国推出一种新型节电冷光灯泡，在灯泡玻璃壳面镀有一层银膜，银膜上面又镀一层二氧化钛膜，这两层膜结合在一起，可把红外线反射回去加热钨丝，而只让可见光透过，因而大大节能。使用这种 100W 的节电冷光灯，只耗用相当于 40W 普通灯泡的电能。

（2）荧光灯　这是一种低压放电灯，灯管内是荧光粉涂层，它能把紫外线转变为可见光，并有冷白色（CW）、暖白色（WW）、Deluxe 冷白色（CWX）、Deluxe 暖白色（WWX）和增强光等。颜色变化是由管内荧光粉涂层方式控制的。Deluxe 暖白色最接近于白炽灯，Deluxe 管放射更多的红色，荧光灯产生均匀的散射光，发光效率为白炽灯的 1000 倍，其寿命为白炽灯的 10～15 倍，因此荧光灯不仅节约电，而且可节省更换费用。

日本最近推出贴有告知更换时间膜的环形荧光灯。当荧光灯寿命要结束时，亮度逐渐减低而电力消耗增大，该灯根据膜的颜色，由黄变成无色，即可确定为最佳更换时间。

日光灯一般分为三种形式，即快速起动、预热起动和立刻起动，这三种都为热阴极机械起动。快速起动和预热起动管在灯开后，短时发光；立刻起动管在开灯后立刻发光，但耗电稍多。由于日光灯管的寿命和使用起动频率有直接的关系，从长远的观点看，立刻起动管花费最多，快速起动管在电能使用上似乎最经济。在 Deluxe 灯和常规灯中，日光灯管都是通用的，Deluxe 灯在色彩感觉上有优越性（它们放光更红），但约损失 1/3 的光。因此，从长远观点看是不经济的。

（3）氖管灯（霓红灯）　霓红灯多用于商业标志和艺术照明，近年来也用于其他一些建筑。形成霓红灯的色彩变化是由管内的荧粉涂层和充满管内的各种混合气体，并非所有的管都是氖蒸气，氩和汞也都可用。霓红灯和所有放电灯一样，必须有镇流器能控制的电压。霓红灯是相当费电的，但很耐用。

（4）高压放电灯 高压放电灯至今一直用于工业和街道照明。小型的在形状上和白炽灯相似，有时稍大一点，内部充满汞蒸气、高压钠或各种蒸气的混合气体，它们能用化学混合物或在管内涂荧光粉涂层，校正色彩到一定程度。高压水银灯冷时趋于蓝色，高压钠灯带黄色，多蒸气混合灯冷时带绿色。高压灯都要求有一个镇流器，这样最经济，因为它们产生很大的光量和发生很小的热，并且比日光灯寿命长 50%，有些可达 24000h。

不同类型的光源，具有不同色光和显色性能，对室内的气氛和物体的色彩产生不同的效果和影响，应按不同需要选择，见表 5-4。

根据一般显色性选择灯   表 5-4

灯 型		效能 (lm/W)	在非彩色表面上，灯的效果表现	"气氛"的效果	增强色彩	变灰彩色	在肤色上的效果	备 注
荧光灯	冷白色	高	白	适度的冷	橙、黄、青	红	灰红	和自然日光混合色彩好
	Deluxe 冷白色	中等	白	适度的冷	所有色彩几乎都一样	都不明显	十分正常	对所有色彩显色性最好，类似自然日光
	暖白色	高	带黄的白	暖	橙、黄	红、绿、青	灰黄色	和白炽灯混合色彩差
	Deluxe 暖白色	中等	带黄的白	暖	红、橙、黄、绿	青	淡红	显色性好，类似白炽灯
	日光色	中等	带青的白	很冷	绿、青	红、橙	灰	常与冷白色灯互换
	白色	高	带灰黄的白	适度的暖	橙、黄	红、绿、青	灰、白	常与冷白、暖白色灯交换
	自然的柔白色	中等	带紫的白	暖、略带桃红	红、橙	绿、青	桃红	染色光源常与 Deluxe 冷白、Deluxe 暖白色互换
白炽灯		低	白带黄色	暖	红、橙、黄	青	深桃红	显色性好
高强放电灯	透明水银灯	中等	带绿蓝白	很冷、带绿	黄、青、绿	红、橙	带绿	显色性很差
	白色水银灯	中等	带绿的白	适度的冷、带绿色	黄、绿、青	红、橙	很灰白	中等显色性
	Deluxe 白色水银灯	中等	带紫的白	暖、带紫色	红、青、黄绿		淡红	与冷白荧光灯色同
	金属卤素灯	高	带绿的白	适度的冷、带绿色	黄、绿、青	红	灰白	同上
	高压钠灯	高	带黄	暖、带黄色	黄、绿、橙	红、青	带黄	接近于暖白、荧光灯色

二、照明方式

对裸露的光源不加处理，既不能充分发挥光源的效能，也不能满足室内照明环境的需要，有时还能引起眩光的危害。直射光、反射光、漫射光和透射光，在室内照明中具有不同用处。在一个房间内如果有过多的明亮点，不但互相干扰，而且造成能源的浪费；如果漫射光过多，也会由于缺乏对比而造成室内气氛平淡，甚至因其不能加强物体的空间体量而影响人对空间的错误判断。

因此，利用不同材料的光学特性，利用材料的透明、不透明、半透明以及不同表面质地制成各种各样的照明设备和照明装置，重新分配照度和亮度，根据不同的需要来改变光的发射方向和性能，是室内照明应该研究的主要问题。例如利用光亮的镀银的反射罩作为定向照明，或用于雕塑、绘画等的聚光灯；利用经过酸蚀刻或喷砂处理成的毛玻璃或塑料灯罩，使形成漫射光来增加室内柔和的光线等。

照明方式按灯具的散光方式分为：

1. 间接照明（图 5-18a）

由于将光源遮蔽而产生间接照明，把 90%～100% 的光射向顶棚、穹窿或其他表面，从这些表面再反射至室内。当间接照明紧靠顶棚，几乎可以造成无阴影，是最理想的整体照明。从顶棚和墙上端反射下来的间接光，会造成顶棚升高的错觉，但单独使用间接光，则会使室内平淡无趣。

上射照明是间接照明的另一种形式，筒形的上射灯可以用于多种场合，如在房角地上、沙发的两端、沙发底部和植物背后等处。上射照明还能对准一个雕塑或植物，在墙上或顶棚上形成有趣的影子。

2. 半间接照明（图 5-18b）

半间接照明将 60%～90% 的光向顶棚或墙上部照射，把顶棚作为主要的反射光源，而将 10%～40% 的光直接照于工作面。从顶棚来的反射光，趋向于软化阴影和改善亮度比，由于光线直接向下，照明装置的亮度和顶棚亮度接近相等。具有漫射的半间接照明灯具，对阅读和学习更可取。

3. 直接间接照明（图 5-18c）

直接间接照明装置，对地面和顶棚提供近于相同的照度，即均为 40%～60%，而周围光线只有很少一点。这样就必然在直接眩光区的亮度是低的。这是一种同时具有内部和外部反射灯泡的装置，如某些台灯和落地灯能产生直接间接光和漫射光。

4. 漫射照明（图 5-18d）

这种照明装置，对所有方向的照明几乎都一样，为了控制眩光，漫射装置圈要大，灯的瓦数要低。

上述四种照明，为了避免顶棚过亮，下吊的照明装置的上沿至少低于顶棚 30.5～46cm。

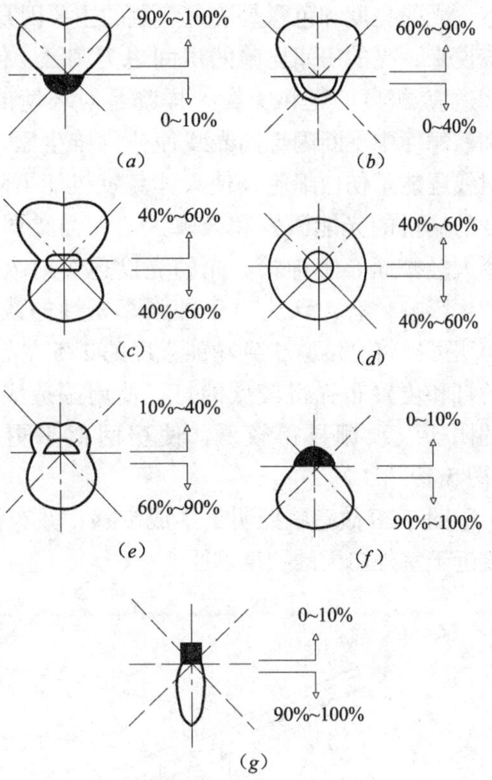

5. 半直接照明（图 5-18e）

在半直接照明灯具装置中，有 60%～90% 光向下直射到工作面上，而其余 10%～40% 则向上照射，由下射照明软化阴影的光的百分比很少。

6. 宽光束的直接照明（图 5-18f）

具有强烈的明暗对比，并可造成有趣生动的阴影，由于其光线直射于目的物，如不用反射灯泡，要产生强的眩光。鹅颈灯和导轨式照明属于这一类。

7. 高集光束的下射直接照明（图 5-18g）

因高度集中的光束而形成光焦点，可用于突出光的效果和强调重点的作用，它可提供在墙上或其他垂直面上充足的照度，但应防止过高的亮度比。

图 5-18　照明的方式
(a) 间接照明；(b) 半间接照明；(c) 直接间接照明；(d) 漫射照明；(e) 半直接照明；
(f) 宽光束的直接照明；
(g) 高集光束的下射直接照明

第三节　室内照明作用与艺术效果

当夜幕徐徐降临的时候，就是万家灯火的世界，也是多数人在白天繁忙工作之后希望得到休息娱乐以消除疲劳的时刻，无论何处都离不开人工照明，也都需要用人工照明的艺术魅力来充实和丰富生活的内容。无论是公共场所或是家庭，光的作用影响到每一个人，室内照明设计就是利用光的一切特性，去创造所需要的光的环境，通过照明充分发挥其艺术作用，并表现在以下四个方面：

一、创造气氛

光的亮度和色彩是决定气氛的主要因素。我们知道光的刺激能影响人的情绪，一般说来，亮的房间比暗的房间更为刺激，但是这种刺激必须和空间所应具有的气氛相适应。极度的光和噪声一样都是对环境的一种破坏。据有关调查资料表明，荧屏和歌舞厅中不断闪烁的光线使体内维生素 A 遭到破坏，导致视力下降。同时，这种射线还能杀伤白细胞，使人体免疫机能下降。适度的愉悦的光能激发和鼓舞人心，而柔弱的光令人轻松而心旷神怡。光的亮度也会对人心理产生影响，有人认为对于加强私密性的谈话区照明可以将亮度减少到功能强度的 1/5。光线弱的灯和位置布置得较低的灯，使周围造成较暗的阴影，顶棚显得较低，使房间似乎更亲切（图 5-19）。

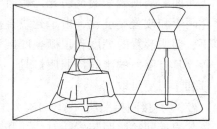

图 5-19　灯和灯的位置对周围环境的影响

图 5-20 故意将照明集中成带状，并布置在近窗一边，工作面上照度约为 750lx，接近于室外白天的照度水平。

图 5-20　照明灯具成带状靠窗布置

室内的气氛也由于不同的光色而变化。许多餐厅、咖啡馆和娱乐场所，常常用加重暖色如粉红色、浅紫色，使整个空间具有温暖、欢乐、活跃的气氛，暖色光使人的皮肤、面容显得更健康、美丽动人。由于光色的加强，光的相对亮度相应减弱，使空间感觉亲切。家庭的卧室也常常因采用暖色光而显得更加温暖和睦。但是冷色光也有许多用处，特别在夏季，青、绿色的光就使人感觉凉爽。应根据不同气候、环境和建筑的性格要求来确定。强烈的多彩照明，如霓虹灯、各色聚光灯，可以把室内的气氛活跃生动起来，增加繁华热闹的节日气氛，现代家庭也常用一些红绿的装饰灯来点缀起居室、餐厅，以增加欢乐的气氛（图 5-21）。不同色彩的透明或半透明材料，在增加室内光色上可以发挥很大的作用，在国外某些餐厅既无整体照明，也无桌上吊灯，只用柔弱的星星点点的烛光照明来渲染气氛。

图 5-21　家庭居室装饰灯具的选用

由于色彩随着光源的变化而不同，许多色调在白天阳光照耀下，显得光彩夺目，但日暮以后，如果没有适当的照明，就可能变得暗淡无光。因此，德国巴斯鲁大学心理学教授马克思·露西雅谈到利用照明时说："与其利用色彩来创造气氛，不如利用不同程度的照明，效果会更理想。"

二、加强空间感和立体感

空间的不同效果，可以通过光的作用充分表现出来。实验证明，室内空间的开敞性与光的亮度成正比，亮的房间感觉要大一点，暗的房间感觉要小一点，充满房间的无形的漫射光，也使空间有无限的感觉，而直接光能加强物体的阴影，光影相对比，能加强空间的立体感。图 5-22 以点光源照亮粗糙墙面，使墙面质感更为加强，通过不同光的特性和室内亮度的不同分布，使室内空间显得比用单一性质的光更有生气。

可以利用光的作用，来加强希望注意的地方，如趣味中心，也可以用来削弱不希望被注意的次要地方，从而进一步使空间得到完善和净化。许多商店为了突出新产品，在那里用亮度较高的重点照明，而相应地削弱次要的部位，获得良好的照明艺术效果。照明也可以使空间变得实和虚，许多台阶照明及家具的底部照明，使物体和地面"脱离"，形成悬浮的效果，而使空间显得空透、轻盈。

图 5-22 点光源照射在粗糙墙面上

三、光影艺术与装饰照明

　　光和影本身就是一种特殊性质的艺术，当阳光透过树梢，地面洒下一片光斑，疏疏密密随风变幻，这种艺术魅力是难以用语言表达的。又如月光下的粉墙竹影和风雨中摇晃着的吊灯的影子，却又是一番滋味。自然界的光影由太阳月光来安排，而室内的光影艺术就要靠设计师来创造（图 5-23）。光的形式可以从尖利的小针点到漫无边际的无定形式，我们应该利用各种照明装置，在恰当的部位，以生动的光影效果来丰富室内的空间，既可以表现光为主，也可以表现影为主，也可以光影同时表现。图5-24为某餐厅采用两种不同光色的直接、间接照明，造成特殊的光影效果，结合室内造型处理灯具装饰，使室内效果大为改观。常见在墙面上的扇贝形照明，也可算作光影艺术之一（图 5-25）。此外还有许多实例造成不同的光带、光圈、光环、光池。图5-26为某大公司团体办公室，运用重复的光圈，引导视线到华丽的挂毯上。光影艺术可以表现在顶棚、墙面、地面，如某会议室（图 5-27），采用与会议桌相对应的光环照明方式。也可以利用不同的虚实灯罩把光影洒到各处。光影的造型是千变万化的，主要的是在恰当的部位，采用恰当形式表达出恰当的主题思想，来丰富空间的内涵，获得美好的艺术效果。

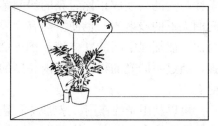

图 5-23 用上射照明把绿化影子投到顶棚

　　装饰照明是以照明自身的光色造型作为观赏对象，通常利用点光源通过彩色玻璃射在墙上，产生各种色彩形状。用不同光色在墙上构成光怪陆离的抽象"光画"，是表示光艺术的又一新领域。

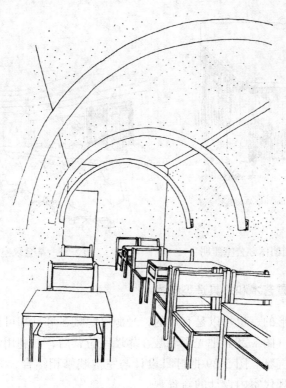

图 5-24　某餐厅两种不同光色的直接、间接照明

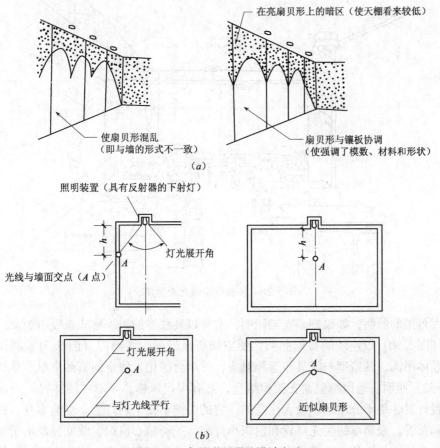

图 5-25　扇贝形照明及设计方法
(a) 扇贝形照明；(b) 设计方法与步骤

图 5-26　某大公司团体办公室照明　　　　　　　图 5-27　某会议室照明

四、照明的布置艺术和灯具造型艺术

光既可以是无形的，也可以是有形的，光源可隐藏，灯具却可暴露，有形、无形都是艺术。某餐厅（图 5-28）把光源隐蔽在靠墙座位背后，并利用螺旋形灯饰，造成特殊的光影效果和气氛。图 5-29 把灯具设计与室内装修相结合，并作为入口大厅的入厅序曲，创造了现代室内设计的新景观。

图 5-28　某餐厅隐蔽光源照明

大范围的照明，如顶棚、支架照明，常常以其独特的组织形式来吸引观众，如某商场（图 5-30）以连续的带形照明，使空间更显舒展。某酒吧（图 5-31）利用环形玻璃晶体吊饰，其造型与家具布置相对应，并结合绿化，使空间富丽堂皇。某练习室（图 5-32）照明、通风与屋面支架相结合，富有现代风格。采取"团体操"表演方式来布置灯具，是十分雄伟和惹人注意的。它的关键不在个别灯管、灯泡本身，而在于组织和布置。最简单的荧光灯管和白炽小灯泡，一经精心组织，就能显现出千军万马的气氛和壮丽的景色。顶棚是表现布置照明艺术的最重要场所，因为它无所遮挡，稍一抬头就历历在目。因此，室内照明的重点常常选择在顶棚上，它像一张白纸可以做

出丰富多彩的艺术形式来，而且常常结合建筑式样，或结合柱子的部位来达到照明和建筑的统一和谐。图 5-33 将荧光灯管与廊柱造型相结合的显露布置，形成富有韵律的效果。常见的顶棚照明布置，有成片式的、交错式的、井格式的、带状式的、放射式的、围绕中心的重点布置式的等等。在形式上应注意它的图案、形状和比例，以及它的韵律效果。图 5-34 为商店的几种典型的顶棚龛孔整体照明布置方式。

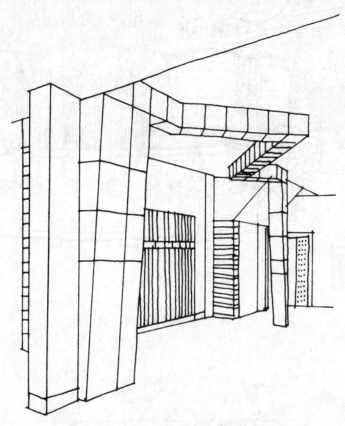

图 5-29 灯具与室内装修相结合

图 5-30 某商场照明

图 5-31　某酒吧照明

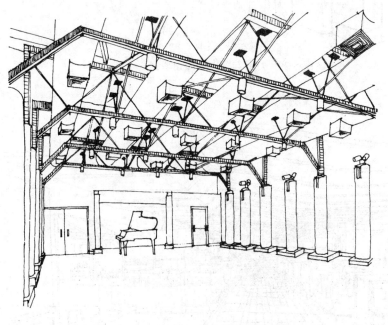

图 5-32　某练习室照明

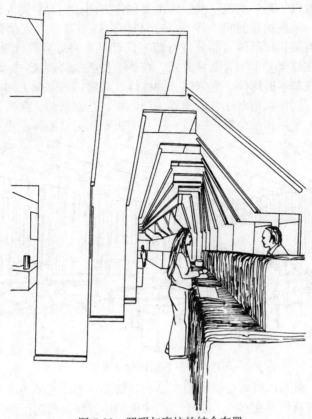

图 5-33　照明与廊柱的结合布置

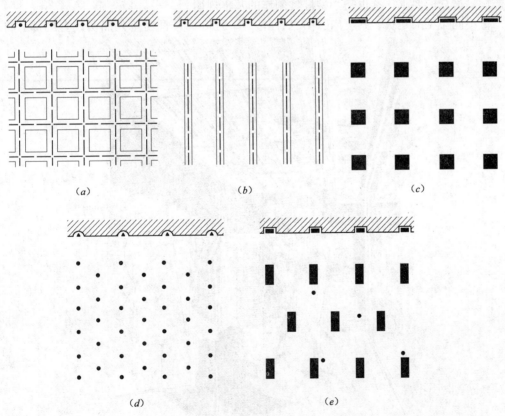

图 5-34　商店的几种天棚龛孔整体照明布置方式

(a)、(b)、(c) 管状荧光灯照明；(d) 下射白炽灯照明；(e) 管状荧光灯与下射白炽灯混合照明

灯具造型一般以小巧、精美、雅致为主要创作方向，因为它离人较近，常用于室内的立灯、台灯。某旅馆休息室（图 5-35）利用台灯布置，形成视觉中心。灯具造型，一般可分为支架和灯罩两大部分进行统一设计。有些灯具设计重点放在支架上，也有些把重点放在灯罩上，不管哪种方式，整体造型必须协调统一。现代灯具都强调几何形体构成，在基本的球体、立方体、圆柱体、角锥体的基础上加以改造，演变成千姿百态的形式，同样运用对比、韵律等构图原则，达到新韵、独特的效果。但是在选用灯具的时候一定要和整个室内一致、统一，决不能孤立地评定优劣。

图 5-35 某旅馆休息室照明

由于灯具是一种可以经常更换的消耗品和装饰品，因此它的美学观近似日常日用品和服饰，具有流行性和变换性。由于它的构成简单，显得更利于创新和突破，但是市面上现有类型不多，这就要求照明设计者每年做出新的产品，不断变化和更新，才能满足群众的要求，这也是小型灯具创作的基本规律。

不同类型的建筑，其室内照明也各异。图 5-36 为某橱窗陈列照明设置细部，将

图 5-36 某橱窗陈列照明设置细部

整体照明的荧光灯与多种形式的白炽灯相结合，在第一排荧光灯后有100W/220V能变换色彩的反射罩、可调整的白炽灯（不同的色彩均可适用），靠街边最近处，有150W/220V碗状反射灯，部分为固定装置，部分是可调整的。

图5-37（a）为某美术馆，仔细布置的荧光灯和白炽灯，照亮了绘画和雕塑。通过打开T形吊杆顶棚的格子，可见到电路，可在需要的地方装置荧光灯和白炽灯（图5-37b）。

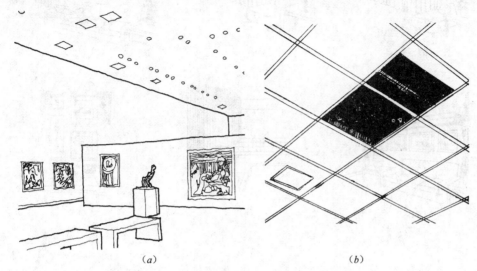

（a）　　　　　　　　　　　　　　　　（b）

图5-37　某美术馆的荧光灯和白炽灯照明

（a）灯的布置；（b）T形吊杆顶棚

图5-38为某现代电影院内的装饰照明顶棚，整齐的石膏条纹图案布置在平的顶棚上，100W涂银的碗状反射灯，镶嵌在每块石膏板的中央，沿两侧墙有六组玻璃装饰灯。

图5-39为某日用器皿商店，由于很好地考虑了使用直接照明，使公众的注意力集中在展品上。

图5-38　某电影院装饰照明顶棚

图5-39　某日用器皿商店照明

第四节　建筑照明

考虑室内照明的布置时应首先考虑使光源布置和建筑结合起来，这不但有利于利用顶面结构和装饰顶棚之间的巨大空间，隐藏照明管线和设备，而且可使建筑照明成为整个室内装修的有机组成部分，达到室内空间完整统一的效果，它对于整体照明更为合适。通过建筑照明可以照亮大片的窗户、墙、顶棚或地面，荧光灯管很适用于这些照明，因它能提供一个连贯的发光带，白炽灯泡也可运用，发挥同样的效果，但应避免不均匀的现象（图 5-40）。

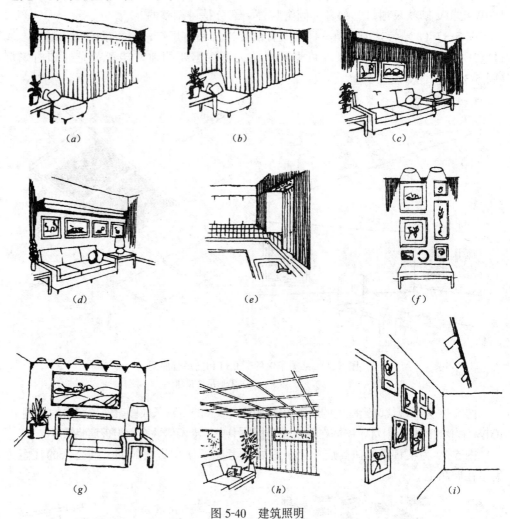

图 5-40 建筑照明

（a）窗帘照明；（b）花檐返光；（c）凹槽口照明；（d）发光墙架；
（e）底面照明；（f）龛孔（下射）照明；（g）泛光照明；（h）发光面板；（i）导轨照明

1. 窗帘照明（Valance Lighting）（图 5-40a）

将荧光灯管安置在窗帘盒背后，内漆白色以利反光，光源的一部分朝向顶棚，一部分向下照在窗帘或墙上，在窗帘顶和顶棚之间至少应有 25.4cm 空间，窗帘盒把设备和窗帘顶部隐藏起来。

2. 花檐返光（Cornice Lighting）（图 5-40b）

用作整体照明，檐板设在墙和顶棚的交接处，至少应有 15.24cm 深度，荧光灯板布置在檐板之后，常采用较冷的荧光灯管，这样可以避免任何墙的变色。为使有最好的反射光，面板应涂以无光白色，花檐反光对引人注目的壁画、图画、墙面的质地是最有效的，在低顶棚的房间中，特别希望采用。因为它可以给人顶棚高度较高的印象。

3. 凹槽口照明（Cove Lighting）（图 5-40c）

这种槽形装置，通常靠近顶棚，使光向上照射，提供全部漫射光线，有时也称为环境照明。由于亮的漫射光引起顶棚表面似乎有退远的感觉，使其能创造开敞的效果和平静的气氛，光线柔和。此外，从顶棚射来的反射光，可以缓和在房间内直接光源的热的集中辐射。不同距离的凹槽口照明布置见图5-41。

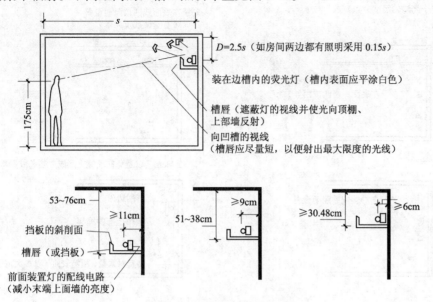

图5-41　不同距离槽口照明布置

4. 发光墙架（Lighted Wall Bracket）（图5-40d）

由墙上伸出之悬架，它布置的位置要比窗帘照明低，并和窗无必然的联系。

5. 底面照明（Soffit Lighting）（图5-40e）

任何建筑构件下部底面均可作为底面照明，某些构件下部空间为光源提供了一个遮蔽空间，这种照明方法常用于浴室、厨房、书架、镜子、壁龛和搁板。

6. 龛孔（下射）照明（Recessed down Lighting）（图5-40f）

将光源隐蔽在凹处，这种照明方式包括提供集中照明的嵌板固定装置，可为圆的、方的或矩形的金属盒，安装在顶棚或墙内。

7. 泛光照明（Wall Washing）（图5-40g）

加强垂直墙面上照明的过程称为泛光照明，起到柔和质地和阴影的作用。泛光照明可以有其他许多方式，见图5-42。

8. 发光面板（Translucent Panels）（图5-40h）

发光面板可以用在墙上、地面、顶棚或某一个独立装饰单元上，它将光源隐蔽在半透明的板后。发光顶棚是常用的一种，广泛用于厨房、浴室或其他工作地区，为人们提供一个舒适的无眩光的照明。但是发光顶棚有时会使人感觉好象处于有云层的阴暗天空之下。自然界的云是令人愉快的，因为它们经常流动变化，提供视觉的兴趣。而发光顶棚则是静态的，因此易造成阴暗和抑郁。在教室、会议室或类似这些地方，采用时更应小心，因为发光顶棚迫使眼睛引向下方，这样就易使人处于睡眠状态。另外，均匀的照度所提供的是较差的立体感视觉条件。

9. 导轨照明（Track Lighting）（图5-40i）

现代室内，也常用导轨照明，它包括一个凹槽或装在面上的电缆槽，灯支架就附在上面，布置在轨道内的圆辊可以很自由地转动，轨道可以连接或分段处理，作成不同的形状。这种灯能用于强调或平化质地和色彩，主要决定于灯的所在位置和角度。要保持其效果最好，安装距离见表5-5。离墙远时，使光有较大的伸展，如欲加强墙面的光辉，应布置离墙15.24～20.32cm处，这样能创造视觉焦点和加强质感，常用于艺术照明。

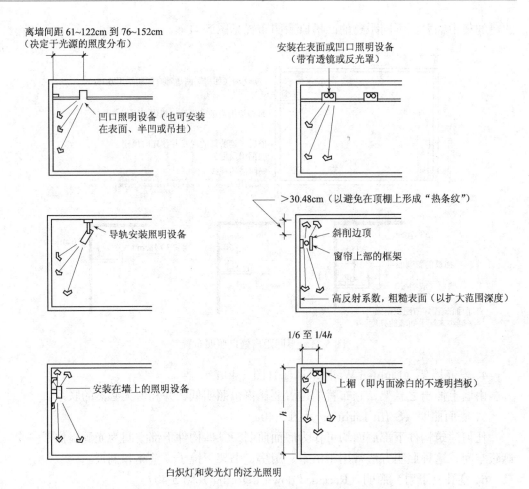

离墙间距 61~122cm 到 76~152cm
（决定于光源的照度分布）

凹口照明设备（也可安装
在表面、半凹或吊挂）

安装在表面或凹口照明设备
（带有透镜或反光罩）

导轨安装照明设备

>30.48cm（以避免在顶棚上形成"热条纹"）

斜削边顶

窗帘上部的框架

高反射系数，粗糙表面（以扩大范围深度）

安装在墙上的照明设备

1/6 至 1/4h

上楣（即内面涂白的不透明挡板）

白炽灯和荧光灯的泛光照明

图 5-42　泛光照明方式

10. 环境照明（Ambient Lighting）

照明与家具陈设相结合（图 5-43），最近在办公系统中应用最广泛，其光源布置与完整的家具和活动隔断结合在一起。家具的无光光洁度面层，具有良好的反射

轨道灯的安装距离	表 5-5
顶棚高（m）	轨道灯离墙距离（cm）
2.29~2.74	61~91
2.74~3.35	91~122
3.35~3.96	122~152

光质量，在满足工作照明的同时，适当增加环境照明的需要。家具照明也常用于卧室、图书馆的家具上。

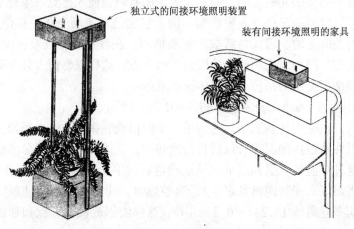

独立式的间接环境照明装置

装有间接环境照明的家具

图 5-43　环境照明

第六章　室内色彩与材料质地

第一节　色彩的基本概念

色彩，它不是一个抽象的概念，它和室内每一物体的材料、质地紧密地联系在一起。人们常常有这个概念，在绿色的田野里，即使在很远的地方，也能很容易发现穿红色服装的人，虽然还不能辨别是男是女，是老是少，但也充分说明色彩具有强烈的信号，起到第一印象的观感作用。当我们在打扮得五彩缤纷的大厅里联欢时，会倍增欢乐并充满节日的气氛，我们在游山玩水的时候，若不巧遇上阴天，面对阴暗灰淡的景色会觉得扫兴。这些都表明，色彩能支配人的感情。

色彩能随着时间的不同而发生变化，微妙地改变着周围的景色，如在清晨、中午、傍晚、月夜，景色都很迷人，主要是因光色的不同而各具特色。一年四季不同的自然景观，丰富着人们的生活。色彩的这些特点，很快地吸引了人们的注意，并运用到室内设计中来。早在1942年布雷纳德和梅西对不同色彩的顶棚、墙面的照度利用系数方面作了研究，穆恩还对墙面色彩效果作了数学分析，指出当墙面反射增加至9倍时，照度增加3倍，并进一步说明相同反射系数的色彩或非色彩表面，在相同照度下是一样亮的，但在室内经过"相互反射"，从顶棚和墙经过多次反射后达到工作面，使用色彩表面比无色彩表面照度更大。但色彩现象是发生在人的视觉和心理过程的，关于色彩的相互关系、色彩的偏爱等许多问题还不能得到真正的解决，有待于进一步的研究。

一、色彩的来源

光是一切物体的颜色的惟一来源，它是一种电磁波的能量，称为光波。在光波波长380~780nm内，人可察觉到的光称为可见光。它们在电磁波巨大的连续统一体中，只占极狭小的一部分（见图5-1）。光刺激到人的视网膜时形成色觉，因此我们通常见到物体颜色，是指物体的反射颜色，没有光也就没有颜色。物体的有色表面，反射光的某种波长可能比反射其他的波长要强得多，这个反射得最长的波长，通常称为该物体的色彩。表面的颜色主要是从入射光中减去（被吸收、透射）一些波长而产生的，因此感觉到的颜色，主要决定于物体光波反射率和光源的发射光谱。

二、色彩三属性

色彩具有三种属性，或称色彩三要素，即色相、明度和彩度，这三者在任何一个物体上是同时显示出来的，不可分离的。

1. 色相

说明色彩所呈现的相貌，如红、橙、黄、绿等色，色彩之所以不同，决定于光波波长的长短，通常以循环的色相环表示（图6-1）。

2. 明度

表明色彩的明暗程度。决定于光波之波幅，波幅愈大，亮度也愈大，但和波长也有关系。通常从黑到白分成若干阶段作为衡量的尺度，接近白色的明度高，接近黑色的明度低。色环的明度等级见表6-1。

图 6-1　色相环

色环的明度等级　　　　　　　　　　　　　　　　表 6-1

明　度　等　级	色 环 上 的 明 度 级
白	白
高明度	黄
明	橙黄、绿黄
低明度	橙、绿
中间明度	橙红、青绿
稍暗	红、青
暗	红紫、青紫
深暗	紫
黑	黑

3. 彩度

即色彩的强弱程度，或色彩的纯净饱和程度。因此，有时也称为色彩的纯度或饱和度，它决定于所含波长的单一性还是复合性。单一波长的颜色彩度大，色彩鲜明；混入其他波长时彩度就减低。在同一色相中，把彩度最高的色称该色的纯色，色相环一般均用纯色表示。

三、色标体系

根据上述的色彩三属性，可以制成包括一切色彩的三度立体模型，称为色立体或色标。根据不同色彩体系制成的各种色立体形状虽不同，但都以同一原则为根据，即其中心垂直轴为最亮的白到最暗的黑的明度标度，和赤道线（或相当于赤道线的多轮廓线）为处于中间明度水平的诸色相的标度。在中心垂直轴上，从黑到白称为无彩色；中心轴以外的各种颜色均为有彩色。色立体的每一个水平切面，代表处于一定明度水平（等级）的可供采用的全部色阶，越接近切面的外边，颜色越饱和，即彩度越高；越接近中央轴线，其中掺合同一明度的灰就越多，即彩度越低（图 6-2）。

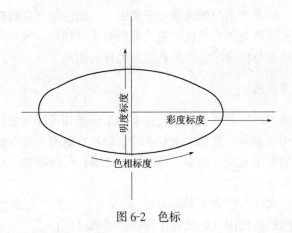

图 6-2 色标

常用的有美国蒙塞尔以红 R、黄 Y、绿 G、蓝 B、紫 P 五色为主要色相和 5 种中间色相黄红 YR、绿黄 GY、蓝绿 BG、紫监 PB、红紫 RP 的 10 色相环的色标，德国的奥斯特瓦尔德以 8 色为主要色相的 24 色相环的双圆锥体色标以及日本的以 6 色为主要色相的 24 色相环的色标。色立体形状规则，表明给理论上被认为是可能的颜色留出空白，而形状不规则的则表明可供人们所支配的颜料所能调出的颜色。

色标常用在油漆、印染工业。可利用它作为对任何一个颜色进行客观鉴别的参考，并指明哪些颜色是相互协调的。但对设计者来说，在解决总的环境问题上没有重要价值。

色彩的标定方法，以蒙塞尔色标为例：

HV/C

其中：H 为色相；V 为明度；C 为彩度。

例：7.5R 6.5/10

即表示色相是红色 7.5，明度是 6.5，彩度是 10。

蒙塞尔色相沿水平面的各个方向包括 5 种主要色相和 5 种中间色相：

主要色相：红 R，黄 Y，绿 G，蓝 B，紫 P。

中间色相：黄红 YR，绿黄 GY，蓝绿 BG，紫蓝 PB，红紫 RP。

各种色相可细分为 10 个等级，全部分成 100，每一种主要色相和中间色相的等级都定为 5，对每一种色相便有 2.5，5，7.5，10 四个色相级，共 40 个。

无彩色标标定方法，用黑白系列中性色 N 表示，N 的后面写出明度，如 N5 表明明度为 5 的中性灰色。

四、色彩的混合

（1）原色：红黄青称为三原色，因为这三种颜色在感觉上不能再分割，也不能用其他颜色来调配。蓝不是原色，因为蓝就是青紫，蓝里有红的成分，而其他色彩不能调制成青色，因此青才是原色。

（2）间色：或称二次色，由两种原色调制成的。

即红＋黄＝橙，红＋青＝紫，黄＋青＝绿，共三种。

（3）复色：由两种间色调制成的称为复色。

即橙＋紫＝橙紫，橙＋绿＝橙绿，紫＋绿＝紫绿。

（4）补色：在三原色中，其中两种原色调制成的色（间色）与另一原色，互称为补色或对比色，即红与绿、黄与紫、青与橙。

这里应说明的是颜料的混合称减色混合，而光混合称加色混合，因为光混合是不同波长的重叠，每一种色光本身的波长并未消失。三原色的颜色混合成黑色，光色混合成白色。黄色光＋青色光＝灰色或白色，黄颜料＋青颜料＝绿色。此外，纯色加白色称为清色，纯色加黑色称为暗色，纯色加灰色称为浊色。

五、图形色与背景色

当我们知道色彩的产生和形成后，更重要的是应该知道如何去运用色彩和如何正确地处理色彩间的相互关系。色彩中最基本的也是最普遍的关系就是图底关系，或称图形色或背景色，如果没有这种关系，我们就无法辨认任何事物。成为可以辨认的图形色的规律是：

（1）小面积色比大面积色成为图形的机会多；

（2）被围绕着的色彩比围绕的色彩作为图形的机会多；

（3）静止的比动态的作图形的机会多，当然也需按具体情况而论，在一定条件下是可以转化的；

（4）简单而规则的比复杂而不规则的作为图形的机会多。

基于上述关系，就引伸出色彩的可读性和注目性。同样的色彩，在不同的背景下，效果是不同的，例如底色为白色，则绿色比黄色可读性大；而色彩的注目性，一般认为决定于明视度；而可读性高，注目性也相对提高。

其次，富有刺激性的暖色系，注目性占优势，其顺序为朱红、赤红、橙、金黄、黄、青、绿、黑、紫、灰，此外白色作为背景，注目性就没有黑色强。

在绘画中，色彩群化的对立现象，常为表现派、野兽派所运用；而色彩群化的融合现象，则是印象派乐于表现的。

第二节　材质、色彩与照明

室内一切物体除了形、色以外，材料的质地即它的肌理（或称纹理）与线、形、色一样传递信息。室内的家具设备，不但近在眼前而且许多和人体发生直接接触，可说是看得清、摸得到的，使用材料的质地对人引起的质感就显得格外重要。初生的婴儿首先是通过嘴和手的触觉来了解周围的世界，人们对喜爱的东西，也总是喜欢通过抚摸、接触来得到满足。材料的质感在视觉和触觉上同时反映出来，因此，质感给予人的美感中还包括了快感，比单纯的视觉现象略胜一筹。

1. 粗糙和光滑

表面粗糙的有许多材料，如石材、未加工的原木、粗砖、磨砂玻璃、长毛织物等等。光滑的如玻璃、抛光金属、釉面陶瓷、丝绸、有机玻璃。同样是粗糙面，不同材料有不同质感，如粗糙的石材壁炉和长毛地毯，质感完全不一样，一硬一软，一重一轻，后者比前者有更好的触感。光滑的金属镜面和光滑的丝绸，在质感上也有很大的区别，前者坚硬，后者柔软。

2. 软与硬

许多纤维织物，都有柔软的触感，如纯羊毛织物虽然可以织成光滑或粗糙质地，但摸上去都是很愉快的。棉麻为植物纤维，它们都耐用和柔软，常作为轻型的蒙面材料或窗帘，玻璃纤维织物从纯净的细亚麻布到重型织物有很多品种，它易于保养，能防火，价格低，但其触感有时是不舒服的。硬的材料如砖石、金属、玻璃，耐用耐磨，不变形，线条挺拔。硬材多数有很好的光洁度、光泽。晶莹明亮的硬材，使室内很有生气，但从触感上说，一般喜欢光滑柔软，而不喜欢坚硬冰冷。

3. 冷与暖

质感的冷暖表现在身体的触觉、座面、扶手、躺卧之处，都要求柔软和温暖，金属、玻璃、大理石都是很高级的室内材料，如果用多了可能产生冷漠的效果。但在视觉上由于色彩的不同，其冷暖感也不一样，如红色花岗石、大理石触感冷，视感还是暖的；而白色羊毛触感是暖，视感却是冷的。选用材料时应两方面同时考虑。木材在表现冷暖软硬上有独特的优点，比织物要冷，比金属、玻璃要暖，比织物要硬，比石材又较软，可用于许多地方，既可作为承重结构，又可作为装饰材料，更适宜做家具，又便于加工，从这点上看，可称室内材料之王。

4. 光泽与透明度

许多经过加工的材料具有很好的光泽，如抛光金属、玻璃、磨光花岗石、大理石、搪瓷、釉面砖、瓷砖，通过镜面般光滑表面的反射，使室内空间感扩大。同时映出光怪陆离的色彩，是丰富活跃室内气氛的好材料。光泽表面易于清洁，保持明亮，具有积极意义，用于厨房、卫生间是十分适宜的。

透明度也是材料的一大特色。透明、半透明材料，常见的有玻璃、有机玻璃、丝绸，利用透明材料可以增加空间的广度和深度。在空间感上，透明材料是开敞的，不透明材料是封闭的；在物理性质上，透明材料具有轻盈感，不透明材料具有厚重感和私密感，例如在家具布置中，利用玻璃面茶几，由于其透明，使较狭隘的空间感到宽敞一些。通过半透明材料隐约可见背后的模糊景象，在一定情况下，比透明材料的完全暴露和不透明材料的完全隔绝，可能具有更大的魅力。

5. 弹性

人们走在草地上要比走在混凝土路面上舒适，坐在有弹性的沙发上比坐在硬面椅上要舒服。因其弹性的反作用，达到力的平衡，从而感到省力而得到休息的目的，这是软材料和硬材料都无法达到的。弹性材料有泡沫塑料、泡沫橡胶、竹、藤，木材也有一定的弹性，特别是软木。弹性材料主要用于地面、床和座面，给人以特别的触感。

6. 肌理

材料的肌理或纹理，有均匀无线条的、水平的、垂直的、斜纹的、交错的、曲折的等自然纹理。暴露天然的色泽肌理比刷油漆更好。某些大理石的纹理，是人工无法达到的天然图案，可以作为室内的欣赏装饰品，但是肌理组织十分明显的材料，必需在拼装时特别注意其相互关系，以及其线条在室内所起的作用，以便达到统一和谐的效果。在室内肌理纹样过多或过分突出时也会造成视觉上的混乱，这时应更替匀质材料。

有些材料可以通过人工加工进行编织，如竹、藤、织物，有些材料可以进行不同的组装拼合，形成新的构造质感，使材料的轻、硬、粗、细等得到转化。

同样的曲调，用不同的乐器演奏，效果是十分不同的；同样是红色，但红宝石、红色羊毛地毯，其性质观感是不同的。此外，同样的材料在不同的光照下，其效果也有很大区别。因此，我们在用色时，一定要结合材料质感效果、不同质地和在光照下的不同色彩效果。

（1）不同光源光色，对色彩的影响：加强或改变色彩的效果。

（2）不同光照位置，对质地、色彩的影响：在正面受光时，常起到强调该色彩的作用；在侧面受光时，由于照度的变化，色彩将产生彩度、明度上的退晕效果，对雕塑或粗糙面，由于产生阴影而加强其立体感和强化粗糙效果；在背光时，物体由于处于较暗的阴影下面，则能加强其轮廓线成为剪影，其色彩和质地相对处于模糊和不明显的地位。

（3）对光滑坚硬的材料，如金属镜面、磨光花岗石、大理石、水磨石等，应注意其反映周围环境的镜面效应，有时对视觉产生不利的影响。如在电梯厅内，应避免采用有光泽的地面，因亮表面反映的虚像，会使人对地面高度产生错觉（图6-3）。

图6-3　光滑地面的顶棚倒影使人对地面高度产生错觉

黑色表面较少有影子，它的质地不象亮的表面那么显著。强光加强质地，漫射光软化质地，有一定角度照射的强光，创造激动人心的质感，从头顶上的直射光，使质地的细部表现缩至最小。下面列举几种利用材料的例子。

芬兰奥塔涅米假日俱乐部门厅，用藤条包扎柱子（图6-4）。

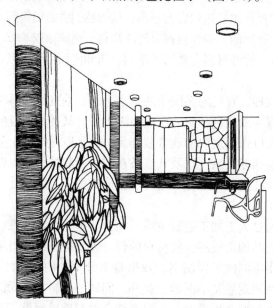

图6-4　芬兰奥塔涅米假日俱乐部门厅

美国出口运输公司一等联营咖啡馆，采用镶嵌壁画及桌面的质感效果（图6-5）。

图6-6为某饭店中的原木柱子。

图6-7为大面积的顶棚、墙面均采用暖色木质本色，白色的光滑的壁柜和沙发坐椅与长毛坐垫和地毯，在质感上具有冷暖、粗糙、光滑的强烈对比。

图6-8为某起居室采用石砌壁炉的墙面，与古典壁画装饰，形成古色古香的气氛。

过于热衷于装饰和质感，无限制地到处滥用，就会像漫画，如图 6-9 中所示的那样，得到相反的效果。

图 6-5　美国出口运输公司咖啡馆

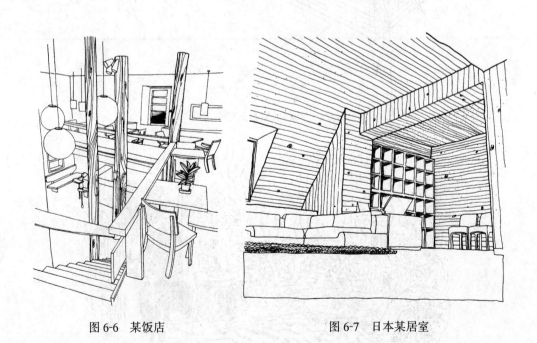

图 6-6　某饭店　　　　　　　　图 6-7　日本某居室

图 6-8　某起居室石砌壁炉墙面

哦，琳达，我回家了，琳达你在哪里？

　　　　　　　　　　　图 6-9　失败的装饰和质感

第三节　色彩的物理、生理与心理效应

一、色彩的物理效应

色彩对人引起的视觉效果还反应在物理性质方面，如冷暖、远近、轻重、大小等，这不但是由于物体本身对光的吸收和反射不同的结果，而且还存在着物体间的相互作用的关系所形成的错觉，色彩的物理作用在室内设计中可以大显身手。

1. 温度感

在色彩学中，把不同色相的色彩分为热色、冷色和温色，从红紫、红、橙、黄到黄绿色称为热色，以橙色最热。从青紫、青至青绿色称冷色，以青色为最冷。紫色是红（热色）与青色（冷色）混合而成，绿色是黄（热色）与青（冷色）混合而成，因此是温色。色彩有暖色调和冷色调。这和人类长期的感觉经验是一致的，如红色、黄色，让人似看到太阳、火、炼钢炉等，感觉热；而青色、绿色，让人似看到江河湖海、绿色的田野、森林，感觉凉爽。但是色彩的冷暖既有绝对性，也有相对性，愈靠近橙色，色感愈热，愈靠近青色，色感愈冷。如红比红橙较冷，红比紫较热，但不能说红是冷色。此外，还是补色的影响，如小块白色与大面积红色对比下，白色明显地带绿色，即红色的补色（绿）的影响加到白色中。（本章有关色彩的内容均可参见文前彩页）

2. 距离感

色彩可以使人感觉进退、凹凸、远近的不同，一般暖色系和明度高的色彩具有前进、凸出、接近的效果，而冷色系和明度较低的色彩则具有后退、凹进、远离的效果。室内设计中常利用色彩的这些特点去改变空间的大小和高低，例如起居室中以白色为背景，陈设色彩鲜明，显得近；餐室为冷色调，显得远。

3. 重量感

色彩的重量感主要取决于明度和纯度，明度和纯度高的显得轻，如桃红、浅黄色。在室内设计的构图中常以此达到平衡和稳定的需要，以及表现性格的需要如轻飘、庄重等。

4. 尺度感

色彩对物体大小的作用，包括色相和明度两个因素。暖色和明度高的色彩具有扩散作用，因此物体显得大。而冷色和暗色则具有内聚作用，因此物体显得小。不同的明度和冷暖有时也通过对比作用显示出来，室内不同家具、物体的大小和整个室内空间的色彩处理有密切的关系，可以利用色彩来改变物体的尺度、体积和空间感，使室内各部分之间关系更为协调。

二、色彩对人的生理和心理反应

生理心理学表明感受器官能把物理刺激能量，如压力、光、声和化学物质，转化为神经冲动，神经冲动传达到脑而产生感觉和知觉，而人的心理过程，如对先前经验的记忆、思想、情绪和注意集中等，都是脑较高级部位以一定方式所具有的机能，它们表现了神经冲动的实际活动。费厄发现，肌肉的机能和血液循环在不同色光的照射下发生变化，蓝光最弱，随着色光变为绿、黄、橙、红而依次增强。库尔特·戈尔茨坦对有严重平衡缺陷的患者进行了实验，当给她穿上绿色衣服时，她走路显得十分正常，而当穿上红色衣服时，她几乎不能走路，并经常处于摔倒的危险之中。

也有人在对色彩治疗疾病方面作了如下对应关系：

紫色——神经错乱；靛青——视力混乱；蓝——甲状腺和喉部疾病；绿——心脏病和高血压；黄——胃、胰腺和肝脏病；橙——肺、肾病；红——血脉失调和贫血。

不同的实践者，利用色彩治病有复杂的系统和处理方法，选择使用色彩的刺激去治疗人类的疾病，是一种综合艺术。

有人举例说，伦敦附近泰晤士河上的黑桥，跳水自杀者比其他桥多，改为绿色后自杀者就少了。这些观察和实验，虽然还不能充分说明不同色彩对人产生的各种各样的作用，但至少已能充分证明色彩刺激对人的身心所起的重要影响。相当于长波的颜色引起扩展的反应，而短波的颜色引起收缩的反应。整个机体由于不同的颜色，或者向外胀，或者向内收，并向机体中心集结。此外，人的眼睛会很快地在它所注视的任何色彩上产生疲劳，而疲劳的程度与色彩的彩度成正比，当疲劳产生之后眼睛有暂时记录它的补色的趋势。如当眼睛注视红色后，产生疲劳时，再转向白墙上，则墙上能看到红色的补色绿色。因此，赫林认为眼睛和大脑需要中间灰色，缺少了它，就会变得不安稳。由此可见，在使用刺激色和高彩度的颜色时要十分慎重，并要注意到在色彩组合时应考虑到视觉残象对物体颜色产生的错觉，以及能够使眼睛得到休息和平衡的机会。

三、色彩的含义和象征性

人们对不同的色彩表现出不同的好恶，这种心理反应，常常是因人们生活经验、利害关系以及由色彩引起的联想造成的，此外也和人的年龄、性格、素养、习惯、不同民族和地域文化分不开。例如看到红色，联想到太阳，万物生命之源，从而感到崇敬、伟大，也可以联想到血，感到不安、野蛮等等。看到黄绿色，联想到植物发芽生长，感觉到春天的来临，于是把它代表青春、活力、希望、发展、和平等等。看到黑色，联想到黑夜，丧事中的黑纱，从而感到神秘、悲哀、不祥、绝望等等。看到黄色、似阳光普照大地，感到明朗、活跃、兴奋。人们对色彩的这种由经验感觉到主观联想，再上升到理智的判断，既有普遍性，也有特殊性；既有共性，也有个性；既有必然性，也有偶然性，虽有正确的一面，但并未被科学所证实。又如不同的民族地区，人们对色彩的喜爱和厌恶也不相同，例如非洲不少民族较为喜爱彩度高和强烈的色彩，而不少西欧人视红色为凶恶和不祥。因此，我们在进行选择色彩作为某种象征和含义时，应该根据具体情况具体分析，决不能随心所欲，但也不妨碍对不同色彩作一般的概括，见表6-2。

不同色彩对人感觉的影响 表6-2

感　　觉	色　相		
	红	绿	蓝和紫
物理反应 （说明对人体的影响）	前进（上升） 热 喧闹（响亮的） 光辉的		后退（下陷） 冷 安静的
单纯的感情反应 （说明对人在情绪上的影响）	刺激的 兴奋的	宁静的 愉快的（特别是黄色）	消沉的 抑制的
综合的理性反应 （性质意义）	鲜艳夺目的 原始的 活泼的（有生气的）	富有青春活力的	庄严的 平凡的 单调无生气的

续表

感　　觉	明　　　　　度		
	亮	中等亮度	暗
物理效果	轻		重
感情效果	愉快的 快乐的 轻薄的	宁静的	消沉的 尊严的
理性反应	女性的（娇柔的）	神秘的	男性的 感人的 阴沉的

色相的一般特性为：

1. 红色

红色是所有色彩中对视觉感觉最强烈和最有生气的色彩，它有强烈地促使人们注意和似乎凌驾于一切色彩之上的力量。它炽烈似火，壮丽似日，热情奔放如血，是生命崇高的象征。人眼晶体（Crystalline Lens）要对红色波长调整焦距，它的自然焦点在视网膜之后，因此产生了红色目的物较前进、靠近的视错觉。

红色的这些特点主要表现在高纯度时的效果，当其明度增大转为粉红色时，就戏剧性地变成温柔、顺从和女性的性质。

2. 橙色

橙色比原色红要柔和，但亮橙色（Bright Orange）和橙仍然富有刺激和兴奋性，浅橙色（Light Orange）使人愉悦。橙色常象征活力、精神饱满和交谊性，它实际上没有消极的文化或感情上的联想。

3. 黄色

黄色在色相环上是明度级最高的色彩，它光芒四射，轻盈明快，生机勃勃，具有温暖、愉悦、提神的效果，常为积极向上、进步、文明、光明的象征，但当它浑浊时（如渗入少量蓝、绿色），就会显出病态和令人作呕。

4. 绿色

绿色是大自然中植物生长、生机昂然、清新宁静的生命力量和自然力量的象征。从心理上，绿色令人平静、松弛而得到休息。人眼晶体把绿色波长恰好集中在视网膜上，因此它是最能使眼睛休息的色彩。

5. 蓝色

蓝色从各个方面都是红色的对立面，在外貌上蓝色是透明的和潮湿的，红色是不透明的和干燥的；从心理上蓝色是冷的、安静的，红色是暖的、兴奋的；在性格上，红色是粗犷的，蓝色是清高的；对人机体作用，蓝色减低血压，红色增高血压，蓝色象征安静、清新、舒适和沉思。

6. 紫色

紫色是红青色的混合，是一种冷红色和沉着的红色，它精致而富丽，高贵而迷人。偏红的紫色，华贵艳丽；偏蓝的紫色，沉着高雅，常象征尊严、孤傲或悲哀。紫罗兰色是紫色的较浅的阴面色，是一种纯光谱色相，紫色是混合色，两者在色相上有很大的不同。

色彩在心理上的物理效应，如冷热、远近、轻重、大小等；感情刺激，如兴奋、消沉、开朗、抑郁、动乱、镇静等；象征意象，如庄严、轻快、刚、柔、富丽、简朴等，被人们像魔法一样地用来创造心理空间，表现内心情绪，反映思想感情。任何色相、色彩性质常有两面性或多义性，我们要善于利用它积极的一面。

其中对感情和理智的反应，不可能完全取得一致的意见。根据画家的经验，一般采用暖色相和明色调占优势的画面，容易造成欢快的气氛，而用冷色相和暗色调占优势的画面，容易造成悲伤的气氛。这对室内色彩的选择也有一定的参考价值。

第四节　室内色彩设计的基本要求和方法

一、室内色彩的基本要求

在进行室内色彩设计时，应首先了解和色彩有密切联系的以下问题：

(1) 空间的使用目的。不同的使用目的，如会议室、病房、起居室，显然在考虑色彩的要求、性格的体现、气氛的形成各不相同。

(2) 空间的大小、形式。色彩可以按不同空间大小，形式来进一步强调或削弱。

(3) 空间的方位。不同方位在自然光线作用下的色彩是不同的，冷暖感也有差别，因此，可利用色彩来进行调整。

(4) 使用空间的人的类别。老人、小孩、男、女，对色彩的要求有很大的区别，色彩应适合居住者的爱好。

(5) 使用者在空间内的活动及使用时间的长短。学习的教室、工业生产车间、不同的活动与工作内容，要求不同的视线条件，才能提高效率、安全和达到舒适的目的。长时间使用的房间的色彩对视觉的作用，应比短时间使用的房间强得多。色彩的色相、彩度对比等等的考虑也存在着差别，对长时间活动的空间，主要应考虑不产生视觉疲劳。

(6) 该空间所处的周围情况。色彩和环境有密切联系，尤其在室内，色彩的反射可以影响其他颜色。同时，不同的环境，通过室外的自然景物也能反射到室内来，色彩还应与周围环境取得协调。

(7) 使用者对于色彩的偏爱。一般说来，在符合原则的前提下，应该合理地满足不同使用者的爱好和个性，才能符合使用者心理要求。

在符合色彩的功能要求原则下，可以充分发挥色彩在构图中的作用。

二、室内色彩的设计方法

1. 色彩的协调问题

室内色彩设计的根本问题是配色问题，这是室内色彩效果优劣的关键，孤立的颜色无所谓美或不美。就这个意义上说，任何颜色都没有高低贵贱之分，只有不恰当的配色，而没有不可用之颜色。色彩效果取决于不同颜色之间的相互关系，同一颜色在不同的背景条件下，其色彩效果可以迥然不同，这是色彩所特有的敏感性和依存性，因此如何处理好色彩之间的协调关系，就成为配色的关键问题。

如前所述，色彩与人的心理、生理有密切的关系。当我们注视红色一定时间后，再转视白墙或闭上眼睛，就仿佛会看到绿色（即红色的补色）。此外，在以同样明亮的纯色作为底色，色域内嵌入一块灰色，如果纯色为绿色，则灰色色块看起来带有红味（即绿色的补色），反之亦然。这种现象，前者称为"连续对比"，后者称为"同时对比"。而视觉器官按照自然的生理条件，对色彩的刺激本能地进行调剂，以保持视觉上的生理平衡，并且只有在色彩的互补关系建立时，视觉才得到满足而趋于平衡。如果我们在中间灰色背景上去观察一个中灰色的色块，那么就不会出现和中灰色不同的视觉现象。因此，中间灰色就同人们视觉所要求的平衡状况相适应，这就是在考虑色彩平衡与协调时的客观依据。

　　色彩协调的基本概念是由白光光谱的颜色，按其波长从紫到红排列的，这些纯色彼此协调，在纯色中加进等量的黑或白所区分出的颜色也是协调的，但不等量时就不协调，例如米色和绿色、红色与棕色不协调，海绿和黄接近纯色是协调的。在色环上处于相对地位并形成一对互补色的那些色相是协调的，将色环三等分，造成一种特别和谐的组合。色彩的近似协调和对比协调在室内色彩设计中都是需要的，近似协调固然能给人以统一和谐的平静感觉，但对比协调在色彩之间的对立、冲突所构成的和谐关系却更能动人心魄，关键在于正确处理和运用色彩的统一与变化规律。和谐就是秩序，一切理想的配色方案，所有相邻光色的间隔是一致的，在色立体上可以找出 7 种协调色的排列规律（图 6-10）。

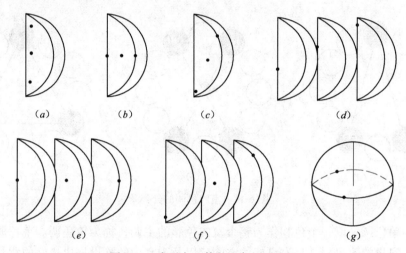

图 6-10　穿过色立体的 7 条规则途径

　　图 6-10 中的（a）（b）（c）均保持色相不变。

　　（a）表明明度变化在垂直线上移动，色相和彩度都不变，正如自然界中的阴晴变化，它适用于作大面积的统一背景，例如暗的灰绿色地面和亮的灰绿色墙面。

　　（b）表明色相和明度不变，彩度在水平方向移动。它可用于两个引起不同注意的物件上，例如灰黄色墙上挂上彩度较高的黄颜色图画。

　　（c）表明色相不变，明度和彩度都变化，在斜线上移动，这种色调系统能使眼睛朝向较亮的地方，例如用于以窗为焦点，窗帘比窗亮，而墙面的彩度又比窗高。

　　（d）和（a）相对应，彩度不变，明度和色相作规则变化，例如采用深蓝绿色地毯与稍微更黄更亮的墙面。

　　（e）和（b）相对应，明度不变，彩度与色相作规则变化，例如把彩度较高的绿色搪瓷品布置在靠近一把较暗蓝椅子旁，其明度相同。

　　（f）和（c）相对应，明度、彩度与色相都作规律变化，这个色调关系很自然地使人从一个低明度、低彩度的色相移向亮的、彩度高的另一色相，这在自然界中最富于刺激，我们可以联想到太阳的光辉，使眼睛迅速地朝向最亮的地方，它适用于引导视线注意的趣味中心。

　　（g）表明明度、彩度一致，色相作有规则的变化，具有各色相的彩虹，可以取其前、中、后三部分具有吸引人的间隔，作为该类色彩协调的模式，这种色彩的组合能引起人们的注意。

2. 室内色调的分类与选择

根据上述的色彩协调规律室内色调可以分为下列几种（图 6-11）：

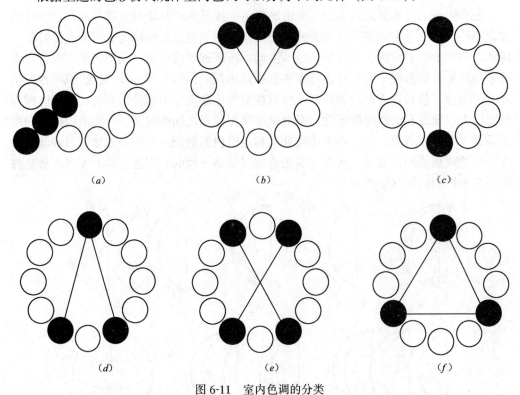

图 6-11　室内色调的分类

（1）单色调。以一个色相作为整个室内色彩的主调，称为单色调。单色调可以取得宁静、安祥的效果，并具有良好的空间感以及为室内的陈设提供良好的背景。在单色调中应特别注意通过明度及彩度的变化，加强对比，并用不同的质地、图案及家具形状，来丰富整个室内。单色调中也可适当加入黑白无彩色作为必要的调剂（可参见文前彩图）

（2）相似色调。相似色调是最容易运用的一种色彩方案，也是目前最大众化和深受人们喜爱的一种色调，这种方案只用二三种在色环上互相接近的颜色，如黄、橙、橙红，蓝、蓝紫、紫等，所以十分和谐。相似色同样也很宁静、清新，这些颜色也由于它们在明度和彩度上的变化而显得丰富。一般说来，需要结合无彩体系，才能加强其明度和彩度的表现力。

（3）互补色调。互补色调或称对比色调，是运用色环上的相对位置的色彩，如青与橙、红与绿、黄与紫，其中一个为原色，另一个为二次色。对比色使室内生动而鲜亮，使人能够很快获得注意和引起兴趣。但采用对比色必须慎重，其中一色应始终占支配地位，使另一色保持原有的吸引力。过强的对比有使人震动的效果，可以用明度的变化而加以"软化"，同时强烈的色彩也可以减低其彩度，使其变灰而获得平静的效果。采用对比色意味着这房间中具有互补的冷暖两种颜色，对房间来说显得小些。

（4）分离互补色调。采用对比色中一色的相邻两色，可以组成三个颜色的对比色调，获得有趣的组合。互补色（对比色），双方都有强烈表现自己的倾向，用得不当，可能会削弱其表现力，而采用分离互补，如红与黄绿和蓝绿，就能加强红色的表现力。如选择橙色，其分离互补色为蓝绿和蓝紫，就能加强橙色的表现力。通过此三色的明度和彩度的变化，也可获得理想的效果。

（5）双重互补色调。双重互补色调有两组对比色同时运用，采用 4 个颜色，对小的房间来说可能会造成混乱，但也可以通过一定的技巧进行组合尝试，使其达到多样化的效果。对大面积的房间来说，为增加其色彩变化，是一个很好的选择。使用时也应注意两种对比中应有主次，对小房间说来更应把其中之一作为重点处理。

（6）三色对比色调。在色环上形成三角形的 3 个颜色组成三色对比色调，如常用的黄、青、红三原色，这种强烈的色调组合适于文娱室等。如果将黄色软化成金色，红的加深成紫红色，蓝的加深成靛蓝色，这种色彩的组合如在优雅的房间中布置贵重色调的东方地毯。如果将此三色都软化成柔和的玉米色、玫瑰色和亮蓝色，其组合的结果常像我们经常看到的印花布和方格花呢，这种轻快的、妖嫩的色调，宜用于小女孩卧室或小食部。其他的三色也基于对比色调如绿、紫、橙，有时显得非常耀眼，并不能吸引人，但当用不同的明度和彩度变化后，可以组成十分迷人的色调来。

（7）无彩色调。由黑、灰、白色组成的无彩系，是一种十分高级和高度吸引人的色调。采用黑、灰、白无彩系色调，有利于突出周围环境的表现力，因此，在优美的风景区以及繁华的商业区，高明的建筑师和室内设计师都是极力反对过分的装饰或精心制作饰面，因为它们只会有损于景色。贝聿铭设计的香山饭店和约瑟夫杜尔索设计的纽约市区公寓，室内色彩设计极其成功之处，就在这里。在室内设计中，粉白色、米色、灰白色以及每种高明度色相，均可认为是无彩色，完全由无彩色建立的色彩系统，非常平静。但由于黑与白的强烈对比，用量要适度，例如大于 2/3 为白色面积，小于 1/3 为黑色，在一些图样中可以用一些灰。

在某些黑白系统中，可以加进一种或几种纯度较高的色相，如黄、绿、青绿或红，这和单色调的性质是不同的，因其无彩色占支配地位，彩色只起到点缀作用，也可称无彩色与重点色相结合的色调。这种色调。色彩丰富而不紊乱，彩色面积虽小而重点更为突出，在实践中被广泛运用。

无论采用哪一种色调体系，决不能忘记无彩色在协调色彩上起着不可忽视的作用。白色，几乎是惟一可以推荐作为大面积使用的色彩。黑色，根据卡尔·阿克塞尔教授的社会调查，认为是具有力量和权力的象征。在我们实际生活中，也可以看到凡是采用纯度极高的鲜明色彩，如服装，当鲜红色、翠绿色等一经与黑色配合，不但使其色彩更为光彩夺目，而且整个色调显得庄重大方，避免了妖艳轻薄之感。当然，也不能无限制地使用，以免引起色彩上的混乱和乏味。

3. 室内色彩构图

综上所述，色彩在室内构图中常可以发挥特别的作用。

（1）可以使人对某物引起注意，或使其重要性降低。

（2）色彩可以使目的物变得最大或最小。

（3）色彩可以强化室内空间形式，也可破坏其形式，例如：为了打破单调的六面体空间，采用超级平面美术方法，它可以不依顶棚、墙面、地面的界面区分和限定，自由地、任意地突出其抽象的彩色构图，模糊或破坏了空间原有的构图形式。

（4）色彩可以通过反射来修饰。

由于室内物件的品种、材料、质地、形式和彼此在空间内层次的多样性和复杂性，室内色彩的统一性，显然居于首位。一般可归纳为下列各类色彩部分：

（1）背景色。如墙面、地面、顶棚，它占有极大面积并起到衬托室内一切物件的作用，因此，背景色是室内色彩设计中首要考虑和选择的问题。

不同色彩在不同的空间背景（顶棚、墙面、地面）上所处的位置，对房间的性质、对心理知觉和感情反应可以造成很大的不同，一种特殊的色相虽然完全适用于地面，但当它用于顶棚上时，则可能产生完全不同的效果。现将不同色相用于顶棚、墙面、地面时，作粗浅分析：

1）红色　顶棚：干扰，重；墙面：进犯的，向前的；地面：留意的，警觉的。

纯红除了当作强调色外，实际上是很少用的，用得过分会增加空间的复杂性，应对其限制更为适合。

2）粉红色　顶棚：精致的，愉悦舒适的，或过分甜蜜，决定于个人爱好；墙面：软弱，如不是灰调则太甜；地面：或许过于精致，较少采用。

3）褐色　顶棚：沉闷压抑和重（如果为暗色）；墙面：如为木质是稳妥的；地面：稳定沉着的。

褐色在某些情况下，会唤起糟粕的联想，设计者需慎用。

4）橙色　顶棚：引起注意和兴奋；墙面：暖和与发亮的；地面：活跃，明快。

橙色比红色更柔和，有更可相处的魅力；反射在皮肤上可以加强皮肤的色调。

5）黄色　顶棚：发亮（如果近于柠檬黄），兴奋；墙面：暖（如果近于橙色），如果彩度高引起不舒服；地面：上升、有趣的。

因黄色的高度可见度，常用于有安全需要之处，黄比白更亮，常用于光线暗淡的空间。

6）绿色　顶棚：保险的，但反射在皮肤上不美；墙面：冷、安静的、可靠的，如果是眩光（绿色电光）引起不舒服；地面：自然的（在某饱和点上），柔软、轻松、冷（如近于蓝）。

绿色与蓝绿色系，为沉思和要求高度集中注意的工作提供了一个良好的环境。

7）蓝色　顶棚：如天空，冷、重和沉闷（如为暗色）；墙面：冷和远（如为浅蓝），促进加深空间（如果为暗色）；地面：引起容易运动的感觉（如为浅蓝），结实（如为暗色）。

蓝色趋向于冷、荒凉和悲凉。如果用于大面积，淡浅蓝色由于受人眼晶体强力的折射，因此使环境中的目的物和细部受到变模糊的弯曲。

8）紫色　顶棚：除了非主要的面积，很少用于室内，在大空间里，紫色扰乱眼睛的焦点，在心理上它表现为不安和抑制。

9）灰色　顶棚：暗的；墙面：令人讨厌的中性色调；地面：中性的。

象所有中性色彩一样，灰色没有多少精神治疗作用。

10）白色　顶棚：空虚的（有助于扩散光源和减少阴影）；墙面：空，枯燥无味，没有活力；地面：似告诉人们，禁止接触（不要在上面走）。

白色过去一直认为是理想的背景，然而缺乏考虑其在装饰项目中的主要性质和环境印象，并且在白色和高彩度装饰效果的对比，需要极端的从亮至暗的适应变化，会引起眼睛疲倦。此外，低彩度色彩与白色相对布置看来很乏味和平淡，白色对老年人和恢复中的病人都是一种悲惨的色彩。因此，从生理和心理的理由不用白色或灰色作为在大多数环境中的支配色彩，是有一定道理的。但白色确实能容纳各种色彩，作为理想背景也是无可非议的，应结合具体环境和室内性质，扬长避短，巧于运用，以达到理想的效果。

11）黑色　顶棚：空虚沉闷得难以忍受；墙面：不祥的，像地牢；地面：奇特的，难于理解的。

运用黑色要注意面积一般不宜太大，如某些天然的黑色花岗石、大理石，是一种稳重的高档材料，作为背景或局部地方的处理，如使用得当，能起到其他色彩无法代替的效果。

（2）装修色彩。如门、窗、通风孔、博古架、墙裙、壁柜等，它们常和背景色彩有紧密的联系。

（3）家具色彩。各类不同品种、规格、形式、材料的各式家具，如橱柜、梳妆台、床、桌、椅、沙发等，它们是室内陈设的主体，是表现室内风格，个性的重要因素，它们和背景色彩有着密切关系，常成为控制室内总体效果的主体色彩。

（4）织物色彩。包括窗帘、帷幔、床罩、台布、地毯、沙发、坐椅等蒙面织物。室内织物的材料、质感、色彩、图案五光十色，千姿百态，和人的关系更为密切，在室内色彩中起着举足轻重的作用，如不注意可能成为干扰因素。织物也可用于背景，也可用于重点装饰。

（5）陈设色彩。灯具、电视机、电冰箱、热水瓶、烟灰缸、日用器皿、工艺品、绘画雕塑，它们体积虽小，常可起到画龙点睛的作用，不可忽视。在室内色彩中，常作为重点色彩或点缀色彩。

（6）绿化色彩。盆景、花篮、吊篮、插花、不同花卉、植物，有不同的姿态色彩、情调和含义，和其他色彩容易协调，它对丰富空间环境，创造空间意境，加强生活气息，软化空间肌体，有着特殊的作用。

根据上述的分类，常把室内色彩概括为三大部分：

（1）作为大面积的色彩，对其他室内物件起衬托作用的背景色；

（2）在背景色的衬托下，以在室内占有统治地位的家具为主体色；

（3）作为室内重点装饰和点缀的面积小却非常突出的重点色或称强调色。

以什么为背景、主体和重点，是色彩设计首先应考虑的问题。同时，不同色彩物体之间的相互关系形成的多层次的背景关系，如沙发以墙面为背景，沙发上的靠垫又以沙发为背景，这样，对靠垫说来，墙面是大背景，沙发是小背景或称第二背景。

另外，在许多设计中，如墙面、地面，也不一定只是一种色彩，可能会交叉使用多种色彩，图形色和背景色也会相互转化，必须予以重视。

色彩的统一与变化，是色彩构图的基本原则。所采取的一切方法，均为达到此目的而做出选择和决定，应着重考虑以下问题：

（1）主调。室内色彩应有主调或基调，冷暖、性格、气氛都通过主调来体现。对于规模较大的建筑，主调更应贯穿整个建筑空间，在此基础上再考虑局部的、不同部位的适当变化。主调的选择是一个决定性的步骤，因此必须和要求反应空间的主题十分贴切，即希望通过色彩达到怎样的感受，是典雅还是华丽，安静还是活跃，纯朴还是奢华。用色彩语言来表达不是很容易的，要在许多色彩方案中，认真仔细地去鉴别和挑选。北京香山饭店为了表达如江南民居的朴素、雅静的意境，和优美的环境相协调，在色彩上采用了接近无彩色的体系为主题，不论墙面、顶棚、地面、家具、陈设，都贯彻了这个色彩主调，从而给人统一的、完整的、深刻的、难忘的、有强烈感染力的印象。主调一经确定为无彩系，设计者绝对不应再迷恋于市场上五彩缤纷的各种织物、用品、家具，而是要大胆地将黑、白、灰这种色彩用到平常不常用该色调的物件上去。这就要求设计者摆脱世俗的偏见和陈规，所谓"创造"也就体现在这里。

（2）大部位色彩的统一协调。主调确定以后，就应考虑色彩的施色部位及其比例分配。作为主色调，一般应占有较大比例，而次色调作为与主调相协调（或对比）色，只占小的比例。

上述室内色彩的三大部分的分类，在室内色彩设计时，决不能作为考虑色彩关系的惟一依据。分类可以简化色彩关系，但不能代替色彩构思，因为，作为大面积的界面，在某种情况下，也可能作为室内色彩重点表现对象，例如，在室内家具较少时或周边布置家具的地面，常成为视觉的焦点，而予以重点装饰，因此，可以根据设计构思，采取不同的色彩层次或缩小层次的变化。选择和确定图底关系，突出视觉中心，例如：

1）用统一顶棚、地面色彩来突出墙面和家具；

2）用统一墙面、地面来突出顶棚、家具；

3）用统一顶棚、墙面来突出地面、家具；

4）用统一顶棚、地面、墙面来突出家具。

这里应注意的是如果家具和周围墙面较远，如大厅中岛式布置方式，那么家具和地面可看作是相互衬托的层次。这二层次可用对比方法来加强区别变化，也可用统一办法来削弱变化或各自结为一体。

在作大部位色彩协调时，有时可以仅突出一二件陈设，即用统一顶棚、地面、墙面、家具来突出陈设，如墙上的画、书橱上的书、桌上的摆设、座位上的靠垫以及灯具、花卉等。由于室内各物件使用的材料不同，即使色彩一致，由于材料质地的区别还是显得十分丰富的，这也可算作室内色彩构图中难得具有的色彩丰富性和变化性的有利因素。因此，无论色彩简化到何种程度也决不会单调。

色彩的统一，还可以采取选用材料的限定来获得，例如可以用大面积木质地面、墙面、顶棚、家具等，也可以用色、质一致的蒙面织物来用于墙面、窗帘、家具等方面。某些设备，如花卉盛具和某些陈设品，还可以采用套装的办法，来获得材料的统一。

（3）加强色彩的魅力。背景色、主体色、强调色三者之间的色彩关系决不是孤立的、固定的，如果机械地理解和处理，必然千篇一律，变得单调。换句话说，既要有明确的图底关系、层次关系和视觉中心，但又不刻板、僵化，才能达到丰富多彩。

这就需要用下列三个办法：

1）色彩的重复或呼应。即将同一色彩用到关键性的几个部位上去，从而使其成为控制整个室内的关键色，例如用相同色彩于家具、窗帘、地毯，使其他色彩居于次要的、不明显的地位。同时，也能使色彩之间相互联系，形成一个多样统一的整体，色彩上取得彼此呼应的关系，才能取得视觉上的联系和唤起视觉的运动，例如白色的墙面衬托出红色的沙发，而红色的沙发又衬托出白色的靠垫，这种在色彩上图底的互换性，既是简化色彩的手段，也是活跃图底色彩关系的一种方法。

2）布置成有节奏的连续。色彩的有规律布置，容易引导视觉上的运动，或称色彩的韵律感。色彩韵律感不一定用于大面积，也可用于位置接近的物体上。当在一组沙发、一块地毯、一个靠垫、一幅画或一簇花上都有相同的色块而取得联系，从而使室内空间物与物之间的关系，像"一家人"一样，显得更有内聚力。

3）用强列对比。色彩由于相互对比而得到加强，一经发现室内存在对比色，也就是其他色彩退居次要地位，视觉很快集中于对比色。通过对比，各自的色彩更加鲜明，从而加强了色彩的表现力。提到色彩对比，不要以为只有红与绿、黄与紫等，色相上的对比，实际上采用明度的对比、彩度的对比、清色与浊色对比、彩色与非彩色对比，常比用色相对比还多一些。整个室内色彩构图在具体进行样板试验或作草图的时候，应该多次进行观察比较，即希望把哪些色彩再加强一些，或哪些色彩再减弱一些，来获得色彩构图的最佳效果。不论采取何种加强色彩的力量和方法，其目的都是为了达到室内的统一和协调，加强色彩的魅力。

室内的趣味中心或室内的重点，常常是构图中需要考虑的，它可以是一组家具、一幅壁画、床头靠垫的布置或其他形式，可以通过色彩来加强它的表现力和吸引力。但加强重点，不能造成色彩的孤立。

　　总之，解决色彩之间的相互关系，是色彩构图的中心。室内色彩可以统一划分成许多层次，色彩关系随着层次的增加而复杂，随着层次的减少而简化，不同层次之间的关系可以分别考虑为背景色和重点色（用通俗话说，就是衬色和显示色）。背景色常作为大面积的色彩宜用灰调，重点色常作为小面积的色彩，在彩度、明度上比背景色要高。在色调统一的基础上可以采取加强色彩力量的办法，即重复、韵律和对比强调室内某一部分的色彩效果。室内的趣味中心或视觉焦点或重点，同样可以通过色彩的对比等方法来加强它的效果。通过色彩的重复、呼应、联系，可以加强色彩的韵律感和丰富感，使室内色彩达到多样统一，统一中有变化，不单调、不杂乱，色彩之间有主有从有中心，形成一个完整和谐的整体。

　　如前所述，室内设计的色彩总是和光照、材质、肌理等因素综合地给予人们以视觉感受，同时室内色彩的选用也和室内设计的风格有一定的联系，如自然风格通常以木材、石材、麻、藤等自然色系为基本色调，中国传统民居常是以白色墙面与木本色相配置；还有室内色彩的选用也和一定时期的流行趋势、时尚选材有关，尽管这一"流行"与服装等的较短的流行周期还有所区别。

第七章　室内家具与陈设

家具是人们生活的必需品，不论是工作、学习、休息，或坐或卧或躺，都离不开相应家具的依托。此外，在社会、家庭生活中的许多各式各样、大大小小的用品，也均需要相应的家具来收纳、隐藏或展示，因此，家具在室内空间中占有很大的比例和很重要的地位，对室内环境效果有着重要的影响。

家具的发展与当时社会的生产技术水平、政治制度、生活方式、风格习俗、思想观念以及审美意识等因素有着密切的联系。家具的发展史也是一部人类文明、进步的历史缩影。

第一节　家具的发展

一、我国传统家具

根据象形文、甲骨文和商、周代铜器的装饰纹样推测，当时已产生了几、榻、桌、案、箱柜的雏形（图7-1）。河南信阳春秋战国时代楚墓的出土文物及湖南长沙战国墓中的漆案、雕花木几和木床，反映当时已有精美的彩绘和浮雕艺术。从商周到秦汉时期，由于人们以席地跪坐方式为主，因此家具都很矮。从汉代的砖石画像上，可知屏风已得到广泛使用（图7-2）。从魏晋南北朝时期，在晋朝顾恺之的洛神赋图和北魏司马金龙墓漆屏风画中看，当时已有矮榻，敦煌壁画中凳、椅、床、榻等家具尺度已加高（图7-3）。一直到隋唐时期，逐渐由席地而坐过渡到垂足坐椅。唐代已制作了较为定型的长桌、方凳、腰鼓凳、扶手椅、三折屏风等。可从南唐宫廷画院顾闳中的"韩熙夜宴图"及周文矩的"重屏绘棋图"中看到各种类型的几、桌、椅、靠背椅、三折屏风等（图7-4）。至五代时，家具在类型上已基本完善。宋辽金时期，从绘画（如宋苏汉臣的"秋庭婴戏图"）和出土文物中反映出，高型家具已普及，垂足坐已代替了席地而坐，家具造型轻巧，线脚处理丰富。北宋大建筑学家李诚完成了有34卷的《营造法式》巨著，并影响到家具结构形式。采用类似梁、枋、柱、雀等形式（图7-5）。元代在宋代基础上又有所发展。

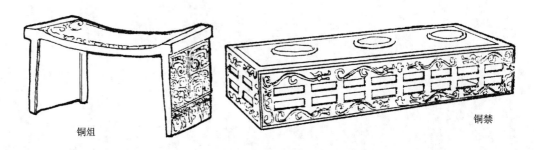

铜俎　　　　　　　　　　　　　　　　铜禁

图7-1　商周时期家具

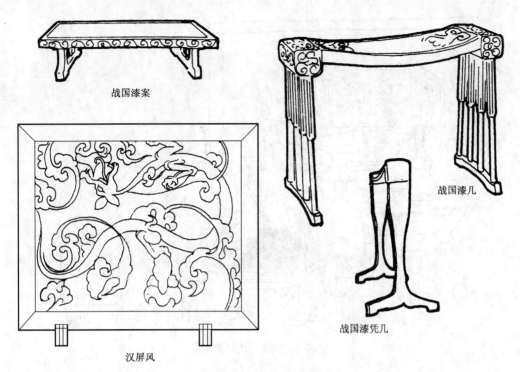

战国漆案

战国漆几

战国漆凭几

汉屏风

图 7-2　战国秦汉时期家具

独坐小榻

榻

北魏司马金龙墓漆屏风面

洛神赋图

图 7-3　魏晋南北朝时期家具

图 7-4　隋唐五代时期家具

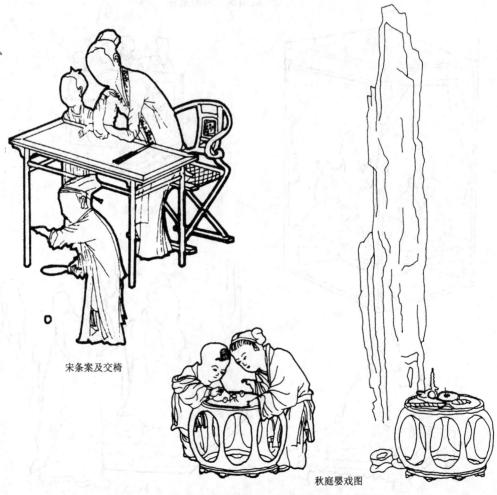

宋条案及交椅

秋庭婴戏图

图 7-5　宋辽时期家具（一）

宋代一桌二椅组合
形式及座屏、脚踏

图 7-5 宋辽时期家具（二）

明、清时期，家具的品种和类型已都齐全，造型艺术也达到了很高的水平，形成了我国家具的独特风格。明清时期海运发达，东南亚一带的木材，如黄花梨、紫檀等输入我国。园林建筑也十分盛行，而特种工艺，如丝、雕漆、玉雕、陶瓷、景泰蓝也日趋成熟，为家具陈设的进一步发展提供了良好的条件。

明代家具在我国历史上占有最重要的地位，以形式简洁、构造合理著称于世。其基本特点是：

（1）重视使用功能，基本上符合人体科学原理，如坐椅的靠背曲线和扶手形式。

（2）家具的构架科学，形式简洁，构造合理，不论从整体或各部件分析，既不显笨重又不过于纤弱。

（3）在符合使用功能、结构合理的前提下，根据家具的特点进行艺术加工，造型优美，比例和谐，重视天然材质纹理、色泽的表现，选择对结构起加固作用的部位进行装饰，没有多余冗繁的不必要的附加装饰。这种正确的审美观念和高明的艺术处理手法，是中外家具史上罕见的，达到了功能与美学的高度统一（图 7-6）。即使在今天，与现代家具相比也毫不逊色，并且沿用至今，饮誉中外。明代家具常用黄花梨、紫檀、红木、楠木等硬性木材，并采用了大理石、玉石、贝螺等多种镶嵌艺术。

清代家具趋于华丽，重雕饰，并采用更多的嵌、绘等装饰手法，于现代观点来看，显得较为繁冗、凝重，但由于其雕饰精美、豪华富丽，在室内起到突出的装饰效果，仍然获得不少中外人士的喜爱，在许多场合下至今还在沿用，成为我国民族风格的又一杰出代表（图 7-7）。

二、国外古典家具

1. 埃及、希腊、罗马家具

首次记载制造家具的是埃及人。古埃及人较矮（人均约 1.52m），并有蹲坐的习惯，因此坐椅较低。

（1）古埃及（公元前 3100～前 311 年）家具特征：由直线组成，直线占优势；动物腿脚（双腿静止时的自然姿势，放在圆柱形支座上）椅（图 7-8）和床（延长的椅子），矮的方形或长方形靠背和宽低的座面，侧面成内凹或曲线形；采用几何或螺旋形植物图案装饰，用贵重的涂层和各种材料镶嵌；用色鲜明、富有象征性；凳和椅是家具的主要组成部分，有为数众多的柜子用作储藏衣被、亚麻织物。

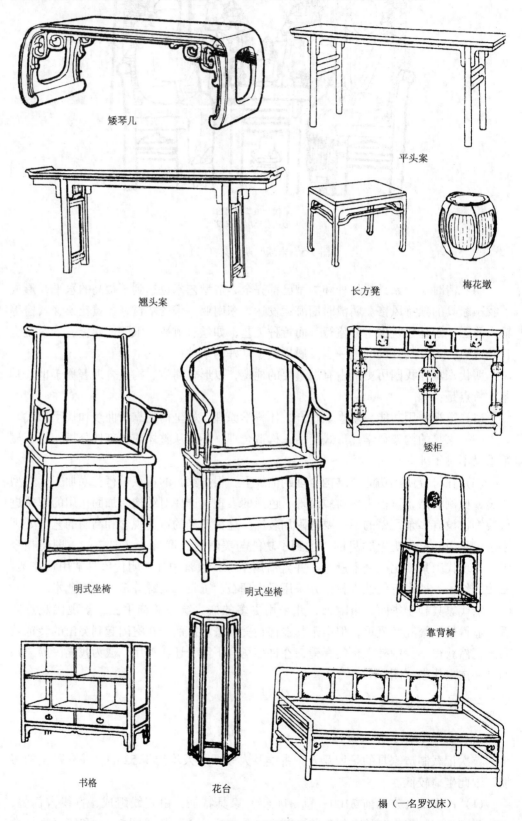

矮琴几

平头案

翘头案

长方凳

梅花墩

明式坐椅

明式坐椅

矮柜

靠背椅

书格

花台

榻（一名罗汉床）

图 7-6　明代家具

图 7-7 清代家具

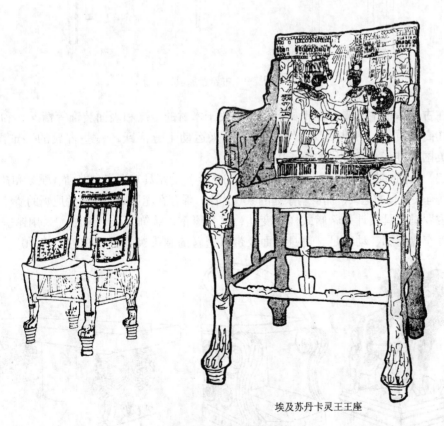

埃及苏丹卡灵王王座

图 7-8 埃及早期扶手椅

埃及家具对英国摄政时期和维多利亚时期及法国帝国时期影响显著。

（2）古希腊（公元前650～前30年）人生活节俭，家具简单朴素，比例优美，装饰简朴，但已有丰富的织物装饰，其中著名的"克利奈"椅（Klismos），是最早的形式，有曲面靠背，前后腿呈"八"字形弯曲，凳子是普通的，长方形三腿桌是典型的，床长而直，通常较高，且需要脚凳（图7-9）。

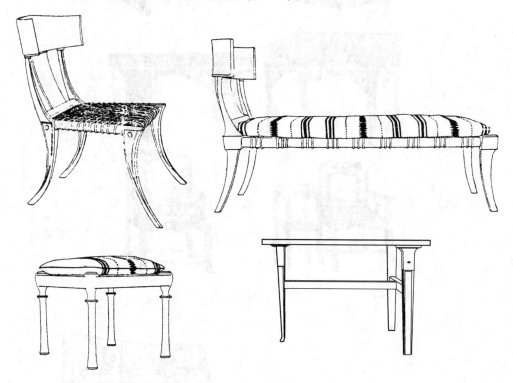

图7-9　古希腊家具

在古希腊书中已提到在木材上打蜡，关于木材的干燥和表面装饰等情况，和埃及有同样高的质量。19世纪末，希腊文艺复兴运动十分活跃，一些古典的装饰图案，可在英国的维多利亚时代的例子中看到。

（3）我们对古罗马（公元前753～公元365年）的家具知识来自壁画、雕刻和拉丁文中偶然有关家具的记载，而罗马家庭的家具片段，保存在庞贝城和赫库兰尼姆的遗址中。

古罗马家具设计是希腊式样的变体，家具厚重，装饰复杂，精细，采用镶嵌与雕刻，旋车盘腿脚、动物足、狮身人面及带有翅膀的鹰头狮身的怪兽（图7-10），桌子

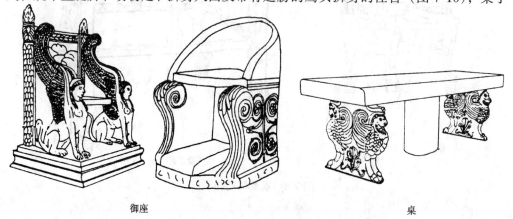

御座　　　　　　　　　　　　　　　　　桌

图7-10　古罗马家具

作为陈列或用餐，腿脚有小的支撑，椅背为凹面板；在家具中结合了建筑特征，采用了建筑处理手法，三腿桌和基座很普遍，使用珍贵的织物和垫层。

2．中世纪（1～15世纪）高直和文艺复兴时期（800～1150年）的家具

在中世纪，西欧处于动乱时期，罗马帝国崩溃后，古代社会的家具也随之消失。中世纪富人住在装饰贫乏的城堡中，家具不足，在骚乱时期少有幸存者。拜占庭时期（323～1453年），除富有者精心制作的嵌金和象牙的椅子外，家具类型也不多。

（1）高直时期（1150～1500年）家具特征：采用哥特式建筑形式和厚墙的细部设计，采用建筑的装饰主题，如拱、花窗格、四叶式（建筑）、布卷褶皱、雕刻品和镂雕，柜子和座位部件为镶板结构，柜子既作储藏又用作座位（图7-11）。

（2）意大利文艺复兴时期（1400～1650年），为了适应社会交往和接待增多的需要，家具靠墙布置，并沿墙布置了半身雕像、绘画、装饰品等，强调水平线，使墙面形成构图的中心。

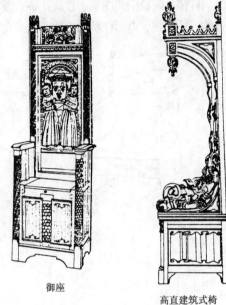

御座　　　　　高直建筑式椅

图7-11　高直时期家具

意大利文艺复兴时期的家具的特征是：普遍采用直线式，以古典浮雕图案为特征，许多家具放在矮台座上，椅子上加装垫子，家具部件多样化，除用少量橡木、衫木、丝柏木外，核桃木是惟一所用的，节约使用木材，大型图案的丝织品用作椅座等的装饰（图7-12）。

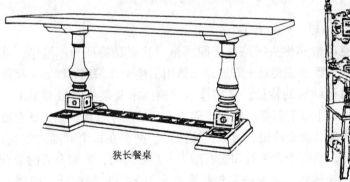

狭长餐桌

图7-12　意大利文艺复兴时期家具

（3）西班牙文艺复兴时期（1400～1600年）的家具许多是原始的，特征是：厚重的比例和矩形形式，结构简单，缺乏运用建筑细部的装饰，有铁支撑和支架，钉头处显露，家具体形大，富有男性的阳刚气，色彩鲜明（经常掩饰低级工艺），用压印图案或简单的皮革装饰（坐椅），采用核桃木比松木更多，图案包括短的凿纹、几何形图案，腿脚是"八"字形式倾斜的，采用铁和银的玫瑰花饰、星状装饰以及贝壳作为装饰（图7-13）。

（4）法国文艺复兴时期（1485～1643年）的家具的特征：厚重、轮廓鲜明的浮雕，由擦亮的橡木或核桃木制成，在后期出现乌木饰面板，椅子有像御座的靠背，直扶手，以及有旋成球状、螺旋形或栏杆柱形的腿，带有小圆面包形或荷兰式漩涡饰的脚，使用上色

木的镶嵌细工、玳瑁壳、镀金金属、珍珠母、象牙，家具的部分部件用西班牙产的科尔多瓦皮革、天鹅绒、针绣花边、锦缎及流苏等装饰物装饰，装饰图案有橄榄树枝叶、月桂树叶、打成漩涡叶箔、阿拉伯式图案、玫瑰花饰、漩涡花饰、圆雕饰、贝壳、怪物、鹰头狮身带翅膀的怪物、棱形物、奇形怪状的人物图案、女人像柱，家具连接处被隐蔽起来（图7-14）。

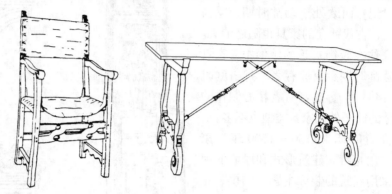

图 7-13　西班牙文艺复兴时期家具

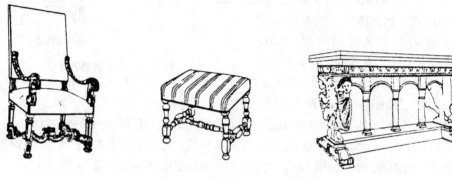

图 7-14　法国文艺复兴时期家具

3．巴洛克时期（1643～1700 年）

（1）法国巴洛克风格亦称法国路易十四风格，其家具特征为：雄伟、带有夸张的、厚重的古典形式，雅致优美重于舒适，虽然用了垫子，采用直线和一些圆弧形曲线相结合和矩形、对称结构的特征，采用橡木、核桃木及某些欧椴和梨木，嵌用斑木、鹅掌楸木等，家具下部有斜撑，结构牢固，直到后期才取消横档；既有雕刻和镶嵌细工，又有镀金或部分镀金或银、镶嵌、涂漆、绘画，在这个时期的发展过程中，原为直腿变为曲线腿，桌面为大理石和嵌石细工，高靠背椅，靠墙布置的带有精心雕刻的下部斜撑的蜗形腿狭台；装饰图案包括嵌有宝石的旭日形饰针，围绕头部有射线，在卵形内双重"L"形，森林之神的假面，"C"、"S"形曲线，海豚、人面狮身、狮头和爪、公羊头或角、橄榄叶、菱形花、水果、蝴蝶、矮棕榈和睡莲叶不规则分散布置及人类寓言、古代武器等（图7-15）。

（2）英国安尼皇后式（1702～1714 年）：家具轻巧优美，做工优良，无强劲线条，并考虑人体尺度，形状适合人体。椅背、腿、座面边缘均为曲线，装有舒适的软垫，用法国、意大利有着美丽木纹的胡桃木作饰面，常用木材有榆、山毛榉、紫杉、果木等（图7-16）。

4．洛可可时期（1730～1760 年）

（1）法国路易十五时期的家具特征：家具是娇柔和雅致的，符合人体尺度，重点放在曲线上，特别是家具的腿，无横档，家具比较轻巧，因此容易移动；核桃木、红木、果木，以及藤料、蒲制品和麦杆均使用；华丽装饰包括雕刻、镶嵌、镀金物、油漆、彩饰、镀金。初期有许多新家具引进或大量制造，采用色彩柔和的织物装饰家具，图案包括不对称的断开的曲线、花、扭曲的漩涡饰、贝壳、中国装饰艺术风格、乐器（小提琴、角制号角、鼓）、爱的标志（持弓剑的丘比特）、花环、牧羊人的场面、战利品饰（战役象征的装饰布置）、花和动物（图7-17）。

图 7-15　法国路易十四时期家具

图 7-16　英国安尼皇后式家具

靠墙二腿桌

图 7-17 法国路易十五时期家具

（2）英国乔治早期（1714～1750 年）：1730 年前均为浓厚的巴洛克风格，1730 年后洛可可风格开始大众化，主要装饰有细雕刻、镶嵌装饰品、镀金石膏。装饰图案有狮头、假面、鹰头和展开的翅膀、贝壳、希腊神面具、建筑柱头、裂开的山墙等。

直到 1750 年油漆家具才普及，乔治后期，广泛使用直线和直线形家具，小尺度，优美的装饰线条，逐渐变细的直腿，不用横档，有些家具构件过于纤细（图 7-18）。

图 7-18 英乔治早期家具

5. 新古典主义（1760～1789 年）

（1）法国路易十六时期的家具特征：古典影响占统治地位，家具更轻、更女性化和细软，考虑人体舒适的尺度，对称设计，带有直线和几何形式，大多为喷漆的家具，橱柜和五斗柜是矩形的，在箱盒上的五金吊环饰有四周框架图案，坐椅上装座垫，直线腿，向下部逐渐变细，箭袋形或细长形，有凹槽，椅靠背是矩形、卵形或圆雕饰，顶点用青铜制，金属镶嵌是有节制的，镶嵌细工及镀金等装潢都很精美雅致，装饰图案源于希腊（图 7-19）。

图 7-19 法国路易十六时期家具

（2）法国帝政时期（1804～1815 年）：家具带有刚健曲线和雄伟的比例，体量厚重，装饰包括厚重的平木板、青铜支座，镶嵌宝石、银、浅浮雕、镀金，广泛使用漩涡式曲线以及少量的装饰线条，家具外观对称统一，采用暗销的胶粘结构。1810 年前一直使用红木，后采用橡木、山毛榉、枫木、柠檬木等（图 7-20）。

（3）英国摄政时期（1811～1830 年）：设计的舒适为主要标准，形式、线条、结构、表面装饰都很简单，许多部件是矩形的，以红木、黑、黄檀为主要木材。装饰包括小雕刻、小凸线、雕镂合金、黄铜嵌带、狮足，采用小脚轮（图 7-21），柜门上采用金属线格。

6. 维多利亚时期（1830～1901 年）

是 19 世纪混乱风格的代表，不加区别地综合历史上的家具形式。图案花纹包括古典、洛可可、哥特式、文艺复兴、东方的土耳其式等十分混杂。设计趋于退化。1880 年后，家具由机器制作，采用了新材料和新技术，如金属管材、铸铁、弯曲木、层压木板。椅子装有螺旋弹簧，装饰包括镶嵌、油漆、镀金、雕刻等。采用红木、橡木、青龙木、乌木等。构件厚重，家具有舒适的曲线及圆角（图 7-22）。

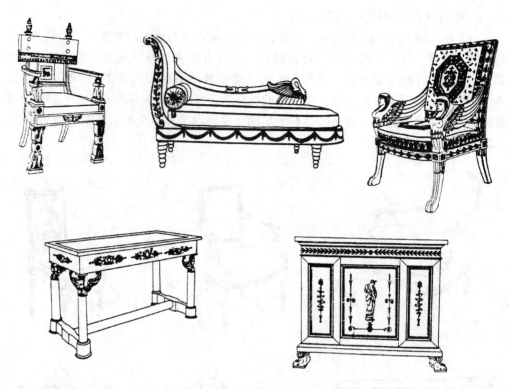

图 7-20　法国帝政时期家具

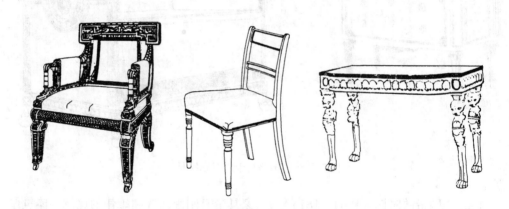

图 7-21　英国摄政时期家具

图 7-22　维多利亚时期家具

三、近现代家具

19世纪末到20世纪初，新艺术运动摆脱了历史的束缚，澳大利亚托尼（Thone）设计了曲木扶手椅（图7-23a），继新艺术运动之后，风格派兴起，早在1918年，里特维尔德设计了著名的红、黄、蓝三色椅（图7-23b），并在1934年设计了Z字形椅（图7-23c）；西方许多著名建筑师都亲自设计了许多家具，如赖特（1896～1959）为Larkin建筑设计了第一把金属办公椅（图7-23d），勒·柯布西耶（1887～1965）在1927年设计的镀铬钢管构架上用皮革作饰面材料的可调整角度的躺椅（图7-23e），在1929年设计的可转动的扶手椅（图7-23f），米斯在1929年设计的"巴塞罗那"椅，也著名于世（图7-23g）。

图7-23 近现代椅子

在不到100年的时间里，现代家具的掘起使家具设计发生了划时代的变化，设计者关于使用的基本出发点是，考虑现代人是如何活动、坐、躺的？他们的姿态和习惯与中世纪或其他年代有什么变化？他们拥有哪些东西要储藏或使用？对于这些现实情况，怎样布置最为适宜？现代家具的成就，主要表现在以下几方面：

（1）把家具的功能性作为设计的主要因素。

（2）利用现代先进技术和多种新材料、加工工艺，如冲压、模铸、注塑、热固成型、镀铬、喷漆、烤漆等。新材料如不锈钢、铝合金板材、管材、玻璃钢、硬质塑料、皮革、尼龙、胶合板、弯曲木，适合于工业化大量生产要求。

（3）充分发挥材料性能及其构造特点，显示材料固有的形、色、质的本色。

（4）结合使用要求，注重整体结构形式简洁，排除不必要的无为装饰。

（5）不受传统家具的束缚和影响，在利用新材料、新技术的条件下，创造出了一大批前所未有的新形式，取得了革命性的伟大成就，标志着崭新的当代文化、审美观念（图7-24）。

图 7-24　近现代家具

在国际风格流行时，北欧诸国如丹麦、瑞典、挪威和芬兰等，结合本地区、本民族的生产技术和审美观念，创造了饮誉全球的具有自己特色的家具系列产品。做工细腻，色泽光洁、淡雅、朴实而富有人情味，为当代家具作出了又一卓越贡献。

到20世纪六七十年代，家具发展更是日新月异，流派纷呈。如80年代出现的孟菲斯新潮家具（图7-25）和当代法国的先锋派家具艺术，并更重视家具的系列化、组合化、装卸化，为不同使用需要，提供了多样性和选择性。

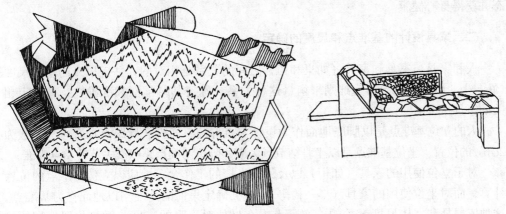

图 7-25　孟菲斯家具

第二节　家具的尺度与分类

一、人体工程学与家具设计

家具是为人使用的，是服务于人的而不是相反，因此，家具设计包括它的尺度、形式及其布置方式，必须符合人体尺度及人体各部分的活动规律（图7-26），以便达到安全、舒适、方便的目的。

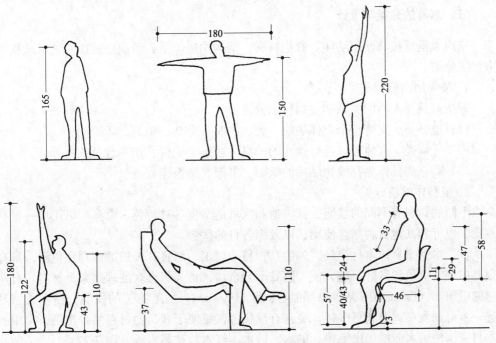

图 7-26　家具设计应符合的人体尺度及人体各部分活动规律（单位：cm）

人体工程学对人和家具的关系，特别对在使用过程中家具对人体产生的生理、心理反应进行了科学的实验和计测，为家具设计提供了科学的依据，并根据家具与人和物的关系及其密切的程度对家具进行分类，把人的工作、学习、休息等生活行为分解成各种姿势模型，以此来研究家具设计，根据人的立位、坐位的基准点来规范家具的基本尺度及家具间的相互关系。

良好的家具设计可以减轻人的劳动，提高工作效率，节约时间，维护人体正常姿态并获得身心健康。

二、家具设计的基准点和尺度的确定

人和家具、家具和家具（如桌和椅）之间的关系是相对的，并应以人的基本尺度（站、坐、卧不同状况）为准则来衡量这种关系，确定其科学性和准确性，并决定相关的家具尺寸。

人的立位基准点是以脚底地面作为设计零点标高，即脚底后跟点加鞋厚（一般为2cm）的位置。坐位基准点是以坐骨结节点为准，卧位基准点是以髋关节转动点为准。

对于立位使用的家具（如柜）以及不设坐椅的工作台等，应以立位基准点的位置计算，而对坐位使用的家具（桌、椅等），过去确定桌椅的高度均以地面作为基准点，这种依据是和人体尺度无关的，实际上人在坐位时，眼的高度、肘的位置、脚的状况，都只能从坐骨结节点为准计算，而不能以无关的脚底的位置为依据。

因此：桌面高＝桌面至座面差＋坐位基准点高

一般桌面至座面差为 250～300cm；

坐位基准点高为 390～410cm。

所以：一般桌高在 640cm（390cm＋250cm）～710cm（410cm＋300cm）这个范围内。

桌面与座面高差过大时，双手臂会被迫抬高而造成不适；当然高差过小时，桌下部空间相应变小，而不能容纳腿部时，也会造成困难。

三、家具的分类与设计

室内家具可按其使用功能、制作材料、结构构造体系、组成方式以及艺术风格等方面来分类。

1. 按使用功能分类

即按家具与人体的关系和使用特点分为：

（1）坐卧类。支持整个人体的椅、凳、沙发、卧具、躺椅、床等。

（2）凭倚类。人体赖以进行操作的书桌、餐桌、柜台、作业台及几案等。

（3）贮存类。作为存放物品用的壁橱、书架、搁板等。

2. 按制作材料分类

不同的材料有不同的性能，其构造和家具造型也各具特色，家具可以用单一材料制成，也可和其他材料结合使用，以发挥各自的优势。

（1）木制家具。木材质轻，强度高，易于加工，而且其天然的纹理和色泽，具有很高的观赏价值和良好手感，使人感到十分亲切，是人们喜欢的理想家具材料。自从弯曲层积木（Laminated Wood）和层压板（Plywood）加工工艺的发明，使木质家具进一步得到发展，形式更多样，更富有现代感，更便于和其他材料结合使用，常用的木材有柳桉、水曲柳、山毛榉、柚木、楠木、红木、花梨木等（图 7-27）。

（2）藤、竹家具。藤、竹材料和木材一样具有质轻、高强和质朴自然的特点，而

且更富有弹性和韧性，宜于编织，竹制家具又是理想的夏季消暑使用家具。藤、竹、木都有浓厚的乡土气息，在室内别具一格，常用的竹藤有毛竹、淡竹、黄枯竹、紫竹、莉竹及广藤、土藤等。但各种天然材料均须按不同要求进行干燥、防腐、防蛀、漂白等加工处理后才能使用。

（3）金属家具。19 世纪中叶，西方曾风行铸铁家具，有些国家作为公园里的一种椅子形式，至今还在使用。后来逐渐被淘汰，代之以质轻高强的钢和各种金属材料，如不锈钢管、钢板、铝合金等。金属家具常用金属管材为骨架，用环氧涂层的电焊金属丝线作座面和靠背（图 7-28a），但与人体接触部位，即座面、靠背、扶手，常采用木、藤、竹、大麻纤维、皮革和高强人造纤维编织材料，更为舒适。在材质色泽上也能产生更强的对比效果。金属管外套软而富有弹性的氯丁橡胶管（Neoprene Tubing），可更耐磨而适用于公共场所（图 7-28b）。

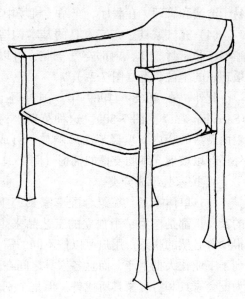

图 7-27　木制家具

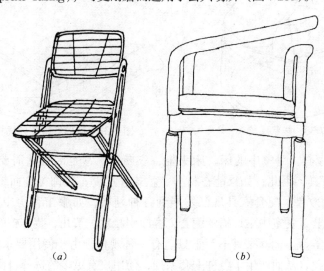

（a）　　　　　　　　　　（b）

图 7-28　金属家具的分类

（4）塑料家具。一般采用玻璃纤维加强塑料，模具成型，具有质轻高强、色彩多样、光洁度高和造型简洁等特点。塑料家具常用金属作骨架，成为钢塑家具。

3. 按构造体系分类

（1）框式家具。以框架为家具受力体系，再覆以各种面板，连接部位的构造以不同部位的材料而定。有榫接、铆接、承插接、胶接、吸盘等多种方式，并有固定、装拆之区别。框式家具常有木框及金属框架等。

（2）板式家具。以板式材料进行拼装和承受荷载，其连接方式也常以胶合或金属连接件等方法，视不同材料而定。板材可以用原木或各种人造板。板式家具平整简洁，造型新颖美观，运用很广。

（3）注塑家具。采用硬质和发泡塑料，用模具浇筑成型的塑料家具，整体性强，

171

是一种特殊的空间结构。目前，高分子合成材料品种繁多，性能不断改进，成本低，易于清洁和管理，在餐厅、车站、机场中广泛应用。

（4）充气家具。充气家具的基本构造为聚氨基甲酸乙酯泡沫和密封气体，内部空气空腔，可以用调节阀调整到最理想的坐位状态（图7-29）。

此外，在1968～1969年，国外还设计有袋状坐椅（Saccular seat）（图7-30）。这种革新坐椅的构思是在一个表面灵活的袋内，填聚苯乙烯颗粒，可成为任何形状。另外还有以玻璃纤维肋支撑的摇椅（图7-31）。

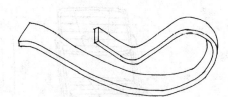

图7-29 充气家具

4. 按家具组成分类

（1）单体家具。在组合配套家具产生以前，不同类型的家具，都是作为一个独立的工艺品来生产的，它们之间很少有必然的联系，用户可以按不同的需要和爱好单独选购。这种单独生产的家具不利于工业化大批生产，而且各家具之间在形式和尺度上不易配套、统一，因此，后来为配套家具和组合家具所代替。但是个别著名家具，如里特维尔德的红、黄、蓝三色椅等，现在仍有人乐意使用。

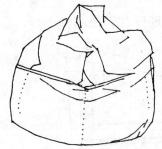

图7-30 袋状座椅　　　　图7-31 玻璃纤维支撑摇椅

（2）配套家具。卧室中的床、床头柜、衣橱等，常是因生活需要自然形成的相互密切联系的家具，因此，如果能在材料、款式、尺度、装饰等方面统一设计，就能取得十分和谐的效果。配套家具现已发展到各种领域，如旅馆客房中床、柜、桌椅、行李架……的配套，餐室中桌、椅的配套，客厅中沙发、茶几、装饰柜的配套，以及办公室家具的配套等等。配套家具不等于只能有一种规格，由于使用要求和档次的不同，要求有不同的变化，从而产生了各种配套系列，使用户有更多的选择自由（图7-32）。

图7-32 办公配套家具

（3）组合家具。组合家具是将家具分解为一二种基本单元，再拼接成不同形式，甚至不同的使用功能，如组合沙发，可以组成不同形状和布置形式，可以适应坐、卧等要求；又如组合柜，也可由一二种单元拼连成不同数量和形式的组合柜。组合家具有利于标准化和系列化，使生产加工简化、专业化。在此基础上，又产生了以零部件为单元的拼装式组合家具。单元生产达到了最小的程度，如拼装的条、板、基足以及连接零件。这样生产更专业化，组合更灵活，也便于运输。用户可以买回配套的零部件，按自己的需要，自由拼装（图7-33）。

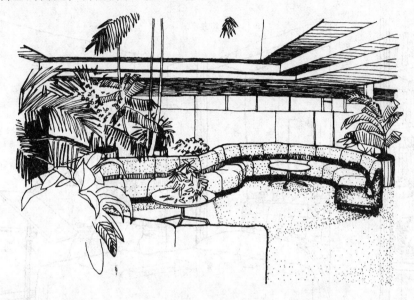

图7-33　组合家具

为了使家具尺寸和房间尺寸相协调，必须建立统一模数制。

此外，还有活动式的嵌入式家具（图7-34）、固定在建筑墙体内的固定式家具（图7-35）、一具多用的多功能家具、悬挂式家具等类型。

坐卧类家具支持整个人体重量，和人的身体接触最为密切。家具中最主要的是桌、椅、床和橱柜的设计，桌面高度小于下肢长度50mm时，体压较集中于坐骨骨节部位，等于下肢长度时，体压稍分散于整个臀部，这两种情况较适合于人体生理现象，因臀部能承受较大压力，同时也便于起坐。一般坐椅小于380mm时难于站起来，特别对老年人更是如此。如椅面高度大于下肢长度50mm时，体压分散至大腿部分，使大腿内侧受压，引起脚趾皮肤温度下降、下腿肿胀等血液循环障碍现象，因此，像酒吧间的高凳，一般应考虑脚垫或脚靠。所以工作椅椅面高度以等于或小于下肢长度为宜，按我国中等人体地区女子T项腓骨头的高度为382mm，加鞋厚20mm，等于402mm，工作椅的椅面高度则以390～410mm为宜。

为使坐椅能使人不致疲劳，必须具有5个完整的功能：

（1）骨盆的支持；

（2）水平座面；

（3）支持身体后抑时升起的靠背；

（4）支持大腿的曲面；

（5）光滑的前沿周边。

一般情况下，整个腰部的支持是在肩胛骨和骨盆之间，动态的坐姿，依靠持久的与靠背接触。

　　人体在采取坐位时，躯干直立肌和腹部直立肌的作用最为显著，据肌电图测定凳高 100～200mm 时，此两种肌肉活动最弱，因此除体压分布因素外，依此观点，作为休息椅的沙发、躺椅的椅面高度应偏低，一般沙发高度以 350mm 为宜。其相应的靠背角度为 100°，躺椅的椅面高度实际为 200mm，其相应的靠背角度为 110°。

　　椅面，常有平直硬椅面和曲线硬椅面，前者体压集中于坐骨骨节部位，而后者可稍分散于整个臀部。

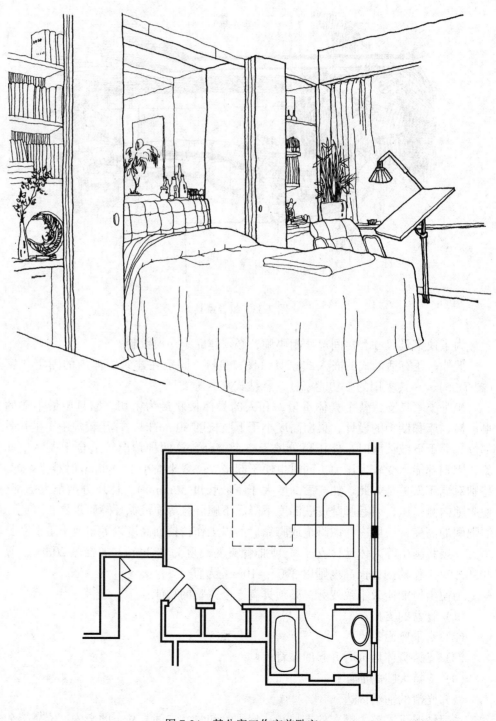

图 7-34　某公寓工作室兼卧室

图 7-35 固定式家具

　　座面深度小于 33cm 时，无法使大腿充分均匀地分担身体的重量，当座面深度大于 41cm 时，致使前沿碰到小腿时，会迫使坐者往前而脱离靠背，其身体由靠背往前滑动，均可造成不适或不良坐姿。

　　座面宽小于 41cm 至无法容纳整个臀部时，常因肌肉接触到座面边沿而受到压迫，并使接触部位所承受的单位压力增大而导致不适。休息椅座面，以坐位基准点为水平线时，座面的向上倾角，一般工作椅上倾为 3°～5°，沙发 6°～13°，躺椅 14°～23°。

　　座面前缘应有 2.5～5cm 的圆倒角，才能不使大腿肌肉受到压迫。在取坐位时，成人腰部曲线中心约在座面上方 23～25cm 处，大约和脊柱腰曲部位最突出的第三腰椎的高度一致。一般腰靠应略高于此，常取 36.5～50.0cm（背长），以支持背部重量，腰靠本身的高度一般在 15～23cm，宽度为 33cm，过宽会防碍手臂动作，腰靠一般为曲面形（半径约 31～46cm 的弧度），这样可与人的腰背部圆弧吻合。休息椅整个靠背高度比座部高出 53～71cm，高度在 33cm 以内的靠背，可让肩部自由活动。

　　当靠背角度从垂直线算起，超过 30°时的坐椅应设头靠，头靠可以单独设置，或和靠背连成一体，头靠座度最小为 25cm，头靠本身高度一般为 13～15cm，并应由靠背面前倾 5°～10°，以减轻颈部肌肉的紧张。

　　座面与靠背角度应适当，不能使臀部角度小于 90°，而使骨盘内倾将腰部拉直而造成肌肉紧张。靠背与座部一般在 90°～100°之间，休息椅一般在 100°～110°之间。椅背的支持点高度及角度的关系见表 7-1。

椅背支持点高度的关系　　　　　　　　　　　　　　　　表 7-1

椅背支持点数	上体角度（°）	上　部		下　部	
		支持点高度（cm）	支持面角度（°）	支持点高度（cm）	支持面角度（°）
一个支持点	90	25	90		
	100	31	98		
	105	31	104		
	110	31	105		

续表

椅背支持点数	上体角度 (°)	上　部		下　部	
		支持点高度 (cm)	支持面角度 (°)	支持点高度 (cm)	支持面角度 (°)
二个支持点	100	40	95	19	100
	100	40	98	25	94
	100	31	105	19	94
	110	40	110	25	104
	110	40	104	19	105
	120	50	94	25	129

注：支持面角度——支持点处椅背表面与椅座平面的夹角；
　　支持点高度——距座面高度。

扶手的作用是支持手臂的重量，同时也可以作为起坐的支撑点，最舒适的休息椅的扶手长度可与座部相同，甚至略长一点。扶手最小长度应为 30cm。21cm 的短扶手可使椅子贴近桌子，方便前臂在桌子上有更多的活动范围，但最短应不小于 15cm，以便支手肘。

扶手宽度一般在 6.5~9.0cm，扶手之间宽度为 52~56cm。

扶手高约在 18~25cm 左右。扶手边缘应光滑，有良好的触感。

桌面高度的基准点，如前所述也应以坐位基准点为标准进行计算。

作为工作用椅，桌面高差应为 250~300mm。作为休息之用时，其高差应为 100~250mm。

根据工作时的坐位基准点为 390~410mm，因此工作桌面高度应为 390~410mm 加 250~300mm，即 640~710mm。

不同工作的标准尺寸如下：

桌下腿部净空应为 60cm 为宜。

卧具的床面质量对人体脊柱线有不同的影响，以仰卧为例，硬床面，卧姿平直，接近于直立时的自然姿势，但脊柱线相当弯曲，腰椎突向上方。而弹性面，仰卧卧姿近乎 V 形，同人体直立时姿势相差较大，其脊柱线略向下移，但腰脊骨节的软骨部分向上张开。若取侧卧，又使人体形成 V 形的侧弯姿势而感到不适。因此，床的过硬过软均不合适，这就要求设计弹性床时对各部位弹力作不同的调整，或将弹力相同的床做成曲面形。

橱柜是用作储藏、陈设的主要家具，常见的有衣橱、书橱、文件柜、食品杂物等专用橱柜。现代的组合、装饰柜，常作为日常用品的储藏和展示，综合使用。橱柜有高低之分，或高低相结合，有平直式，也有台座式。高橱柜的高度一般在 1.8~2.2m 左右，宽度一般在 40~60cm 左右。也有将橱柜设计成与顶棚高度一致，使室内空间更为整齐、清爽，高度可达 2.5m 左右，留出 10cm 左右作封板，顶至顶棚。常利用橱门翻板作为临时用桌，或利用柜子下部空间作为翻折床用。

橱柜款式丰富，造型多样，应在符合使用要求的基础上，着力于立面上水平、垂直方向的划分、虚实处理和材质、色彩的表现，使之具有良好的比例，并符合一定的模数。

第三节　家具在室内环境中的作用

一、明确使用功能、识别空间性质

　除了作为交通性的通道等空间外，绝大部分的室内空间（厅、室）在家具未布置前是难于付之使用和难于识别其功能性质的，更谈不上其功能的实际效率，因此，可以这样说，家具是空间实用性质的直接表达者，家具的组织和布置也是空间组织使用的直接体现，是对室内空间组织、使用的再创造。良好的家具设计和布置形式，能充分反映使用的目的、规格、等级、地位以及个人特性等，从而使空间赋予一定的环境品格。应该从这个高度来认识家具对组织空间的作用。

二、利用空间、组织空间

利用家具来分隔空间是室内设计中的一个主要内容，在许多设计中得到了广泛的利用，如在景观办公室中利用家具单元沙发等进行分隔和布置空间；在住户设计中，利用壁柜来分隔房间；在餐厅中利用桌椅来分隔用餐区和通道；在商场、营业厅利用货柜、货架、陈列柜来分划不同性质的营业区域等，因此，应该把室内空间分隔和家具结合起来考虑，在可能的条件下，通过家具分隔既可减少墙体的面积，减轻自重，提高空间使用率，并在一定的条件下，还可以通过家具布置的灵活变化达到适应不同的功能要求的目的。此外，某些吊柜的设置具有分隔空间的因素，并对空间作了充分的利用，如开放式厨房，常利用餐桌及其上部的吊柜来分隔空间。室内交通组织的优劣，全赖于家具布置的得失，布置家具圈内的工作区，或休息谈话区，不宜有交通穿越，因此，家具布置应处理好与出入口的关系，图7-36为利用家具组织分隔空间。

三、建立情调、创造氛围

由于家具在室内空间所占的比重较大，体量十分突出，因此家具就成为室内空间表现的重要角色。历来人们对家具除了注意其使用功能外，还利用各种艺术手段，通过家具的形象来表达某种思想和涵义。这在古代宫廷家具设计中可见一斑，那些家具已成为封建帝王权力的象征。

家具和建筑一样受到各种文艺思潮和流派的影响，自古至今，千姿百态，无其不有，家具既是实用品，也是一种工艺美术品，这已为大家所共识。家具作为一门美学和家具艺术在我国目前还刚起步，还有待进一步发展和提高。家具应该是实用与艺术的结晶，那种不惜牺牲其使用功能，哗众取宠是不足取的。

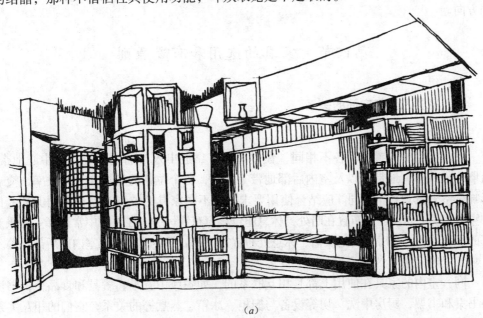

（a）

图 7-36 利用家具组织分隔空间（一）

177

(b)

图 7-36　利用家具组织分隔空间（二）

从历史上看，对家具纹样的选择、构件的曲直变化、线条的刚柔运用、尺度大小的改变、造型的壮实或柔细、装饰的繁复或简练，除了其他因素外，主要是利用家具的语言，表达一种思想、一种风格、一种情调，造成一种氛围，以适应某种要求和目的，而现代社会流行的怀旧情调的仿古家具、回归自然的乡土家具、崇尚技术形式的抽象家具等，也反映了各种不同思想情绪和某种审美要求。

现代家具应在应用人体工程学的基础上，作到结构合理、构造简洁，充分利用和发挥材料本身性能和特色。根据不同场合、不同用途、不同性质的使用要求和建筑有机结合。发扬我国传统家具特色，创造具有时代感、民族感的现代家具，是我们努力的方向。

第四节　家具的选用和布置原则

一、家具布置与空间的关系

1. 合理的位置

室内空间的位置环境各不相同，在位置上有靠近出入口的地带、室内中心地带、沿墙地带或靠窗地带，以及室内后部地带等区别，各个位置的环境如采光效率、交通影响、室外景观各不相同。应结合使用要求，使不同家具的位置在室内各得其所，例如宾馆客房，床位一般布置在暗处，休息座位靠窗布置……，在餐厅中常选择室外景观好的靠窗位置，客房套间把谈话、休息处布置在入口的部位，卧室在室内的后部等等。

2. 方便使用、节约劳动

同一室内的家具在使用上都是相互联系的，如餐厅中餐桌、餐具和食品柜，书房中书桌和书架，厨房中洗、切等设备与橱柜、冰箱、蒸煮等的关系，它们的相互关系是根据人在使用过程中达到方便、舒适、省时、省力……的活动规律来确定。

3. 丰富空间、改善空间

空间是否完善，只有当家具布置以后才能真实地体现出来，如果在未布置家具前，原来的空间有过大、过小、过长、过狭等都可能成为某种缺陷的感觉。但经过家具布置后，可能会改变原来的面貌而恰到好处。因此，家具不但丰富了空间内涵，而且常是藉以改善空间、弥补空间不足的一个重要因素，应根据家具的不同体量大小、高低，结合空间给予合理的、相适应的位置，对空间进行再创造，使空间在视觉上达到良好的效果。

4. 充分利用空间、重视经济效益

建筑设计中的一个重要的问题就是经济问题，这在市场经济中更显得重要，因为地价、建筑造价是持续上升的，投资是巨大的，作为商品建筑，就要重视它的使用价值。一个电影院能容纳多少观众，一个餐厅能安排多少餐桌，一个商店能布置多少营业柜台，这对经营者来说不是一个小问题。合理压缩非生产性面积，充分利用使用面积，减少或消灭不必要的浪费面积，对家具布置提出了相当严峻甚至苛刻的要求，应该把它看作是杜绝浪费、提倡节约的一件好事。当然也不能走向极端，成为唯经济论的错误方向。在重视社会效益、环境效益的基础上，精打细算，充分发挥单位面积的使用价值，无疑是十分重要的。特别对大量性建筑来说，如居住建筑，充分利用空间应该作为评判设计质量优劣的一个重要指标。

二、家具形式与数量的确定

现代家具的比例尺度应和室内净高、门窗、窗台线、墙裙取得密切配合，使家具和室内装修形成统一的有机整体。

家具的形式往往涉及到室内风格的表现，而室内风格的表现，除界面装饰装修外，家具起着重要作用。室内的风格往往取决于室内功能需要和个人的爱好和情趣。历史上比较成熟有名的家具，往往代表着那一时代的一种风格而流传至今。同时由于旅游业的发展，各国交往频繁，为满足不同需要，反映各国乃至各民族的特点，以表现不同民族和地方的特色，而采取相应的风格表现。因此，除现代风格以外，常采用各国各民族的传统风格和不同历史时期的古典或古代风格。

家具的数量决定于不同性质的空间的使用要求和空间的面积大小。除了影剧院、体育馆等群众集合场所家具相对密集外，一般家具面积不宜占室内总面积过大，要考虑容纳人数和活动要求以及舒适的空间感，特别是活动量大的房间，如客厅、起居室、餐厅等，更宜留出较多的空间。小面积的空间，应满足最基本的使用要求，或采取多功能家具、悬挂式家具以留出足够的活动空间。

三、家具布置的基本方法

应结合空间的性质和特点，确立合理的家具类型和数量，根据家具的单一性或多样性，明确家具布置范围，达到功能分区合理。组织好空间活动和交通路线，使动、静分区分明，分清主体家具和从属家具，使相互配合，主次分明。安排组织好空间的形式、形状和家具的组、团、排的方式，达到整体和谐的效果，在此基础上进一步，应该从布置格局、风格等方面考虑。从空间形象和空间景观出发，使家具布置具有规律性、秩序性、韵律性和表现性，获得良好的视觉效果和心理效应。因为一旦家具设计好和布置好后，人们就要去适应这个现实存在。

不论在家庭或公共场所，除了个人独处的情况外，大部分家具使用都处于人际交往和人际关系的活动之中，如家庭会客、办公交往、宴会欢聚、会议讨论、车船等候、逛商场或公共休息场所等。家具设计和布置，如座位布置的方位、间隔、距离、环境、光照，实际上往往是在规范着人与人之间各式各样的相互关系、等次关系、亲疏关系（如面对面、背靠背、面对背、面对侧），影响到安全感、私密感、领域感。形式问题影响心理问题，每个人既是观者又是被观者，人们都处于通常说的"人看人"的局面之中。

因此，当人们选择位置时必然对自己所处的地位位置作出考虑和选择，英国阿普勒登的"了望——庇护"理论认为，自古以来，人在自然中总是以猎人——猎物的双重身分出现，他（她）们既要寻找捕捉的猎物，又要防范别人的袭击。人类发展到现在，虽然不再是原始的猎人猎物了，但是，保持安全的自我防范本能、警惕性还是延续下来，在不安全的社会中更是如此，即使到了十分理想的文明社会，安全有了保障时，还有保护个人的私密性意识存在。因此，我们在设计布置家具的时候，特别在公共场所，应适合不同人们的心理需要，充分认识不同的家具设计和布置形式代表了不同的含义，比如，一般有对向式、背向式、离散式、内聚式、主从式等等布置，它们所产生的心理作用是各不相同的。

从家具在空间中的位置可分为：

（1）周边式。家具沿四周墙布置，留出中间空间位置，空间相对集中，易于组织交通，为举行其他活动提供较大的面积，便于布置中心陈设（图7-37）。

图7-37　周边式布置

（2）岛式。将家具布置在室内中心部位，留出周边空间，强调家具的中心地位，显示其重要性和独立性，周边的交通活动，保证了中心区不受干扰和影响（图7-38）。

（3）单边式。将家具集中在一侧，留出另一侧空间（常成为走道）。工作区和交通区截然分开，功能分区明确，干扰小，交通成为线形，当交通线布置在房间的短边时，交通面积最为节约（图7-39）。

（4）走道式。将家具布置在室内两侧，中间留出走道。节约交通面积，交通对两边都有干扰，一般客房活动人数少，都这样布置（图7-40）。

从家具布置与墙面的关系可分为：

（1）靠墙布置。充分利用墙面，使室内留出更多的空间。

（2）垂直于墙面布置。考虑采光方向与工作面的关系，起到分隔空间的作用。

（3）临空布置。用于较大的空间，形成空间中的空间。

从家具布置格局可分为：

图 7-38　岛式布置

图 7-39　单边式布置

图 7-40　走道式布置

（1）对称式。显得庄重、严肃、稳定而静穆（图7-41），适合于隆重、正规的场合。

（2）非对称式。显得活泼、自由、流动而活跃（图7-42）。适合于轻松、非正规的场合。

（3）集中式。常适合于功能比较单一、家具品类不多、房间面积较小的场合，组成单一的家具组。

图7-41 对称式布置

图7-42 非对称式布置

（4）分散式。常适合于功能多样、家具品类较多、房间面积较大的场合，组成若干家具组、团。

不论采取何种形式，均应有主有次，层次分明，聚散相宜。

第五节 室内陈设的意义、作用和分类

室内陈设或称摆设，是继家具之后的又一室内重要内容，陈设品的范围非常广泛，内容极其丰富，形式也多种多样，随着时代的发展而不断变化，但是作为陈设的

基本目的和深刻意义，始终是以其表达一定的思想内涵和精神文化方面为着眼点，并起着其他物质功能所无法代替的作用，它对室内空间形象的塑造、气氛的表达、环境的渲染起着锦上添花、画龙点睛的作用，也是具有完整的室内空间所必不可少的内容。同时也应指出，陈设品的展示也不是孤立的，必须和室内其他物件相互协调和配合，亲如一家。此外，陈设品在室内的比例毕竟是不大的，因此为了发挥陈设品所应有的作用，陈设品必须具有视觉上的吸引力和心理上的感染力，也就是说，陈设品应该是一种既有观赏价值又能品味的艺术品。我国传统楹联是室内陈设品的典型的杰出代表。

我国历来十分重视室内空间所表现的精神力量，如宫殿的威严、寺庙的肃穆、居室的温馨、画堂庭榭的洒丽等。究其源，无不和室内陈设有关。至于节日庆典的张灯结彩，婚丧仪式的截然不同布置，更是源远流长，家喻户晓，世代相传，深入人心。

室内陈设浸透着社会文化、地方特色、民族气质、个人素养的精神内涵，都会在日常生活中表现出来。

现代文化渗透在生活中的每一角落，现代商品无不重视其外部包装，以促其销。商品竞争规律也充分表现在各艺术领域，从而使艺术表现形式日新月异，流派纷呈，但其中难免良莠不齐，雅俗共生。在掀起"包装"潮流的时代，室内设计师有诱导社会潮流之职责，鉴别真伪之能力，在工作中不可不慎。

室内陈设一般分为纯艺术品和实用艺术品。纯艺术品只有观赏品味价值而无实用价值（这里所指的实用价值是指物质性的），而实用工艺品，则既有实用价值又有观赏价值。两者各有所长，各有特点，不能代替，不宜类比。要将日用品转化成具有观赏价值的艺术品，当然必须进行艺术加工和处理，此非易事，因为不是任何一件日用品都可列入艺术品；而作为纯艺术品的创作也不简单，因为不是每幅画、每件雕塑都可获得成功的。

常用的室内陈设：

1. 字画

我国传统的字画陈设表现形式，有楹联、条幅、中堂、扁额以及具有分隔作用的屏风、纳凉用的扇面、祭祀用的祖宗画像等（可代替祠堂中的牌位）。所用的材料也丰富多彩，有纸、锦帛、木刻、竹刻、石刻、贝雕、刺绣等。字画篆刻还有阴阳之分、漆色之别，十分讲究。书法中又有篆隶正草之别。画有泼墨工笔、黑白丹青之分，以及不同流派风格，可谓应有尽有。图1-7为武侯祠过厅楹联景观。我国传统字画至今在各类厅堂、居室中广泛应用，并作为表达民族形式的重要手段。西洋画的传入以及其他绘画形式，丰富了给画的品类和室内风格的表现。字画是一种高雅艺术，也是广为普及和为群众喜爱的陈设品，可谓装饰墙面的最佳选择。

字画的选择全在内容、品类、风格以及幅画大小等因素，例如现代派的抽象画和室内装饰的抽象风格十分协调。

2. 摄影作品

摄影作品是一种纯艺术品。摄影和绘画不同之处在于摄影只能是写实的和逼真的。少数摄影作品经过特技拍摄和艺术加工，也有绘画效果，因此摄影作品的一般陈设和绘画基本相同，而巨幅摄影作品常作为室内扩大空间感的界面装饰，意义已有不同。摄影作品制成灯箱广告，这是不同于其他绘画的特点。

由于摄影能真实地反映当地当时所发生的情景，因此某些重要的历史性事件和人物写照，常成值得纪念的珍贵文物，因此，它既是摄影艺术品又是纪念品。

3. 雕塑

瓷塑、铜塑、泥塑、竹雕、石雕、晶雕、木雕、玉雕、根雕等是我国传统工艺品之一，题材广泛，内容丰富，巨细不等，流传于民间和宫廷，是常见的室内摆设。有些已是历史珍品，现代雕塑的形式更多，有石膏、合金等（图7-43）。

图 7-43　广州白天鹅宾馆休息厅雕塑景观

雕塑有玩赏性和偶像性（如人、神塑像）之分，它反映了个人情趣、爱好、审美观念、宗教意识和崇拜偶像等，它属三度空间，栩栩如生，其感染力常胜于绘画的力量。雕塑的表现还取决于光照、背景的衬托以及视觉方向。

4. 盆景

盆景在我国有着悠久的历史，是植物观赏的集中代表，被称为有生命的绿色雕塑。盆景的种类和题材十分广阔，它像电影一样，既可表现特写镜头，如一棵树桩盆景，老根新芽，充分表现植物的刚健有力，苍老古朴，充满生机；又可表现壮阔的自然山河，如一盆浓缩的山水盆景，可表现崇山峻岭、湖光山色、亭台楼阁、小桥流水、千里江山，尽收眼底，可以得到神思卧游之乐（图7-44）。

(a)　　　　　　　　　　　　　(b)

图 7-44　山水、花卉盆景
(a) 山水盆景；(b) 花卉盆景

5. 工艺美术品、玩具

工艺美术品的种类和用材更为广泛，有竹、木、草、藤、石、泥、玻璃、塑料、陶瓷、金属、织物等。有些本来就是属于纯装饰性的物品，如挂毯之类。有些是将一般日用品进行艺术加工或变形而成，旨在发挥其装饰作用和提高欣赏价值，而不在实用。这类物品常有地方特色以及传统手艺，如不能用以买菜的小篮，不能坐的飞机，常称为玩具。图 7-45 为不同形状、大小、色彩的靠垫及悬挂工艺品。

图 7-45　靠垫及悬挂工艺品

6. 个人收藏品和纪念品

个人的爱好既有共性，也有特殊性，家庭陈设的选择，往往以个人的爱好为转移，不少人有收藏各种物品的癖好，如邮票、钱币、字画、金石、钟表、古玩、书籍、乐器、兵器以及各式各样的纪念品，传世之宝，这里既有艺术品也有实用品。其收集领域之广阔，几乎无法予以规范。但正是这些反映不同爱好和个性的陈设，使不同家庭各具特色，极大地丰富了社会交往内容和生活情趣。

此外，不同民族、国家、地区之间，在文化经济等方面反差是很大的，彼此都以奇异的眼光对待异国他乡的物品。我们常可以看到，西方现代厅室中，挂有东方的画帧、古装，甚至蓑衣、草鞋、草帽等也登上大雅之堂。这些异常的陈设和室内其他物件的风格等没有什么联系，可称为猎奇陈设。

7. 日用装饰品

日用装饰品是指日常用品中，具有一定观赏价值的物品，它和工艺品的区别是，日用装饰品，主要还是在于其可用性。这些日用品的共同特点是造型美观、做工精细、品位高雅，在一定程度上，具有独立欣赏的价值。因此，不但不必收藏起来，而且还要放在醒目的地方去展示它们，如餐具、烟酒茶用具、植物容器、电视音响设备、日用化妆品、古代兵器、灯具等。

8. 织物陈设

织物陈设，除少数作为纯艺术品外，如壁挂、挂毯等，大量作为日用品装饰，如窗帘、台布、桌布、床罩、靠垫、家具等蒙面材料。它的材质形色多样，具有吸声效果，使用灵活，便于更换，使用极为普遍。由于它在室内所占的面积比例很大，对室内效果影响极大，因此是一个不可忽视的重要陈设（图7-46）。

图7-46　泰国 NASA VEGAS 旅馆客厅帷幔

纺织品应根据三个方面来选择：

（1）纤维性质。如自然的棉、麻、羊毛、丝。丝是所有自然织物中最雅致的，但经受不住直射阳光，价格也贵；羊毛织品特别适合于作家具的蒙面材料，并可编织成粗面或光面。丝和羊毛均有良好的触感，棉麻制品耐用而柔顺，常用作窗帘材料。

人造织物有尼龙、涤纶、人造丝等品种，一般说来比较耐用，也常用作窗帘和床罩，但手感一般不很舒适。

（2）编织方式。有不同的结构组织，表现出不同的粗、细、厚、薄和纹理，对视觉效果和质感起到重要作用。

（3）图案形式。主要包括花纹样式和色彩（如具象和抽象）及其比例尺度、冷暖色彩效果等，它和室内空间形式和尺度有着密切的联系（图7-47）。

图7-47　图案形式与室内空间的形式、尺度关系

第六节　室内陈设的选择和布置原则

作为艺术欣赏对象的陈设品，随着社会文化水平的日益提高，它在室内所占的比重将逐渐扩大，它在室内所拥有的地位也将愈来愈显得重要，并最终成为现代社会精神文明的重要标志之一。

现代技术的发展和人们审美水平的提高，为室内陈设创造了十分有利的条件。如果说，室内必不可少的物件为家具、日用品、绿化和其他陈设品等，那么其中灯具和绿化已被列为陈设范围，留下的只有日用品了，它所包括的内容最为庞杂，并根据不同房间使用性质而异，如书房中的书籍，客厅中的电视音响设备，餐厅中的餐饮具等等。但实际上现代家具已承担了收纳各类杂物的作用，而且现代家具本身已经历千百年的锤炼，其艺术水平和装饰作用已远远超过一般日用品，因此，只要对室内日用品进行严格管理，遵循俗则藏之，美则露之的原则，则不难看出现代室内已是艺术的殿堂，陈设之天地了。实际经验也告诉我们，只有摒弃一切非观赏性物件，室内陈设品才能引人注目。只有在简捷明净的室内空间环境中，陈设品的魅力才能充分地展示出来。

由此可见，按照上述原则，室内陈设品的选择和布置，主要是处理好陈设和家具之间的关系，陈设和陈设之间的关系，以及家具、陈设和空间界面之间的关系。由于家具在室内常占有重要位置和相当大的体量，因此，一般说来，陈设围绕家具布置已成为一条普遍规律。

室内陈设的选择和布置应考虑以下几点：

1. 室内的陈设应与室内使用功能相一致

一幅画、一件雕塑、一幅对联，它们的线条、色彩，不仅为了表现本身的题材，也应和空间场所相协调。只有这样才能反映不同的空间特色，形成独特的环境气氛，赋予深刻的文化内涵，而不流于华而不实、千篇一律的境地。如清华大学图书馆运用与建筑外形相同的手法处理的名人格言墙面装饰，增强了图书阅览空间的文化学术氛围，并显示了室内外的统一。重庆某学校教学楼门厅的木刻壁画——青春的旋律，反映了青年奋发向上朝气蓬勃的精神面貌。

2. 室内陈设品的大小、形式应与室内空间家具尺度取得良好的比例关系

室内陈设品过大，常使空间显得小而拥挤，过小又可能产生室内空间过于空旷，局部的陈设也是如此，例如沙发上的靠垫做得过大，使沙发显得很小，而过小则又如玩具一样很不相称。陈设品的形状、形式、线条更应与家具和室内装修取得密切的配合，运用多样统一的美学原则达到和谐的效果。

3. 陈设品的色彩、材质也应与家具、装修统一考虑，形成一个协调的整体

在色彩上可以采取对比的方式以突出重点，或采取调和的方式，使家具和陈设之间、陈设和陈设之间，取得相互呼应、彼此联系的协调效果。

色彩又能起到改变室内气氛、情调的作用，例如，以无彩系处理的室内色调，偏于冷淡，常利用一簇鲜艳的花卉，或一对暖色的灯具，使整个室内气氛活跃起来。

4. 陈设品的布置应与家具布置方式紧密配合，形成统一的风格

良好的视觉效果，稳定的平衡关系，空间的对称或非对称，静态或动态，对称平衡或不对称平衡，风格和气氛的严肃、活泼、活跃、雅静等，除了其他因素外，布置方式起到关键性的作用。

5. 室内陈设的布置部位

(1) 墙面陈设。墙面陈设一般以平面艺术为主，如书、画、摄影、浅浮雕等，或

小型的立体饰物，如壁灯、弓、剑等，也常见将立体陈设品放在壁龛中，如花卉、雕塑等，并配以灯光照明，也可在墙面设置悬挑轻型搁架以存放陈设品。墙面上布置的陈设常和家具发生上下对应关系，可以是正规的，也可以是较为自由活泼的形式，可采取垂直或水平伸展的构图，组成完整的视觉效果。墙面和陈设品之间的大小和比例关系是十分重要的，留出相当的空白墙面，使视觉获得休息的机会。如果是占有整个墙面的壁画，则可视为起到背景装修艺术的作用了。

此外，某些特殊的陈设品，可利用玻璃窗面进行布置，如剪纸窗花以及小型绿化，以使植物能争取自然阳光的照射，也别具一格，图 7-48（a）为窗口布置绿色植物，叶子透过阳光，产生半透明的黄绿色及不同深浅的效果。图 7-48（b）为布置在窗口的一丛白色樱草花及一对木雕鸟，半透明的发亮的花和鸟的剪影形成对比。

（a）　　　　　　　　　　　（b）

图 7-48　窗前陈设品的布置

（2）桌面摆设。桌面摆设包括有不同类型和情况，如办公桌、餐桌、茶几、会议桌以及略低于桌高的靠墙或沿窗布置的储藏柜和组合柜等。桌面摆设一般均选择小巧精致、宜于微观欣赏的材质制品，并可按时即兴灵活更换。桌面上的日用品常与家具配套购置，选用和桌面协调的形状、色彩和质地，常起到画龙点睛的作用，如会议室中的沙发、茶几、茶具、花盆等，须统一选购。

（3）落地陈设。大型的装饰品，如雕塑、瓷瓶、绿化等，常落地布置，布置在大厅中央的常成为视觉的中心，最为引人注目，也可放置在厅室的角隅、墙边或出入口旁、走道尽端等位置，作为重点装饰，或起到视觉上的引导作用和对景作用。

大型落地陈设不应妨碍工作和交通流线的通畅（图 7-49）。

图 7-49　温州湖滨饭店中庭的花瓶与雕塑布置

　　（4）陈设橱柜。数量大、品种多、形色多样的小陈设品，最宜采用分格分层的搁板、博古架，或特制的装饰柜架陈列展示，这样可以达到多而不繁、杂而不乱的效果（图 7-50）。布置整齐的书橱书架，可以组成色彩丰富的抽象图案效果，起到很好的装饰作用。壁式博古架，应根据展品的特点，在色彩、质地上起到良好的衬托作用。

　　（5）悬挂陈设。空间高大的厅室，常采用悬挂各种装饰品，如织物、绿化、抽象金属雕塑、吊灯等，弥补空间空旷的不足，并有一定的吸声或扩散的效果，居室也常利用角隅悬挂灯具、绿化或其他装饰品，既不占面积又装饰了枯燥的墙边角隅（图 7-51）。

图 7-50　某室内陈设橱柜

图 7-51　某餐厅悬挂绿色植物的效果

第八章　室内绿化与庭园

根据维持自然生态环境的要求和专家测算，城市居民每人至少应有 $10m^2$ 的森林或 $30\sim50m^2$ 的绿地才能使城市达到二氧化碳和氧气的平衡，才有益于人类生存。我国《城市园林绿化管理暂行条例》也规定：城市绿化覆盖率为 30%，公共绿地到 20 世纪末达到每人 $7\sim11m^2$ 等。而大力推广阳台、屋顶、外墙面垂直绿化及室内绿化，对提高城市绿化率，改善自然生态环境，无疑将起着十分重要的补充和促进作用。

我国人民十分崇尚自然，热爱自然，喜欢接近自然，欣赏自然风光，和大自然共呼吸，这是生活中不可缺少的重要组成部分。对植物、花卉的热爱，也常洋溢于诗画之中。自古以来就有踏青、修禊、登高、春游、野营、赏花等习俗，并一直延续至今。苏东坡曾云："宁可食无肉，不可居无竹。"杜甫诗云："卜居必林泉，结庐锦水边"，并常以花木寄托思乡之情。宋洪迈《问故居》云："古今诗人，怀想故居，形之篇咏必以松竹梅菊为比、兴。"王摩诘诗曰："君自故乡来，应知故乡事，来日绮窗前，寒梅着花未？"杜公《寄题草堂》云："四松初移时，大抵三尺强。别来忽三载，离立如人长"等。旧时把农历 2 月 15 日定为百花生日，或称"花朝节"。古蜀把每年的农历 6 月 24 日定为莲花生日，名"观荷节"。据传公元 6 世纪唐代武则天时，宫廷已能用地窖熏烘法使盆栽百花在春节齐开一堂。宫廷排宴赏花自唐代始盛，相传武则天下诏催花，唐玄宗曾击鼓催花，到孟蜀时也多次设宴召集百官赏花，故有"殿前排宴赏花开"之句。北京崇文门外的"花市大街"，就是在 20 世纪初，因集中经营花业而得名。

室内绿化在我国的发展历史悠远，最早可追溯到新石器时代，从浙江余姚河姆渡新石器文化遗址的发掘中，获得一块刻有盆栽植物花纹的陶块（注：引自河姆渡遗址考古队著《浙江河姆渡遗址第一期发掘的主要收获》，见《文物》1980 年第 5 期 1~15 页）。河北望都一号东汉墓的墓室内有盆栽的壁画，绘有内栽红花绿叶的卷沿圆盆，置于方形几上，盆长椭圆形，内有假山几座，长有花草。另一幅也画着高髻侍女，手托莲瓣形盘，盘中有盆景，长有植物一棵，植株上有绿叶红果。唐章怀太子李贤墓，甬道壁画中，画有仕女手托盆景之像。可见当时已有山水盆景和植物盆景。东晋王羲之《柬书堂贴》提到莲的栽培，"今岁植得千叶者数盆，亦便发花相继不绝"，这是有关盆栽花卉的最早文字记载。

在西方，古埃及画中就有列队手擎种在罐里的进口稀有植物，据古希腊植物学志记载有 500 种以上的植物，并在当时能制造精美的植物容器，在古罗马宫廷中，已有种在容器中的进口植物，并在云母片作屋顶的暖房中培育玫瑰花和百合花。至意大利文艺复兴时期，花园已很普遍，英、法在 17~19 世纪已在暖房中培育柑橘。

许多室内培育植物的知识是在市场销售运输过程中获得的，要比书本知识为早。欧洲 19 世纪的"冬季庭园"（玻璃房）已很普遍。20 世纪六七十年代，室内绿化已为各国人民所重视，引进千家万户。植物是大自然生态环境的主体，接近自然，接触自然，使人们经常生活在自然中。改善城市生态环境，崇尚自然、返璞归真的愿望和需要，在当代城市环境污染日益恶化的情况下显得更为迫切。因此，通过绿化室内把生活、学习、工作、休息的空间变成"绿色的空间"，是环境改善最有效的手段之一，它不但对社会环境的美化和生态平衡有益，而且对工作、生产也会有很大的促进。人类学家哈·爱德华强调人的空间体验不仅是视觉而是多种感觉，并和行为有关，人和空间是相互作用的，当人们踏进室内，看到浓浓的绿意和鲜艳的花朵，听到卵石上的流水声，闻到阵阵的花香，在良好环境知觉刺激面前，不但会感到社会的关心，还能使精力更为充沛，思路更为敏捷，使人的聪明才智更好地发挥出来，从而提高工作效率。这种看不见的环境效益，实际上和看得见的超额完成生产指标是一样重要的。

第一节　室内绿化的作用

一、净化空气、调节气候

植物经过光合作用可以吸收二氧化碳，释放氧气，而人在呼吸过程中，吸入氧气，呼出二氧化碳，从而使大气中氧和二氧化碳达到平衡，同时通过植物的叶子吸热和水分蒸发可降低气温，在冬夏季可以相对调节温度，在夏季可以起到遮阳隔热作用，在冬季，据实验证明，有种植阳台的毗连温室比无种植的温室不仅可造成富氧空间，便于人与植物的氧与二氧化碳的良性循环，而且其温室效应更好（注：引自《建筑学报》1995 年第 6 期，夏云、夏葵著"生态建筑与建筑的持续发展"一文）。

此外，某些植物，如夹竹桃、梧桐、棕榈、大叶黄杨等可吸收有害气体，有些植物的分泌物，如松、柏、樟桉、臭椿、悬铃木等具有杀灭细菌作用，从而能净化空气，减少空气中的含菌量，同时植物又能吸附大气中的尘埃，从而使环境得以净化。

二、组织空间、引导空间

利用绿化组织室内空间、强化空间，表现在许多方面：

1. 分隔空间的作用

以绿化分隔空间的范围是十分广泛的，如在两厅室之间、厅室与走道之间以及在某些大的厅室内需要分隔成小空间的，如办公室、餐厅、旅店大堂、展厅，此外在某些空间或场地的交界线，如室内外之间、室内地坪高差交界处等，都可用绿化进行分隔。某些有空间分隔作用的围栏，如柱廊之间的围栏、临水建筑的防护栏、多层围廊的围栏等，也均可以结合绿化加以分隔，如广州花园酒店快餐室，就是用绿化分隔空间的一例（图8-1）。

图 8-1　广州花园酒店快餐室

　　对于重要的部位，如正对出入口，起到屏风作用的绿化，还须作重点处理，分隔的方式大都采用地面分隔方式，如有条件，也可采用悬垂植物由上而下进行空间分隔。

　　2. 联系引导空间的作用

　　联系室内外的方法是很多的，如通过铺地由室外延伸到室内，或利用墙面、顶棚或踏步的延伸，也都可以起到联系的作用。但是相比之下，都没有利用绿化更鲜明、更亲切、更自然、更惹人注目和喜爱。

　　许多宾馆常利用绿化的延伸联系室内外空间，起到过渡和渗透作用，通过连续的绿化布置，强化室内外空间的联系和统一。图 8-2 为珠海石景山庄入口，把室外草坪延伸至室内，再用二盆栽连续布置引向大门进口。因此，大凡在架空的底层，入口门廊开敞形的大门入口，常常可以看到绿化从室外一直延伸进来，它们不但加强了入口效果，而且这些被称为模糊空间或灰空间的地方最能吸引人们在此观赏、逗留或休息。

图 8-2　珠海石景山庄入口

图 8-3　广州白天鹅宾馆

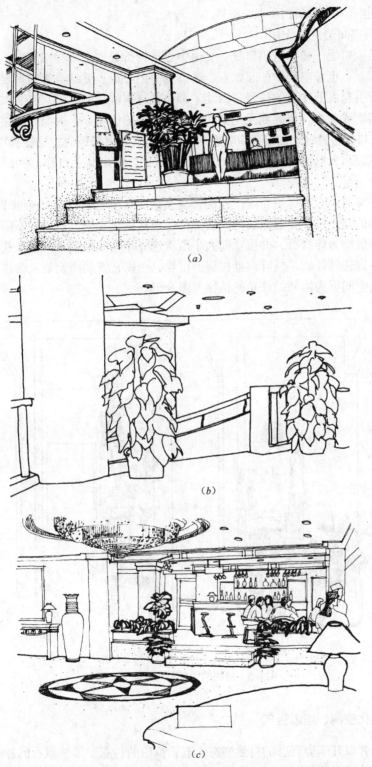

图 8-4 室内绿化对空间的重点强调作用
(a) 上海绿苑宾馆总台入口；(b) 北京新大都饭店二层楼梯口；(c) 温州湖滨饭店大堂酒吧

　　绿化在室内的连续布置，从一个空间延伸到另一个空间，特别在空间的转折、过渡、改变方向之处，更能发挥空间的整体效果。绿化布置的连续和延伸，如果有意识地强化其突出、醒目的效果，那么，通过视线的吸引，就起到了暗示和引导作用。方法一致，作用各异，在设计时应予以细心区别，如广州白天鹅宾馆在空间转折处布置绿化，起到空间引导的作用（图8-3）。

3. 突出空间的重点作用

在大门入口处、楼梯进出口处、交通中心或转折处、走道尽端等处，既是交通的要害和关节点，也是空间中的起始点、转折点、中心点、终结点等的重要视觉中心位置，是必须引起人们注意的位置，因此，常放置特别醒目的、更富有装饰效果的、甚至名贵的植物或花卉，使起到强化空间、重点突出的作用。上海绿苑宾馆总台设在二楼，在其入口处布置绿化加强入口（图8-4a）；北京新大都饭店二层楼梯口（图8-4b）和温州湖滨饭店大堂酒吧（图8-4c），均设置绿化，突出其重点作用和醒目的标志作用。

布置在交通中心或尽端靠墙位置的，也常成为厅室的趣味中心而加以特别装点。这里应说明的是，位于交通路线的一切陈设，包括绿化在内，必须以不防碍交通和紧急疏散时不致成为绊脚石，并按空间大小形状选择相应的植物。如放在狭窄的过道边的植物，不宜选择低矮、枝叶向外扩展的植物，否则，既妨碍交通又会损伤植物，因此应选择与空间更为协调的修长的植物（图8-5）。

图 8-5　植物的选择要与空间相协调

三、柔化空间、增添生气

树木花卉以其千姿百态的自然姿态、五彩缤纷的色彩、柔软飘逸的神态、生机勃勃的生命，恰巧和冷漠、刻板的金属、玻璃制品及僵硬的建筑几何形体和线条形成强烈的对照。例如：乔木或灌木可以以其柔软的枝叶履盖室内的大部分空间；蔓藤植物，以其修长的枝条，从这一墙面伸展至另一墙面，或由上而下吊垂在墙面、柜、橱、书架上，如一串翡翠般的绿色枝叶装饰着，并改变了室内空间形态；大片的宽叶植物，可以在墙隅、沙发一角，改变着家具设备的轮廓线，从而给予人工的几何形体的室内空间一定的柔化和生气。这是其他任何室内装饰、陈设所不能代替的。

图 8-6（*a*）为由花叶组成的"绿色窗帘"装饰通向日光室的入口。图 8-6（*b*）为五叶地锦布满窗口，室内阳光斑斓，清静幽雅，生机勃勃。图 8-6（*c*）为均匀布置的四棵椰子棕树，不但柔化了由金属、玻璃材料组成桌椅的休息空间，而且起到了家具间的联系与凝聚作用。此外，植物修剪后的人工几何形态，以其特殊色质与建筑在形式上取得协调，在质地上又起到刚柔对比的特殊效果。

（*a*）

（*b*）

（*c*）

图 8-6　树木花卉柔化室内空间
（*a*）由花叶组成的"绿化窗帘"；（*b*）五叶地锦布满窗口；（*c*）四棵椰子棕树柔化了休息空间

四、美化环境、陶冶情操

绿色植物，不论其形、色、质、味，或其枝干、花叶、果实，所显示出蓬勃向上、充满生机的力量，引人奋发向上，热爱自然，然爱生活。植物生长的过程，是争取生存及与大自然搏斗的过程，其形态是自然形成的，没有任何掩饰和伪装。不少生长于缺水少土的山岩、墙垣之间的植物，盘根错节，横延纵伸，广布深钻，充分显示其为生命斗争的无限生命力，在形式上是一幅抽象的天然图画，在内容上是一首生命赞美之歌。它的美是一种自然美，洁净、纯正、朴实无华，即使被人工剪裁，任人截枝斩干，仍然显示其自强不息、生命不止的顽强生命力。因此，树桩盆景之美与其说是一种造型美，倒不如说是一种生命之美，图 8-7 为百年榕树桩盆景，残体（枝干仅留外皮）、新绿，倍觉可爱。人们从中可以得到万般启迪，使人更加热爱生命，热爱自然，陶冶情操，净化心灵，和自然共呼吸。

图 8-7　百年榕树桩盆景

图 8-8 为室内小乔木，迎着一线天光，破桌而生，既是对自然的赞美，也体现了设计者的巧妙构思，使室内充满生机和活力。

五、抒发情怀、创造氛围

一定量的植物配置，使室内形成绿化空间，让人们置身于自然环境中，享受自然风光，不论工作、学习、休息，都能心旷神怡，悠然自得。图 8-9 为一对室内截梢树，伫立左右，中间是御座般的供白天休息的床位，使人感到无限舒适和愉快。同时，不同的植物种类有不同的枝叶花果和姿色，例如一丛丛鲜红的桃花，一簇簇硕果累累的金橘，给室内带来喜气洋洋，增添欢乐的节日气氛。苍松翠柏，给人以坚强、庄重、典雅之感。如遍置绿色植物和洁白纯净的兰花，使室内清香四溢，风雅宜人。
此外，东西方对不同植物花卉均赋予一定象征和含义，如我国喻荷花为"出污泥而不
染，濯清涟而不妖"，象征高尚情操；喻竹为"未曾出土先有节，纵凌云霄也虚心"，
象征高风亮节；称松、竹、梅为"岁寒三友"，梅、兰、竹、菊为"四君子"；喻牡丹
为高贵，石榴为多子，萱草为忘忧等。在西方，紫罗兰为忠实永恒；百合花为纯洁；
郁金香为名誉；勿忘草为勿忘我等。

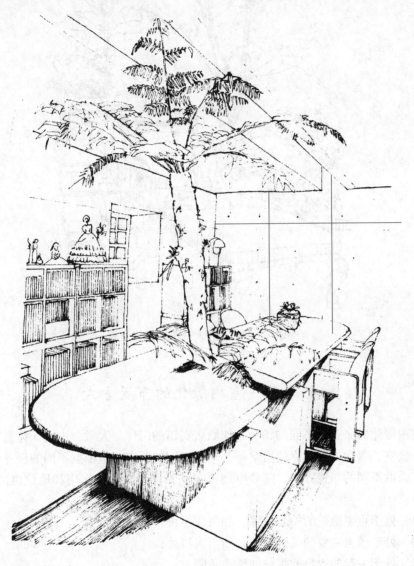

图 8-8　室内小乔木

　　植物在四季时空变化中形成典型的四时即景：春花，夏绿，秋叶，冬枝。一片柔
和翠绿的林木，可以一夜间变成腥红金黄色彩；一片布满蒲公英的草地，一夜间可变
成一片白色的海洋。时迁景换，此情此景，无法形容。因此，不少宾馆设立四季厅，
利用植物季节变化，可使室内改变不同情调和气氛，使旅客也获得时令感和常新的感
觉。也可利用赏花时节，举行各种集会，为会议增添新的气氛，适应不同空间使用目
的。

图 8-9　利用绿化创造室内休息空间

第二节　室内绿化的布置方式

室内绿化的布置在不同的场所，如酒店宾馆的门厅、大堂、中庭、休息厅、会议室、办公室、餐厅以及住户的居室等，均有不同的要求，应根据不同的任务、目的和作用，采取不同的布置方式，随着空间位置的不同，绿化的作用和地位也随之变化，可分为：

（1）处于重要地位的中心位置，如大厅中央；

（2）处于较为主要的关键部位，如出入口处；

（3）处于一般的边角地带，如墙边角隅。

应根据不同部位，选好相应的植物品色。但室内绿化通常总是利用室内剩余空间，或不影响交通的墙边、角隅，并利用悬、吊、壁龛、壁架等方式充分利用空间，尽量少占室内使用面积。同时，某些攀缘、藤萝等植物又宜于垂悬以充分展现其风姿。因此，室内绿化的布置，应从平面和垂直两方面进行考虑，使形成立体的绿色环境。

一、重点装饰与边角点缀

把室内绿化作为主要陈设并成为视觉中心，以其形、色的特有魅力来吸引人们，是许多厅室常采用的一种布置方式，它可以布置在厅室的中央。图 8-10 为某休息室，在室中央布置了双茎龙血树、旱伞草等，通过桌面上光滑的反射镜面，形成倒影的特

殊景观。图 8-11 为香港某旅店客厅，以绿化为室内主要陈设。也可以布置在室内主
立面，如某些会场中、主席台的前后以及圆桌会议的中心、客厅中心，或设在走道尽
端中央等，成为视觉焦点。

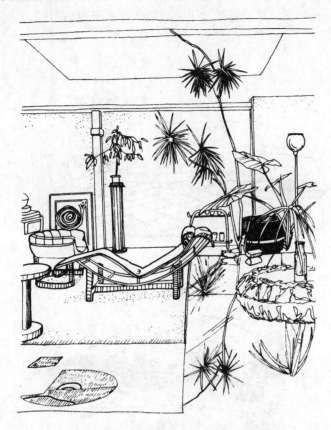

图 8-10 某休息室巧用绿化倒影

图 8-11 香港某旅店客厅的绿化

边角点缀的布置方式更为多样，图 8-12（a）是布置在墙角的龙血树。此外，如布置在客厅中沙发的转角处、靠近角隅的餐桌旁、楼梯背部（图 8-12b），布置在楼梯或大门出入口一侧或两侧、走道边、柱角边等部位。这种方式是介于重点布置和边角布置之间的一种形态，其重要性次于重点装饰而高于边角布置。

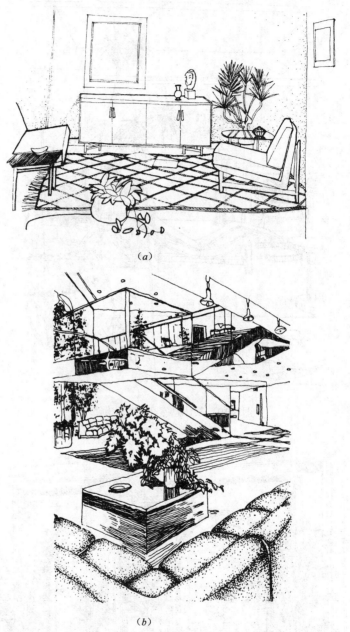

（a）

（b）

图 8-12　利用边角点缀方式布置室内绿化

二、结合家具、陈设等布置绿化

室内绿化除了单独落地布置外，还可与家具、陈设、灯具等室内物件结合布置，相得益彰，组成有机整体。图 8-13（a）为结合组合柜布置绿化；图 8-13（b）为洛山矶北山"色拉多"餐厅，结合吊灯布置绿化；图 8-13（c）把由白色郁金香、菊花和杂色常春藤组成的花丛，放在玻璃茶几下面，透过玻璃看到各种颜色，也可谓别出心裁。

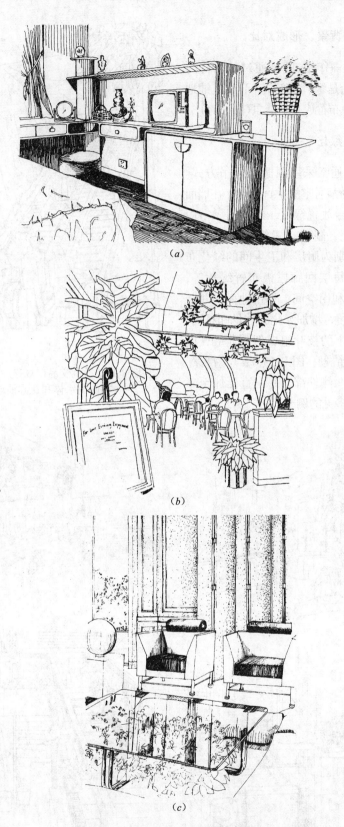

图 8-13　结合家具、陈设布置室内绿化

（a）结合组合柜布置绿化；（b）结合吊灯布置绿化；（c）结合茶几布置绿化

三、组成背景、形成对比

绿化的另一作用,就是通过其独特的形、色、质,不论是绿叶或鲜花,不论是铺地或是屏障,集中布置成片的背景(图8-14)。

四、垂直绿化

垂直绿化通常采用顶棚上悬吊方式。图8-15(a)为某居室的垂直绿化,在墙面支架或凸出花台放置绿化,或利用靠室内顶部设置吊柜、搁板布置绿化;图8-15(b)、(c)分别为厨房和卫生间的绿化布置,也可利用每层回廊栏板布置绿化等,这样可以充分利用空间,不占地面,并造成绿色立体环境,增加绿化的体量和氛围,并通过成片垂下的枝叶组成似隔非隔,虚无缥缈的美妙情景;图8-15(d)为将绿化悬挂在楼梯两侧外部,并一直延伸至二层,这也是不多见的例子。

图8-14　香港交易广场进厅自动扶梯两侧水体和花卉铺地

(a)

(b)

(c)

(d)

图8-15　垂直绿化
(a)居室的绿化;(b)厨房的绿化;(c)卫生间的绿化;(d)楼梯的绿化

五、沿窗布置绿化

靠窗布置绿化，能使植物接受更多的日照，并形成室内绿色景观，还可以作成花槽或低台上置小型盆栽等方式（图8-16）。

图8-16 沿窗布置绿化

第三节 室内植物选择

室内的植物选择是双向的，一方面对室内来说，是选择什么样的植物较为合适；另一方面对植物来说，应该有什么样的室内环境才能适合于生长。因此，在设计之初，就应该和其他功能一样，拟定出一个"绿色计划"。

大部分的室内植物，原产南美洲低纬度区、非洲南部和南东亚的热带丛林地区，适应于温暖湿润的半荫或荫蔽的环境下生长，部分植物生长于高原地区，多数植物对抗寒和耐高温的性能比较差。当然，像适应于热带沙漠环境的仙人掌类，有极强的耐干旱性。

不同的植物品类，对光照、温湿度均有差别。清代陈子所著《花镜》一书，早已提出植物有"宜阴、宜阳、喜燥、喜湿、当瘠、当肥"之分。一般说来，生长适宜温度为15～34℃，理想生长温度为22～28℃，在日间温度约29.4℃，夜间约15.5℃，对大多数植物最为合适。夏季室内温度不宜超过34℃，冬季不宜低于6℃。室内植物，特别是气生性的附生植物、蕨类等对空气的湿度要求更高。控制室内湿度是最困难的问题，一般采取在植物叶上喷水雾的办法来增加湿度，并应控制使不致形成水滴滴在土上。喷雾时间最好是在早上和午前，因午后和晚间喷雾易使植物产生霉菌而生病害。此外，也可以把植物花盆放在满铺卵石并盛满水的盘中，但不应使水接触花盆盆底。植物对光照的需要，要求低的光照，约为215～750lx，大多数要求在750～2150lx，即相当离窗有一定距离的照度。超过2150lx以上，则为高照度要求，要达到这个照度，则需把植物放在近窗或用荧光灯进行照明。一般说来，观花植物比观叶植物需要更多的光照。

植物要求有利于保水、保肥、排水和透气性好的土壤，并按不同品类，要求有一定的酸碱度。大多植物性喜微酸性或中性，因此常常用不同的土质，经灭菌后，混合配制，如沙土、泥土、沼泥、腐质土、泥炭土以及蛭石、珍珠岩等。植物在生长期及高温季节，应经常浇水，但应避免水分过多，使根部缺氧而停止生长，甚至枯萎。所有植物，均应周期性地使用大量的水去过滤出肥料中的盐碱成分，并选择不上釉的容器。花肥主要是氮（豆饼、菜籽饼的浸液），能促进枝叶茂盛；磷（鱼鳞、鱼肚肠、肉骨头等动物体杂碎加水发酵成黑色液汁），有促进花色鲜艳、果实肥大等作用；钾（草木灰），可促进根系健壮，茎干粗壮挺拔。春夏多施肥，秋季少施，冬季停施。

为了适应室内条件，应选择能忍受低光照、低湿度、耐高温的植物。一般说来，观花植物比观叶植物需要更多的细心照料。

根据上述情况，在室内选用植物时，应首先考虑如何更好地为室内植物创造良好的生长环境，如加强室内外空间联系，尽可能创造开敞和半开敞空间，提供更多的日照条件，采用多种自然采光方式，尽可能挖掘和开辟更多的地面或楼层的绿化种植面积，布置花园，增设阳台，选择在适当的墙面上悬置花槽等等，创造具有绿色空间特色的建筑体系，并在此基础上再从选择室内植物的目的、用途、意义等问题考虑以下问题：

（1）给室内创造怎样的气氛和印象。不同的植物形态、色泽、造型等都表现出不同的性格、情调和气氛，如庄重感、雄伟感、潇洒感、抒情感、华丽感、淡泊感、幽雅感……，应和室内要求的气氛达到一致。

现代室内为引人注目的宽叶植物提供了理想的背景，而古典传统的室内可以与小叶植物更好地结合。不同的植物形态和不同室内风格有着密切的联系。

（2）在空间的作用。如分隔空间，限定空间，引导空间，填补空间，创造趣味中心，强调或掩盖建筑局部空间，以及植物成长后的空间效果等等。

（3）根据空间的大小，选择植物的尺度。一般把室内植物分为大、中、小三类：小型植物在0.3m以下；中型植物为0.3~1m；大型植物在1m以上。

植物的大小应和室内空间尺度以及家具获得良好的比例关系，小的植物并没有组成群体时，对大的开敞空间，影响不大，而茂盛的乔木会使一般房间变小，但对高大的中庭又能增强其雄伟的风格，有些乔木也可抑制其生长速度或采取树桩盆景的方式，使其能适于室内观赏。

（4）植物的色彩是另一个须考虑的问题。鲜艳美丽的花叶，可为室内增色不少，植物的色彩选择应和整个室内色彩取得协调。

由于今日可选用的植物多种多样，对多种不同的叶形、色彩、大小应予以组织和简化，过多的对比会使室内显得凌乱。

（5）利用不占室内面积之处布置绿化。如利用柜架、壁龛、窗台、角隅、楼梯背部、外侧以及各种悬挂方式。

（6）与室外的联系。如面向室外花园的开敞空间，被选择的植物应与室外植物取得协调。植物的容器、室内地面材料应与室外取得一致，使室内空间有扩大感和整体感。

（7）养护问题。包括修剪、绑扎、浇水、施肥。对悬挂植物更应注意采取相应供水和排水的办法，避免冷气和穿堂风对植物的伤害，对观花植物予以更多的照顾……

（8）注意少数人对某种植物的过敏性问题。

（9）种植植物容器的选择，应按照花形选择其大小、质地，不宜突出花盆的釉彩，以免遮掩了植物本身的美。玻璃瓶养花，可利用化学烧瓶，简洁、大方、透明、耐用，适合于任何场所，并透过玻璃观赏到美丽的须根、卵石（图8-17）。

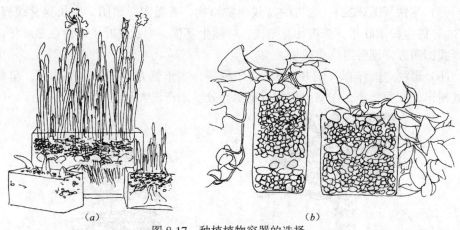

图 8-17 种植植物容器的选择

(*a*) 玻璃瓶养殖的水仙；(*b*) 玻璃瓶养殖的蔓藤

室内植物种类繁多，大小不一，形态各异。常用的室内观叶、观花植物如下：

一、木本植物

(1) 印度橡胶树 (图 8-18)。喜温湿，耐寒，叶密厚而有光泽，终年常绿，树型高大，3℃以上可越冬，应置于室内明亮处。原产印度、马来西亚等地，现在我国南方已广泛栽培。

(2) 垂榕 (图 8-19)。喜温湿，枝条柔软，叶互生，革质，卵状椭圆形，丛生常绿。自然分枝多，盆栽成灌木状，对光照要求不严，常年置于室内也能生长，5℃以上可越冬。原产印度，我国已有引种。

图 8-18 印度橡胶树

图 8-19 垂榕

(3) 蒲葵 (图 8-20)。常绿乔木，性喜温暖，耐阴，耐肥，干粗直，无分枝，叶硕大，呈扇形，叶前半部开裂，形似棕榈。我国广东、福建广泛栽培。

(4) 假槟榔 (图 8-21)。喜温湿，耐阴，有一定耐寒抗旱性，树体高大，干直无分枝，叶呈羽状复叶。在我国广东、海南、福建、台湾广泛栽培。

图 8-20 蒲葵

图 8-21 假槟榔

（5）苏铁（图8-22）。名贵的盆栽观赏植物，喜温湿，耐阴，生长异常缓慢，茎高3m，需生长100年，株粗壮、挺拔，叶簇生茎顶，羽状复叶，寿命在200年以上。原产我国南方，现各地均有栽培。

（6）诺福克南洋杉（图8-23）。喜阳耐旱，主干挺秀，枝条水平伸展，呈轮生，塔式树形，叶秀繁茂，在室内宜放近窗明亮处。原产澳大利亚。

图8-22 苏铁

图8-23 诺福克南洋杉

（7）三药槟榔（图8-24）。喜温湿，耐阴，丛生型小乔木，无分枝，羽状复叶，植株4年可达1.5~2.0m，最高可达6m以上。我国亚热带地区广泛栽培。

（8）棕竹（图8-25）。耐阴，耐湿，耐旱，耐瘠，株丛挺拔翠秀。原产我国、日本，现我国南方广泛栽培。

图8-24 三药槟榔

图8-25 棕竹

（9）金心香龙血树（图8-26）。喜温湿，干直，叶群生，呈披针形，绿色叶片，中央有金黄色宽纵条纹，宜置于室内明亮处，以保证叶色鲜艳，常截成树段种植，长根后上盆，独具风格。原产亚、非热带地区，5℃可越冬，我国已引种，普及。

（10）银线龙血树（图8-27）。喜温湿，耐阴，株低矮，叶群生，呈披针形，绿色叶片上分布几条白色纵纹。

图8-26 金心香龙血树

图8-27 银线龙血树

（11）象脚丝兰（图8-28）。喜温，耐旱耐阴，圆柱形干茎，叶密集于茎干上，叶绿色呈披针形，截段种植培养。原产墨西哥、危地马拉地区，我国近年引种。

（12）山茶花（图8-29）。喜温湿，耐寒，常绿乔木，叶质厚亮，花有红、白、紫或复色，是我国传统的名花，花叶俱美，倍受人们喜爱。

图8-28 象脚丝兰

图8-29 山茶花

（13）鹅掌木（图8-30）。常绿灌木，耐阴喜湿，多分枝，叶为掌状复叶，一般在室内光照下可正常生长。原产我国南部热带地区及日本等地。

（14）棕榈（图8-31）。常绿乔木，极耐寒、耐阴，圆柱形树干，叶簇生于茎顶，掌状深裂达中下部，花小黄色，根系浅而须根发达，寿命长，耐烟尘，抗二氧化硫及氟的污染，有吸收有害气体的能力，室内摆设时间：冬季可1～2个月轮换一次，夏季半个月就需要轮换一次。棕榈在我国分布很广。

图8-30 鹅掌木

图8-31 棕榈

（15）广玉兰（图8-32）。常绿乔木，喜光，喜温湿，半耐阴，叶长椭圆形，花白色，大而香。室内可放置1～2个月。

（16）海棠（图8-33）。落叶小乔木，喜阳，抗干旱，耐寒，叶互生，花簇生，花红色转粉红，品种有贴梗海棠、垂丝海棠、西府海棠、木瓜海棠，为我国传统名花，可制作成桩景、盆花等观花效果，宜置室内光线充足、空气新鲜之处。我国广泛栽种。

图8-32 广玉兰

图8-33 海棠

（17）桂花（图8-34）。常绿乔木，喜光，耐高温，叶有柄，对生，椭圆形，边缘有细锯齿，革质深绿色，花黄白或淡黄，花香四溢，树性强健，树龄长。我国各地普遍种植。

（18）栀子（图 8-35）。常绿灌木，小乔木，喜光，喜温湿，不耐寒，吸硫，净化大气，叶对生或三枚轮生，花白香浓郁，宜置室内光线充足、空气新鲜处。我国中部、南部、长江流域均有可栽种。

图 8-34　桂花

图 8-35　栀子

二、草本植物

（1）龟背竹（图 8-36）。多年生草本，喜温湿、半耐阴，耐寒耐低温，叶宽厚，羽裂形，叶脉间有椭圆形孔洞，在室内一般采光条件下可正常生长。原产墨西哥等地，现在国内已很普及。

（2）海芋（图 8-37）。多年生草本，喜湿耐阴，茎粗叶肥大，四季常绿。我国南方各地均有培植。

图 8-36　龟背竹

图 8-37　海芋

（3）金皇后（图 8-38）。多年生草本，耐阴，耐湿，耐旱，叶呈披针形，绿叶面上嵌有黄绿色斑点。原产于热带非洲及菲律宾等地。

（4）银皇帝（图 8-39）。多年生草本，耐湿，耐旱，耐阴，叶呈披针形，暗绿色叶面嵌有银灰色斑块。

图 8-38　金皇后

图 8-39　银皇帝

（5）广东万年青（图8-40）。喜温湿，耐阴，叶卵圆形，暗绿色。原产我国广东等地。

（6）白掌（图8-41）。多年生草本，观花观叶植物，喜湿耐阴，叶柄长，叶色由白转绿，夏季抽出长茎，白色苞片，乳黄色花序。原产美洲热带地区，我国南方均有栽植。

图8-40　广东万年青

图8-41　白掌

（7）火鹤花（图8-42）。喜温湿，叶暗绿色，红色单花顶生，叶丽花美。原产中、南美洲。

（8）菠叶斑马（图8-43）。多年生草本观叶植物，喜光耐旱，绿色叶上有灰白色横纹斑，中央呈环状贮水，花红色，花茎有分枝。

图8-42　火鹤花

图8-43　菠叶斑马

（9）金边五彩（图8-44）。多年生观叶植物，喜温，耐湿，耐旱，叶厚亮，绿叶中央镶白色条纹，开花时茎部逐渐泛红。

（10）斑背剑花（图8-45）。喜光耐旱，叶长，叶面呈暗绿色，叶背有紫黑色横条纹，花茎绿色，由中心直立，红色似剑。原产南美洲的圭亚那。

图8-44　金边五彩

图8-45　斑背剑花

（11）虎尾兰（图8-46）。多年生草本植物，喜温耐旱，叶片多肉质，纵向卷曲成半筒状，黄色边缘上有暗绿横条纹似虎尾巴，称金边虎尾兰。原产美洲热带，我国各

209

地普遍栽植。

（12）文竹（图8-47）。多年生草本观叶植物，喜温湿，半耐阴，枝叶细柔，花白色，浆果球状，紫黑色。原产南非，现世界各地均有栽培。

图8-46 虎尾兰　　　　　　　　　图8-47 文竹

（13）蟆叶秋海棠（图8-48）。多年生草本观叶植物，喜温耐湿，叶片茂密，有不同花纹图案。原产印度，我国已有栽培。

（14）非洲紫罗兰（图8-49）。草本观花观叶植物，与紫罗兰特征完全不同，株矮小，叶卵圆形，花有红、紫、白等色。我国已有栽培。

图8-48 蟆叶秋海棠　　　　　　　图8-49 非洲紫罗兰

（15）白花吊竹草（图8-50）。草本悬垂植物，半耐阴，耐旱，茎半蔓性，叶肉质呈卵形，银白色，中央边缘为暗绿色，叶背紫色，开白花。原产墨西哥，我国近年已引种。

（16）水竹草（图8-51）。草本观叶植物，植株匍匐，绿色叶片上满布黄白色纵向条纹，吊挂观赏。

图8-50 白花吊竹草　　　　　　　图8-51 水竹草

（17）兰花（图8-52）。多年生草本，喜温湿，耐寒，叶细长，花黄绿色，香味清香，品种繁多，为我国历史悠久的名花。

（18）吊兰（图8-53）。常绿缩根草本，喜温湿，叶基生，宽线形，花茎细长，花白色，品种多。原产非洲，现我国各地已广泛培植。

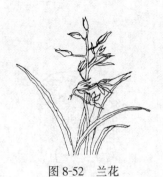

图 8-52 兰花   图 8-53 吊兰

（19）水仙（图 8-54）。多年生草本，喜温湿，半耐阴，秋种，冬长，春开花，花白色芳香。我国东南沿海地区及西南地区均有栽培。

（20）春羽（图 8-55）。多年常绿草本植物，喜温湿，耐阴，茎短，丛生，宽叶羽状分裂。在室内光线不过于微弱之地，均可盆养。原产巴西、巴拉圭等地。

图 8-54 水仙   图 8-55 春羽

三、藤本植物

（1）大叶蔓绿绒（图 8-56）。蔓性观叶植物，喜温湿，耐阴，叶柄紫红色，节上长气生根，叶戟形，质厚绿色，攀缘观赏。原产美洲热带地区。

（2）黄金葛（绿萝）（图 8-57）。蔓性观叶植物，耐阴，耐湿，耐旱，叶互生，长椭圆形，绿色上有黄斑，攀缘观赏。

图 8-56 大叶蔓绿绒   图 8-57 黄金葛

（3）薜荔（图 8-58）。常绿攀缘植物，喜光，贴壁生长，生长快，分枝多。我国已广泛栽培。

（4）绿串珠（图 8-59）。蔓性观叶植物，喜温，耐阴，茎蔓柔软，绿色珠形叶，悬垂观赏。

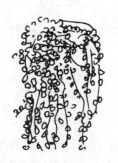

图 8-58　薜荔　　　　　　　　　　　　图 8-59　绿串珠

四、肉质植物

（1）彩云阁（图 8-60）。多肉类观叶植物，喜温，耐旱，茎干直立，斑纹美丽，宜近窗设置。

（2）长寿花（图 8-61）。多年生肉质观花观叶植物，喜暖，耐旱，叶厚呈银灰色，花细密成簇形，花色有红、紫、黄等，花期甚长。原产马达加斯加，我国早有栽培。

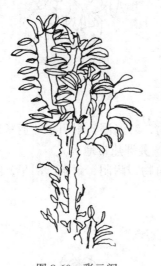

图 8-60　彩云阁　　　　　　　　　　　图 8-61　长寿花

（3）仙人掌（图 8-62）。多年生肉质植物，喜光，耐旱，品种繁多，茎节有圆柱形、多角形、鞭形、球形、长圆形、扇形、蟹叶形等，千姿百态，造型独特，茎叶艳丽，在植物中别具一格，培植养护都很容易。原产墨西哥、阿根廷、巴西等地，我国已有少数品种。

（注：室内植物种类引自《室内观叶植物》，戴志棠、林方喜、王金勋编著；《园林花卉》，陈俊愉、刘师汉等编。）

需要室内绿化时注意的是，一些品种的植物花卉具有毒性，不适合在室内种植，如秋水仙、珊瑚豆、变叶木、夹竹桃、毛茛、闹羊花、曼陀罗等。

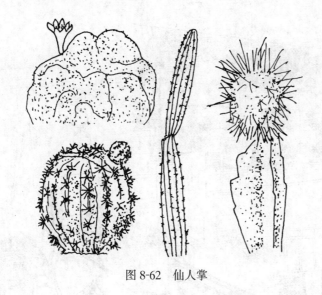

图 8-62　仙人掌

第四节　室　内　庭　园

一、室内庭园的意义和作用

室内庭园是室内空间的重要组成部分，是室内绿化的集中表现，是室内景观室外化的具体实现，旨在使生活在楼宇中的人们方便地获得接近自然、接触自然的机会，可享受自然的沐浴而不受外界气候变化的影响，这是现代文明的重要标志之一。开辟室内庭园虽然会占去一定的建筑面积，并要付出一定的管理、维护的代价，但从维护自然的生态平衡，保障人类的身心健康，改善生活环境质量等方面综合考虑，是十分值得提倡的。它的作用和意义不仅仅在于观赏价值，而是作为人们生活环境不可缺少的组成部分，尤其在当前许多室内庭园常和休息、餐饮、娱乐、歌舞、时装表演等多种活动结合在一起为群众所乐于接受，因而也就充分发挥了庭园的使用价值，获得了一定的经济效益和社会效益，因此，室内庭园的发展有着广阔的前景。

二、室内庭园的类型和组织

从室内绿化发展到室内庭园，使室内环境的改善达到了一个新的高度，室内绿化规划应该和建筑规划设计同步进行，根据需要和可能确定其规模标准、使用性质和适当的位置。

室内庭园类型可以从采光条件、服务范围、空间位置以及跟地面关系进行分类。

1. 按采光条件分

（1）自然采光

1）顶部采光（通过玻璃屋顶采光，图 8-63）；

2）侧面采光（通过玻璃或开敞面）；

3）顶、侧双面采光（图 8-64）。

南向采光从上午 8 点至下午 3 点，属全日照区，东、西、北向采光，从下午 2 点至日落，属半日照区。

室内植物应避免过冷、过热的不适当的温度，如放在靠近北门边的植物，几次冷风就可能伤害其嫩叶，而在朝南的暖房，会产生"温室效应"，需要把热空气从通风

图 8-63　顶部采光
（a）昆仑饭店中庭一角；（b）北京亚运村康乐宫中庭；（c）上海某宾馆庭园

　　　　　　　　　　　　　　　图 8-64　某外国学联中心餐厅

口排出（图 8-65）。

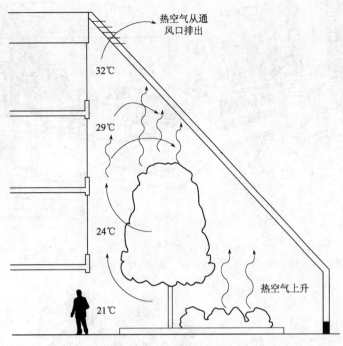

热空气从通
风口排出

32℃

29℃

24℃

21℃

热空气上升

图 8-65　热空气从通风口排出示意

（2）人工照明。一般通过盆栽方式定期更换。

2. 按位置和服务分

（1）中心式庭园。庭园位于建筑中心地位，常为周围的厅室服务，甚至为整体建筑服务，如广州的白天鹅宾馆中庭、北京香山饭店中庭等。

（2）专为某厅室服务的庭院。许多大型厅室，常在室内开辟一个专供该室观赏的小型庭园（图 8-66），它的位置常结合室内家具布置、活动路线以及景观效果等进行选择和布置，可以在厅的一侧或厅的中央，这种庭园一般规模不大，类似我国传统民居中各种类型的小天井、小庭园，常利用建筑中的角隅、死角组景。它们的规模大小不一，形式多样，甚至可见缝插针式地安排于各厅室之中或厅室之侧。在传统住宅中，这样的庭园，除观赏外，有时还能容纳一二人游憩其中，成为别有一番滋味的小天地（图 8-67）。

我国传统院落式建筑的布置常是向纵深发展的，所谓庭院深深深几许，这样的居住环境，应该得到进一步发展。

结合庭院的位置常分为前庭、中庭、后庭和侧庭。由于植物有向阳性的特点，庭院的位置最好是布置在房屋的北面，这样，在观赏时，可以看到植物迎面而来，好像美丽的花叶在向人们招手和点头微笑。

3. 根据庭园与地面的关系分

（1）落地式庭园（或称露地庭园），庭园位于底层；

（2）屋顶式庭园（或称空中花园），庭园地面为楼面。

落地式庭园便于栽植大型乔木、灌木，及组织排水系统，一般常位于底层和门厅，与交通枢纽相结合。

(a)　　　　　　　　　　　　　　　(b)

图 8-66　观赏游憩用小型庭园（一）

(a) 白天鹅宾馆餐厅入口处小型庭园及休息室；(b) 某休息厅一角小型庭园

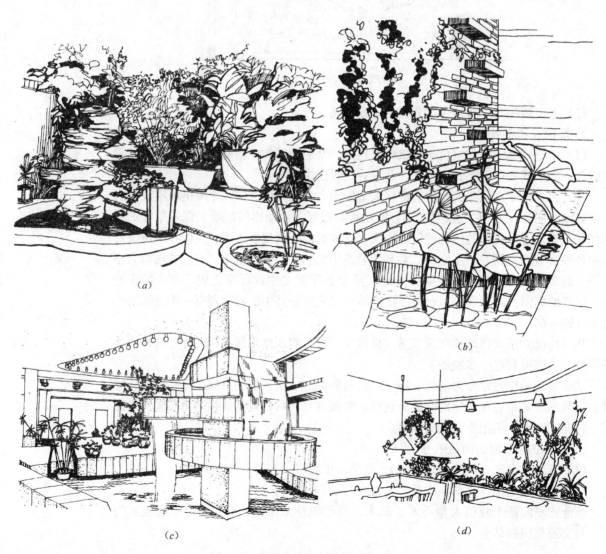

图 8-67　观赏游憩用小型庭园（二）

(a)、(b) 占地不大的小庭园；(c) 深圳湾大酒店庭园一角；(d) 某餐厅靠墙一边设置的花台人工照明

屋顶式庭园在高、多层建筑出现后，为使住户仍能和生活在地面上的人一样，享受到自然的沐浴，有和在地面上一样的感觉，庭园也随之上升，这是庭园发展的必然趋势，如香港中国银行在 70 层屋顶上建造玻璃顶室内空间，大厅中间种植二株高达 5～6m 的椰榕树，已成为游客必来瞻仰之地。这类庭园虽然在屋面构造、给排水、种植土等问题上要复杂一些，但在现代技术条件下，均能得到很好的解决。

为了减轻屋面荷载，常采用人工合成种植土。

在日本混合土壤和轻骨料（蛭石、珍珠岩等）的体积比为 3:1，其表观密度约 1400kg/m³，厚度一般为 15～150cm。

在英国和美国，轻质人工混合种植土，主要成分为沙土、腐质土及人工轻质骨料，表观密度为 1000～1600kg/m³，厚度在 15cm 以上。

我国长城饭店采用的合成人工种植土，其成分为：草灰土 70%，蛭石 20%，沙土 10%，表观密度 780kg/m³，层厚 30～105cm。

种植土层下应设过滤层，可用 3cm 厚的稻草或 5cm 厚的粗沙或玻璃纤维布。

过滤层下为排水层，由 10～20cm 厚的轻质骨料组成。轻质骨料有：

1）砾石；

2）经过筛选成一定比例级配的焦渣颗粒，其表观密度为 1000kg/m³ 左右；

3）陶粒，表观密度为 600kg/m³（仅为砾石的 1/3）。

排水层的作用是，既可排水又可储存多余的水分，并改善土壤的通气条件。

在种植屋面还应设排水管道。

三、室内庭园的意境创造

我国园林和庭园有着悠久的光辉历程，其造诣之高，蕴意之深，完整无缺，早已蜚声中外，自古至今积累了丰富的理论和实践经验。

明代中叶以后，私家园林十分兴盛，除北京外，还遍布苏杭、松江嘉兴一带。至明代，扬州园林更盛极一时，明计成著有《园冶》一书，书中强调造园"精而合宜"、"巧而得体"，在《山》一篇中强调意境的构思"深意画图，余情丘壑；未山见麓，自然地势之嶙，构土成岗，不在石形之巧拙……"，明末文震亨所著《长物志》在水石篇载有："石令人古，水令人远，园林水石，最不可无，要需回环峭拔，安插得宜"。清李渔《笠翁一家言全集》，对庭园设计也有精辟论述，并最早提到石以透、漏、瘦者为最佳。

造园内容，包括堆山叠石、理水、花卉、树木、植被和建筑小品等。室内庭园是园林中新兴的一个重要的特殊组成部分，是现代居住环境的发展和新的生活体现。应该在学习传统庭园经验的基础上加以创新。

室内庭园规模一般不会很大，因此更应从维护生态环境出发，以植物为主进行布置。造园内容可简可繁，规模可大可小，应结合具体情况，因地制宜进行设计。

庭园设计内容，主要是造景、组景，而造景之前必先立意，而立意之关键在于庭园景观意境之创造。

关于意境之说，在我国艺术界、美学界早有诸多论述。在空间功能一节，曾略提及。关于此问题，现再从审美角度简析如下：

（1）意境之产生，离不开被欣赏的对象（如庭园景观）和欣赏者本人（如各阶层的人们），两者缺一不可。

（2）同一物景，对不同的人或同一人在不同时间、不同情绪时，可能有不同的感受。所谓"感时花溅泪，恨别鸟惊心"。刘永济所说："物因情变"，即为此意，主客观本来就是辩证统一的，人的喜怒哀乐有同有异。

（3）意境的创造是经过艺术家、建筑师、园林设计师的"神会心谋"（清代方薰语）。抓住事物本质，以作者自己的观点进行创造，是对客观现实（自然景观）的提炼和升华，它既是自然景观，又不同于自然景观本身。正如齐白石所说的"在似与不似之间"，它包含了作者对客观现实的认知，是作者心灵的映像，是自然的人化。俗云画如其人，文如其人，诗言志等均为此意。山石、树木、花卉这些自然景物，自古至今在外形上的变化不大，但人的感情，对它们的观察理解，可以有很大的区别，从而使画家常画常新。庭园景观设计也不例外。因此，蕴含于个性的景物，是人的志向，或情的物化。

（4）意境的出现是在审美的过程之中，意境的存在是在物我之间，犹似强大的磁场一样相互吸引的结果。使人迷恋、使人陶醉、使人忘我、使人进入最高的审美境界，所谓情景交融，物我同一，形神合一等说即是。也可以说意境是超越了主客观的审美关系的统一，而对漠不关心的人和没有感染力的景物之间，是不可能产生意境的。

因此，没有对大自然的热爱，对植物生命力量的向往和崇拜，对自然景物的深入观察和细致品味，要创造出理想的庭园景观，是不可能的。

同时，艺术家对自然景物的创作，从来不主张照相式的模仿和照搬照抄，东方庭园的自然风格，之所以有如此的魅力，全在于对自然景物的剪裁、加工和提炼。日本土方定一说：对自然的表现，不应局限于我们眼睛所看到的东西，而且还要表现它在我们心灵中的内在映像和眼睛里的映像。

因此，从庭园的布局到树木花卉的形象的塑造，都需要在保持自然的基础上加以再创造。比如植物，不但对其枯枝败叶需要清除，对妨碍表达某种植物特有的姿势和神态的枝叶，也须按其自然惯势加以适当的整理和裁剪，使其达到理想的审美效果。当然，这种整理、剪裁跟西方把植物作成几何形，其意义是完全不同的。

因此，没有敏锐的洞察力，没有对植物审美的素养和创造力，要想创造出理想的庭园景观也是不可能的。

庭园植物中有乔木、灌木、木本花卉、草本花卉以及多浆植物、攀援藤本植物、地被植物等，在形、色、质、尺度等方面千差万别，千姿百态。应利用其高矮、粗细、曲直、色彩等因素，或孤植，或群栽，或点布，或排列，或露或藏，或隐或显，应使组景层次分明、高低有序，浓淡相宜、彼此呼应。一般应选择姿态优美、造型独特者。尺度高大者，宜孤植，供各方欣赏。而形态紊乱，枝叶稀疏者，宜丛植，形成绿色树丛，在开花时节又会形成一片色带，也可作为某种背景的衬托。色泽明暗对比强者，宜相互烘托。草本小花宜成片密植，组成不同色块，犹似地毯。一般山石上种植树木，宜使其逐步露根，与山石结合，盘根错节，取其苍老古朴之意。水边植树宜选枝桠横斜，叶条飘垂，临溪拂水者，取其轻盈柔顺之趣。谚云："书画重笔意，花木重姿态"，这是从整体上讲。对近观之植物，必须注意其花叶形状、色泽、纹样，宜于细细品味者为佳。

庭园中之布石，或卧或立，或聚或散，不论在溪流之畔，林木之间，芭蕉修竹之下，房舍之侧，或孤立成峰，或叠石拟山，均应与地形、地貌相吻合，使着落自然，露藏相宜，相应成趣，宛似天成，使整个庭园充分表现出山野之情，林园之胜，使人有暂离尘俗之感而心旷神怡，达到身心休息的目的。

我国为产石之乡，如苏州西洞庭所产之太湖石，质坚而润，空镂宛转，色有青白、青黑。安徽之灵壁石，形似峰峦，扣之有声。宜兴之锦川石，形为锦川、松皮，故又名松皮石，状为砥柱，又名"石笋"，色有红、黄、赭、绿等。湖南浏阳之菊花石，色灰白而坚，中有放射状晶纹，形似菊花。广东英德石，多灰黑色，形态锋棱皲裂。以及两广之钟乳石，质坚形奇，品状万千。以上这些石材均可选用，但不宜堆积无度。《五杂俎》中提到"假山需用山石，大小高下，随宜布置，不可斧凿，盖石去其皮便枯槁不复润泽生莓苔也，太湖锦川虽不可无，但可装点一二耳，若纯是难得奇品，终觉粉饰太胜，无复丘壑天然之致矣"。

传统庭园假山常取卷曲多变，或高直挺拔，推崇石之瘦、皱、漏、透，以取其玲珑、俊秀之美。其实就石之形态而言，无所谓优劣，不应孤立视之。主要取决于环境效果和近赏远观之别，不宜墨守成规，千篇一律。例如石之壮实圆滑者，密实劈削者等等，何尝不可利用，如表现悬崖绝壁，非粗实尖削者莫属，才有险峻壮美之奇。在草坪之中，光滑圆顺之石，色、质相互对比，各显其美，远胜于空透玲珑之石。水边卵形之石，本由千年冲刷而成，水顺石滑回转流淌，自然和谐，曲尽其妙，也非多孔之石所能达到的。石本静，有动势者为奇；石本沉，能悬空者为险；石本坚，光滑柔顺者为驯，更惹人喜爱。由此可见，在一定环境下，取其壮实圆滑的特性，也是用石的一种方法（图8-68）。

图8-68　一种用石方法

山以水为血脉，山因水活。水景已成为现代庭园和室内的重要景观之一。水池、溪流、飞瀑、喷泉、壁泉，形式多样，规模也可大可小，应按庭园的环境，恰当选择。水声使人悦耳，现代音乐喷泉，水随音舞，光影变幻，声色俱全，更使人陶醉。壁泉、飞瀑，形成一道迷雾般的水幕，似隔非隔，虚无缥缈，尤似一种特殊的装饰材料，显示出水的朦胧美。水面在气温高时能吸热，气温低时能放热，还可利用水面引风，对改善小气候也十分有利。池水既可养鱼观赏，种植水生植物，为庭园增添一景，又能作消防备用水，因此，现代建筑（特别是高层建筑）在庭园中，不可不备。

现代庭园，应因地制宜，随地取材，创新造景，符合现代情趣。山区庭园更应顺应地势，保留场地露出地面的岩石和树木，巧妙利用，以还自然之本色，存历史之遗貌，更能独树一帜，别具一格。

第九章 人体工程学、环境心理学与室内设计

人体工程学和环境心理学都是近数十年发展起来的新兴综合性学科。过去人们研究探讨问题，经常会把人和物（机械、设施、工具、家具等）、人和环境（空间形状、尺度、氛围等）割裂开来，孤立地对待，认为人就是人，物就是物，环境也就是环境，或者是单纯地以人去适应物和环境对人们提出要求。而现代室内环境设计日益重视人与物和环境间，具有科学依据的协调，诚然，我们在探讨人体工程学、环境心理学的时候，是以人为主要研究对象的。因此，室内环境设计除了依然十分重视视觉环境的设计外，对物理环境、生理环境以及心理环境的研究和设计也已予以高度重视，并开始运用到设计实践中去。

第一节 人体工程学的含义和发展

人体工程学（Human Engineering），也称人类工程学、人间工学或工效学（Ergonomics）。工效学 Ergonomics 原出希腊文"Ergo"，即"工作、劳动"和"nomos"即"规律、效果"，也即探讨人们劳动、工作效果、效能的规律性。

人体工程学起源于欧美，原先是在工业社会中，开始大量生产和使用机械设施的情况下，探求人与机械之间的协调关系，作为独立学科有 40 多年的历史。第二次世界大战中的军事科学技术，开始运用人体工程学的原理和方法，在坦克、飞机的内舱设计中，如何使人在舱内有效地操作和战斗，并尽可能使人长时间地在小空间内减少疲劳，即处理好：人——机（操纵杆、仪表、武器等）——环境（内舱空间）的协调关系。及至第二次世界大战后，各国把人体工程学的实践和研究成果，迅速有效地运用到空间技术、工业生产、建筑及室内设计中去，1960 年创建了国际人体工程学协会。

及至当今，社会发展向后工业社会、信息社会过渡，重视"以人为本"，为人服务，人体工程学强调从人自身出发，在以人为主体的前提下研究人们衣、食、住、行以及一切生活、生产活动中综合分析的新思路。

日本千叶大学小原教授认为："人体工程学是探知人体的工作能力及其极限，从而使人们所从事的工作趋向适应人体解剖学、生理学、心理学的各种特性。"

其实人——物——环境是密切地联系在一起的一个系统，今后"可望运用人体工程学主动地、高效率地支配生活环境"（参见《实用人体工程学》第 29 页）。

人体工程学联系到室内设计，其含义为：以人为主体，运用人体计测、生理、心理计测等手段和方法，研究人体结构功能、心理、力学等方面与室内环境之间的合理协调关系，以适合人的身心活动要求，取得最佳的使用效能（参见《辞海》第 703 页，人类工程学条目的释义），其目标应是安全、健康、高效能和舒适。人体工程学与有关学科以及人体工程学中人、室内环境和设施的相互关系如图 9-1、图 9-2 所示。

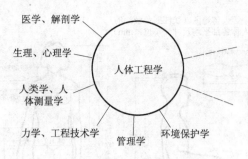

图 9-1　人体工程学及相关学科

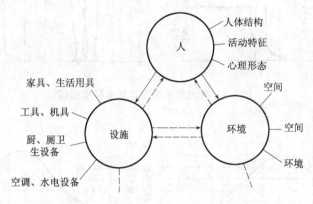

图 9-2　人、设施、环境的相互关系

第二节　人体工程学的基础数据和计测手段

一、人体基础数据

人体基础数据主要有下列三个方面，即有关人体构造、人体尺度以及人体的动作域等的有关数据。

1. 人体构造

与人体工程学关系最紧密的是运动系统中的骨骼、关节和肌肉，这三部分在神经系统支配下，使人体各部分完成一系列的运动。骨骼由颅骨、躯干骨、四肢骨三部分组成，脊柱可完成多种运动，是人体的支柱，关节起骨间连接且能活动的作用，肌肉中的骨骼肌受神经系统指挥收缩或舒张，使人体各部分协调动作。

2. 人体尺度

人体尺度是人体工程学研究的最基本的数据之一。图 9-3 是我国成年男女中等人体地区的人体各部分平均尺寸，图 9-4 是我国成年男女不同身高的百分比，图 9-5 是人体的骨骼组成示意。表 9-1 是我国具有代表性的一些地区成年男女身体各部分的平均尺寸。不同年龄、性别、地区和民族国家的人体，具有不同的尺度差别，例如我国成年男子平均身高为 1670mm，美国为 1740mm，独联体为 1750mm，而日本则为 1600mm。

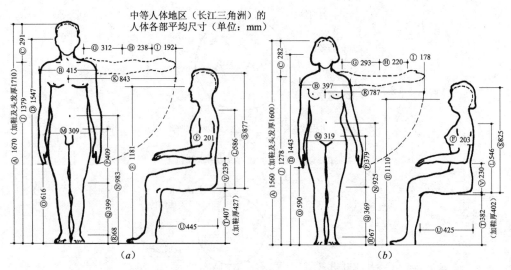

图 9-3　我国成年男、女基本尺度图解
(a) 男；(b) 女

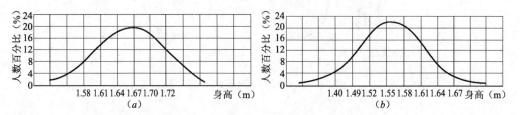

图 9-4　我国成年男、女不同身高的百分比
(a) 男；(b) 女

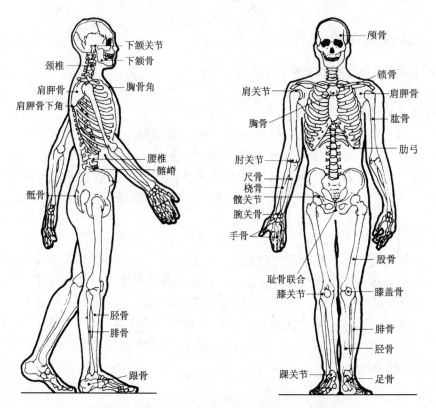

图 9-5　人体全身骨骼

我国不同地区人体各部分平均尺寸（mm）　　　　　表 9-1

编号	部　　位	较高人体地区(冀、鲁、辽)		中等人体地区(长江三角洲)		较低人体地区(四川)	
		男	女	男	女	男	女
A	人体高度	1690	1580	1670	1560	1630	1530
B	肩宽度	420	387	415	397	414	385
C	肩峰至头顶高度	293	285	291	282	285	269
D	正立时眼的高度	1573	1474	1547	1443	1512	1420
E	正坐时眼的高度	1203	1140	1181	1110	1144	1078
F	胸廓前后径	200	200	201	203	205	220
G	上臂长度	308	291	310	293	307	289
H	前臂长度	238	220	238	220	245	220
I	手长度	196	184	192	178	190	178
J	肩峰高度	1397	1295	1379	1278	1345	1261
K	1/2上髂展开全长	869	795	843	787	848	791
L	上身高长	600	561	586	546	565	524
M	臀部宽度	307	307	309	319	311	320
N	肚脐高度	992	948	983	925	980	920
O	指尖到地面高度	633	612	616	590	606	575
P	上腿长度	415	395	409	379	403	378
Q	下腿长度	397	373	392	369	391	365
R	脚高度	68	63	68	67	67	65
S	坐高	893	846	877	825	850	793
T	腓骨头的高度	414	390	407	382	402	382
U	大腿水平长度	450	435	445	425	443	422
V	肘下尺寸	243	240	239	230	220	216

3. 人体动作域

人们在室内各种工作和生活活动范围的大小，即动作域，它是确定室内空间尺度的重要依据因素之一。以各种计测方法测定的人体动作域，也是人体工程学研究的基础数据。如果说人体尺度是静态的、相对固定的数据，人体动作域的尺度则为动态的，其动态尺度与活动情景状态有关（图 9-6、图 9-7）。室内家具的布置、室内空间的组织安排，都需要认真考虑活动着的人（甚至活动着的人群）的所需空间，即进深、宽度和高度的尺度范围。

室内设计时人体尺度具体数据尺寸的选用，应考虑在不同空间与围护的状态下，人们动作和活动的安全，以及对大多数人的适宜尺寸，并强调其中以安全为前提。

例如：对门洞高度、楼梯通行净高、栏杆扶手高度等，应取男性人体高度的上限，并适当加以人体动态时的余量进行设计；对踏步高度、上搁板或挂钩高度等，应按女性人体的平均高度进行设计。

图 9-8 所示为坐轮椅者的人体尺度及所需的活动范围；图 9-9 及图 9-10 为国外某中等身材地区男女人体各部分的尺度、活动范围以及室内各种状况下通道的最小宽度。

表 9-2 所示是人体各组成部分所占质量的百分比及其标准偏差，这些数据有利于求得人体在各种状态时的重量分布和人体及各组成部分在动作时可能产生的冲击力，例如人体全身的重心在脐部稍下方，因此对设计栏杆扶手的高低，栏杆可能承受人体冲击时的应有强度计算等都将具有实际意义。表 9-3 所示是人体各部分的面积比。

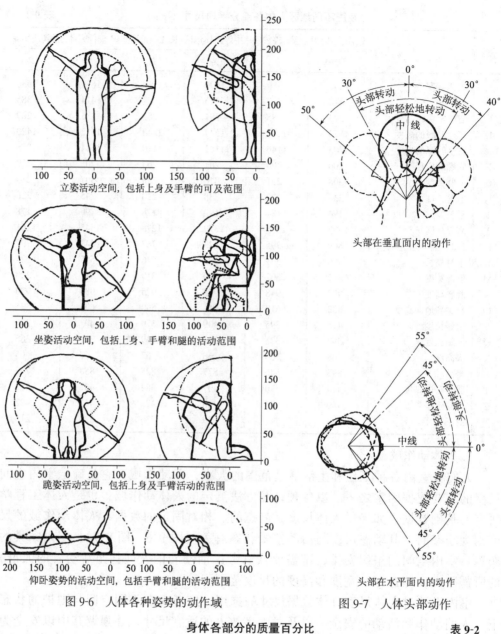

立姿活动空间,包括上身及手臂的可及范围

坐姿活动空间,包括上身、手臂和腿的活动范围

跪姿活动空间,包括上身及手臂活动的范围

仰卧姿势的活动空间,包括手臂和腿的活动范围

图9-6 人体各种姿势的动作域

头部在垂直面内的动作

头部在水平面内的动作

图9-7 人体头部动作

身体各部分的质量百分比 表9-2

身体各部分	头	躯干	手	前臂	前臂+手	上臂	一条手臂	两条手臂	脚	小腿	小腿+脚	大腿	一条腿	两条腿	总计
质量百分比(%)	7.28	50.70	0.65	1.62	2.27	2.63	4.90	9.80	1.47	4.36	5.83	10.27	16.11	32.22	100
标准偏差(kg)	0.16	0.57	0.02	0.04	0.06	0.06	0.09		0.03	0.10	0.12	0.23	0.26		

身体各部分所占面积的百分比 表9-3

身体各部分	头和颈	胸	背	下腹	臀部	右上臂	左上臂	右下臂	左下臂	右手	左手	右大腿	左大腿	右小腿	左小腿	右脚	左脚	总计
体表面积的百分比(%)	8.7	10.2	9.2	6.1	6.6	4.9	4.9	3.1	3.1	2.5	2.5	9.2	9.2	6.2	6.2	3.7	3.7	100

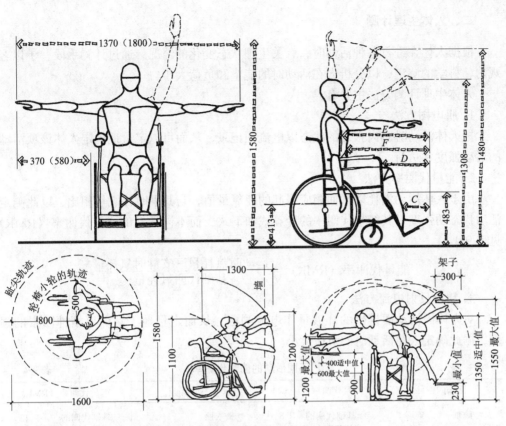

图 9-8　坐轮椅者的人体尺度及活动范围

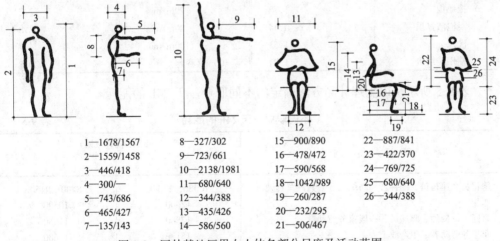

1—1678/1567	8—327/302	15—900/890	22—887/841
2—1559/1458	9—723/661	16—478/472	23—422/370
3—446/418	10—2138/1981	17—590/568	24—769/725
4—300/—	11—680/640	18—1042/989	25—680/640
5—743/686	12—344/388	19—260/287	26—344/388
6—465/427	13—435/426	20—232/295	
7—135/143	14—586/560	21—506/467	

图 9-9　国外某地区男女人体各部分尺度及活动范围

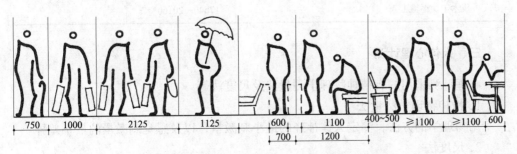

图 9-10　由人体尺度决定的室内通道最小宽度

二、人体生理计测

根据人体在进行各种活动时，有关生理状态变化的情况，通过计测手段，予以客观的、科学的测定，以分析人在活动时的能量和负荷大小。

人体生理计测方法主要有：

1. 肌电图方法

把人体活动时肌肉张缩的状态以电流图记录，从而可以定量地确定人体该项活动的活动强度和负荷。

2. 能量代谢率方法

由于人体活动消耗能量而相应引起的耗氧量值，与其平时耗氧量相比，以此测定活动状态的强度，其能量代谢率的计算式如下式，而不同活动的能量代谢率（RMR）见表9-4。

$$能量代谢率（RMR）= \frac{运动时氧耗量-安静时氧耗量}{基础代谢氧耗量}$$

3. 精神反射电流方法

对人体因活动而排出的汗液量作电流测定，从而定量地了解外界精神因素的强度，据此确定人体活动时的负荷大小。

不同活动的能量代谢率　　　　　　　　　　　　　　表 9-4

活 动 项 目	能量代谢率（RMR）	活 动 项 目		能量代谢率（RMR）
睡眠	基础代谢的　0.8	烫衣服		基础代谢的　1.13
擦皮鞋	1.80	步行	50m/min	1.6
扫地	2.15		60m/min	1.8
拖地板	1.73		70m/min	2.2
浸泡浴盆里	0.44		80m/min	2.8
洗澡	1.51		100m/min	4.7
使用缝纫机	1.01	100m（赛跑）		20.8

表9-5所示是以生理计测方法确定的不同职业一天24h的能耗。

不同职业一天 24h 的能耗　　　　　　　　　表 9-5

职　　　　　业	每 24h 能耗（kJ）	
	男	女
簿记员、速写员、制钟者、纺织工、公共汽车驾驶员	10080～11340	8400～9450
医生	12600	10500
鞋匠、机械师、邮递员、一般家务劳动者	13860	11550
重家务劳动者、生产线工人	15120	12600
芭蕾演员、建筑木工	16380	13650
矿工、伐木工、运输工人	17640～20160	

三、人体心理计测

心理计测采用的有精神物理学测量法及尺度法等。

1. 精神物理学测量法

用物理学的方法，测定人体神经的最小刺激量，以及感觉刺激量的最小差异。

2. 尺度法

以顺序在心理学中划分量度，例如在一直线上划分线段，依顺序标定评语如：

可由专家或一般人，相应地对美丑、新旧、优劣进行评测。

表9-6和表9-7是测定的有关成人换气量和不同工作条件下所需的空气量。

不同室内成人每小时换气量　　　　表9-6

室 内 类 型	所需换气量（m³）	室 内 类 型	所需换气量（m³）
居室	50	多尘工厂	100
普通病房	60～70	影剧院	40～60
传染性病房	150	学校	25～30
工厂商店	60	儿童场所	15

不同工作条件下人所需的空气量　　　　表9-7

工作情况	所需空气量（L/min）	所需氧气量（L/min）
休　息	6～15	0.2～0.4
轻度工作	20～25	0.6～1.0
中度工作	30～40	1.2～1.6
重度工作	40～60	1.8～2.4
极重工作	40～80	2.5～3.0

第三节　人体工程学在室内设计中的应用

由于人体工程学是一门新兴的学科，人体工程学在室内环境设计中应用的深度和广度，有待于进一步认真开发。

一、确定人和人际在室内活动所需空间的主要依据

根据人体工程学中的有关计测数据，从人的尺度、动作域、心理空间以及人际交往的空间等，以确定空间范围。这样在室内空间组织和分隔时，把动态的、"无形"的，甚至是通过视觉所看到的空间形体对人们心理感受等因素综合考虑，以确定室内活动的所需空间。

二、确定家具、设施的形体、尺度及其使用范围的主要依据

家具、设施都为人所使用，因此它们的形体、尺度必须以人体尺度为主要依据；同时，人们为了使用这些家具和设施，其周围必须留有活动和使用的最小余地，这些要求都由人体工程学科学地予以解决（图9-11）。室内空间越小，停留时间越长，对这方面内容测试的要求也越高，例如车厢、船舱、机舱等交通工具内部空间的设计。

三、提供适应人体的室内物理环境的最佳参数

室内物理环境主要有室内热环境、声环境、光环境、重力环境、辐射环境等，室

内设计时有了上述要求的科学的参数后，在设计时就有可能有正确的决策（表9-8～表9-11）。

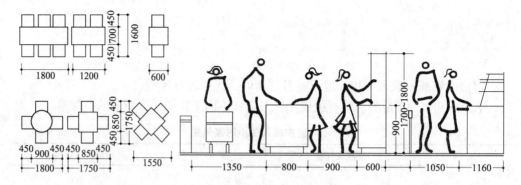

图9-11 由人体尺度及动作域确定的餐桌尺寸以及活动范围

不同活动形式所需热量（kJ/h） 表9-8

活 动 形 式	所 需 热 量	活 动 形 式	所 需 热 量
睡眠	273	重手工劳动：	
躺着休息	294	指尖及手腕	462
坐着休息	336	手及手臂	777
站着休息	420	站着轻微劳动	575
轻手工劳动：		女打字员	584
指尖及手腕	357	女售货员	630
手及手臂	567	重体力劳动	1932

室内热环境的主要参照指标 表9-9

项 目	允 许 值	最 佳 值
室内温度（℃）	12～32	20～22（冬季）22～25（夏季）
相对湿度（%）	15～80	30～45（冬季）30～60（夏季）
气流速度（m/s）	0.05～0.2（冬季）0.15～0.9（夏季）	0.1
室温与墙面温差（℃）	6～7	<2.5（冬季）
室温与地面温差（℃）	3～4	<1.5（冬季）
室温与顶棚温差（℃）	4.5～5.5	<2.0（冬季）

口语信息交流时允许的室内环境噪声值 表9-10

噪声强度（语音干扰级）(dB)	进行有效通信所需要的语音水平和距离	可用的通信方式	工作区类型
45	正常语音（距离3m）	一般谈话	个人办公室、会议室
55	正常语音（距离0.9m）提高的语音（距离1.8m）极响的语音（距离3.6m）	在工作区内连续的谈话	营业室、秘书室、控制室等
65	提高的极响的语音（距离1.2m），"尖叫"（距离2.4m）	间断的通信	
75	"尖叫"（距离0.6～0.9m）	最低限度的通信（必须使用有限的预先安排好了的词并作为危险信号的通信）	

不同室内环境的噪声允许极限值（dBA）　　　　　　　　　　表 9-11

噪声允许极限值	不同地方	噪声允许极限值	不同地方
28	电台播音室、音乐厅	47	零售商店
33	歌剧院（500 座位，不用扩音设备）	48	工矿业的办公室
35	音乐室、教室、安静的办公室、大会议室	50	秘书室
38	公寓、旅馆	55	餐馆
40	家庭、电影院、医院、教室、图书馆	63	打字室
43	接待室、小会议室	65	人声喧杂的办公室
45	有扩音设备的会议室		

四、对视觉要素的计测为室内视觉环境设计提供科学依据

人眼的视力、视野、光觉、色觉是视觉的要素，人体工程学通过计测得到的数据，对室内光照设计、室内色彩设计、视觉最佳区域等提供了科学的依据。

第四节　环境心理学与室内设计

在阐述环境心理学之前，我们先对"环境"和"心理学"的概念简要地了解一下。环境即为"周围的境况"，相对于人而言，环境可以说是围绕着人们，并对人们的行为产生一定影响的外界事物。环境本身具有一定的秩序、模式和结构，可以认为环境是一系列有关的多种元素和人的关系的综合。人们既可以使外界事物产生变化，而这些变化了的事物（即形成人工环境），又会反过来对行为主体的人产生影响。例如人们设计创造了简洁、明亮、高雅、有序的办公室内环境，相应地环境也能使在这一氛围中工作的人们有良好的心理感受，能诱导人们更为文明、更为有效地工作。心理学则是"研究认识、情感、意志等心理过程和能力、性格等心理特征"的学科。

关于环境心理学与室内设计的关系，《环境心理学》（作者相马一郎等）一书中译文前言内的话很能说明一些问题："不少建筑师很自信，以为建筑将决定人的行为"，但他们"往往忽视人工环境会给人们带来什么样的损害，也很少考虑到什么样的环境适合于人类的生存与活动"。以往的心理学"其注意力仅仅放在解释人类的行为上，对于环境与人类的关系未加重视。环境心理学则是以心理学的方法对环境进行探讨"，即是在人与环境之间是"以人为本"，从人的心理特征来考虑研究问题，从而使我们对人与环境的关系、对怎样创造室内人工环境，都应具有新的更为深刻的认识。

一、含义

环境心理学（Environmental Psychology）是研究环境与人的行为之间相互关系的学科，它着重从心理学和行为的角度，探讨人与环境的最优化，即怎样的环境是最符合人们心愿的。

环境心理学是一门新兴的综合性学科，环境心理学与多门学科，如医学、心理学、环境保护学、社会学、人体工程学、人类学、生态学以及城市规划学、建筑学、室内环境学等学科关系密切（图 9-12）。

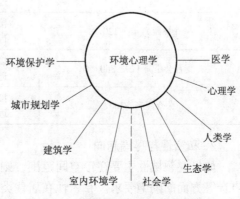

图 9-12　环境心理学与相关学科示意

229

环境心理学非常重视生活于人工环境中人们的心理倾向，把选择环境与创建环境相结合，着重研究下列问题：

(1) 环境和行为的关系；

(2) 怎样进行环境的认知；

(3) 环境和空间的利用；

(4) 怎样感知和评价环境；

(5) 在已有环境中人的行为和感觉。

对室内设计来说，上述各项问题的基本点即是如何组织空间，设计好界面、色彩和光照，处理好室内环境，使之符合人们的心愿。

二、室内环境中人们的心理与行为

人在室内环境中，其心理与行为尽管有个体之间的差异，但从总体上分析仍然具有共性，仍然具有以相同或类似的方式作出反应的特点，这也正是我们进行设计的基础。

下面我们列举几项室内环境中人们的心理与行为方面的情况：

1. 领域性与人际距离

领域性原是动物在环境中为取得食物、繁衍生息等的一种适应生存的行为方式。人与动物毕竟在语言表达、理性思考、意志决策与社会性等方面有本质的区别，但人在室内环境中的生活、生产活动，也总是力求其活动不被外界干扰或妨碍。不同的活动有其必须的生理和心理范围与领域，人们不希望轻易地被外来的人与物（指非本人意愿、非从事活动必须参与的人与物）所打破。

室内环境中个人空间常需与人际交流、接触时所需的距离统盘考虑。人际接触实际上根据不同的接触对象和在不同的场合，在距离上各有差异。赫尔（Hall E.T.）以动物的环境和行为的研究经验为基础，提出了人际距离的概念，根据人际关系的密切程度、行为特征确定人际距离，即分为：密切距离；个体距离；社会距离；公众距离。

每类距离中，根据不同的行为性质再分为接近相与远方相，例如在密切距离（0～45cm）中，亲密、对对方有可嗅觉和辐射热感觉为接近相（0～15cm）；可与对方接触握手为远方相（15～45cm），见表 9-12、图 9-13。当然对于不同民族、宗教信仰、性别、职业和文化程度等因素，人际距离也会有所不同。

人际距离和行为特征（距离单位：cm）　　　　　　　　　　表 9-12

密切距离 0～45	接近相 0～15，亲密、嗅觉、辐射热有感觉 远方相 15～45，可与对方接触握手
个体距离 45～120	接近相 45～75，促膝交谈，仍可对对方接触 远方相 75～120，清楚地看到细微表情的交谈
社会距离 120～360	接近相 120～210，社会交往，同事相处 远方相 210～360，交往不密切的社会距离
公众距离 ＞360	接近相 360～750，自然语音的讲课，小型报告会 远方相 ＞750，借助姿势和扩音器的讲演

2. 私密性与尽端趋向

如果说领域性主要在于空间范围，则私密性更涉及在相应空间范围内包括视线、声音等方面的隔绝要求。私密性在居住类室内空间中要求更为突出。

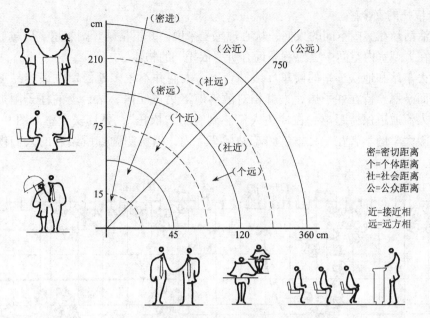

图 9-13 人际距离空间的分类

日常生活中人们还会非常明显地观察到，集体宿舍里先进入宿舍的人，如果允许自己挑选床位，他们总是愿意挑选在房间尽端的床铺，可能是由于生活、就寝时相对地较少受干扰。同样情况也见之于就餐人对餐厅中餐桌座位的挑选（图 9-14），相对地人们最不愿选择近门处及人流频繁通过处的座位。餐厅中靠墙卡座的设置，由于在室内空间中形成更多的"尽端"，也就更符合散客就餐时"尽端趋向"的心理要求（图 9-15）。

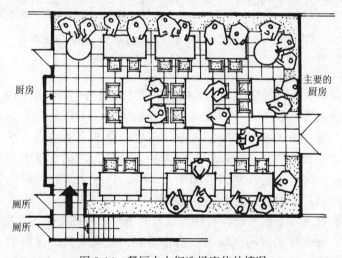

图 9-14 餐厅中人们选择座位的情况

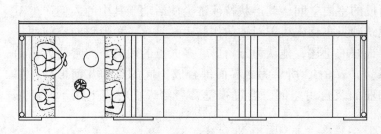

图 9-15 餐厅设置卡座（车厢座）形成了许多"局部尽端"

3. 依托的安全感

生活活动在室内空间的人们，从心理感受来说，并不是越开阔、越宽广越好，人们通常在大型室内空间中更愿意靠近有所"依托"的物体。

在火车站和地铁车站的候车厅或站台上，人们并不较多地停留在最容易上车的地方，而是愿意待在柱子边，人群相对散落地汇集在厅内、站台上的柱子附近，适当地与人流通道保持距离。在柱边人们感到有了"依托"，更具安全感。图9-16所示是大阪大学的学者在一日本铁路车站候车厅内，据实测调查所绘制的人们候车的位置图。

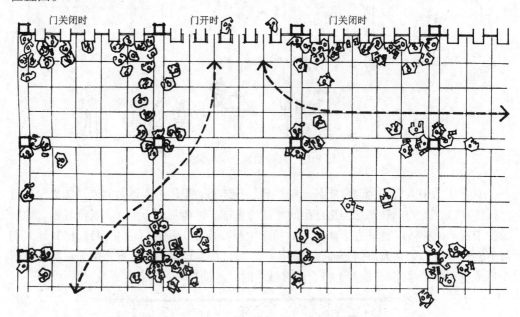

图9-16　日本一火车站候车厅内人们候车时选择的位置

4. 从众与趋光心理

从一些公共场所（商场、车站等）内发生的非常事故中观察到，紧急情况时人们往往会盲目跟从人群中领头几个急速跑动的人的去向，不管其去向是否是安全疏散口。当火警或烟雾开始弥漫时，人们无心注视标志及文字的内容，甚至对此缺乏信赖，往往是更为直觉地跟着领头的几个人跑动，以致成为整个人群的流向。上述情况即属从众心理。同时，人们在室内空间中流动时，具有从暗处往较明亮处流动的趋向，紧急情况时语言的引导会优于文字的引导。

上述心理和行为现象提示设计者在创造公共场所室内环境时，首先应注意空间与照明等的导向，标志与文字的引导固然也很重要，但从紧急情况时的心理与行为来看，对空间、照明、音响等需予以高度重视。

5. 空间形状的心理感受

由各个界面围合而成的室内空间，其形状特征常会使活动于其中的人们产生不同的心理感受。著名建筑师贝聿铭先生曾对他的作品——具有三角形斜向空间的华盛顿艺术馆新馆——有很好的论述，他认为三角形、多灭点的斜向空间常给人以动态和富有变化的心理感受。表9-13所示为由界面围合成不同的空间几何形状，如正向空间、斜向空间和曲面及自由空间，通过视觉常会给人们心理上以不同的感受。

<table>
<tr><td colspan="9" align="center">室内空间形状的心理感受　　　　　　　　　　　　表 9-13</td></tr>
</table>

	正　向　空　间				斜　向　空　间		曲面及自由空间	
室内空间界面围合成的形状								
可能具有的心理感受	稳定、规整	稳定、方向感	高耸、神秘	低矮、亲切	超稳定、庄重	动态、变化	和谐、完整	活泼、自由
	略感呆板	略感呆板	不亲切	压抑感	拘谨	不规整	无方向感	不完整

三、环境心理学在室内设计中的应用

环境心理学的原理，在室内设计中的应用面极广，暂且列举下述几点：

1. 室内环境设计应符合人们的行为模式和心理特征

例如现代大型商场的室内设计，顾客的购物行为已从单一的购物，发展为购物——游览——休闲（包括饮食）——信息（获得商品的新信息）——服务（问讯、兑币、送货、邮寄……）等行为。购物要求尽可能接近商品，亲手挑选比较，由此自选及开架布局的商场结合茶座、游乐、托儿等应运而生。

又如美国建筑师波特曼在设计宾馆大堂时，考虑到在一定的社交场合人们既需要看别人，也需要"被人看"，以这样的行为心理模式来组织大堂空间。

2. 认知环境和心理行为模式对组织室内空间的提示

从环境中接受初始的刺激是感觉器官，评价环境或作出相应行为反应的判断是大脑，因此，"可以说对环境的认知是由感觉器官和大脑一起进行工作的"（相马一郎等著《环境心理学》第 42 页）。认知环境结合上述心理行为模式的种种表现，设计者能够比通常单纯从使用功能、人体尺度等起始的设计依据，有了组织空间、确定其尺度范围和形状、选择其光照和色调等更为深刻的提示。

3. 室内环境设计应考虑使用者的个性与环境的相互关系

环境心理学从总体上既肯定人们对外界环境的认知有相同或类似的反应，同时也十分重视作为使用者的人的个性对环境设计提出的要求，充分理解使用者的行为、个性，在塑造环境时予以充分尊重，但也可适当地动用环境对人的行为的"引导"，对个性的影响，甚至一定程度意义上的"制约"，在设计中辩证地掌握合理的分寸。

例如考虑人们就坐休息时对座位、周边环境等方面的不同需要，前面彩图上海浦东国际机场航站候机商务厅中具有不同家具布置和就坐方式的平面布局，就是一个很好的实例。

第十章 室内设计的风格与流派

风格（Style）即风度品格，体现创作中的艺术特色和个性；流派（School）指学术、文艺方面的派别（参见《辞海》第 3499 页、第 2179 页有关条目）。

室内设计的风格和流派，属室内环境中的艺术造型和精神功能范畴。室内设计的风格和流派往往是和建筑以至家具的风格和流派紧密结合；有时也以相应时期的绘画、造型艺术，甚至文学、音乐等的风格和流派为其渊源和相互影响，例如建筑和室内设计中的"后现代主义"一词及其含义，最早是起用于西班牙的文学著作中，而"风格派"则是具有鲜明特色荷兰造型艺术的一个流派（详见本章后述有关内容）。可见，建筑艺术除了具有与物质材料、工程技术紧密联系的特征之外，也还和文学、音乐以及绘画、雕塑等门类艺术之间相互沟通。

第一节 风格的成因和影响

室内设计风格的形成，是不同的时代思潮和地区特点，通过创作构思和表现，逐渐发展成为具有代表性的室内设计形式。一种典型风格的形成，通常是和当地的人文因素和自然条件密切相关，又需有创作中的构思和造型的特点。形成风格的外在和内在因素可参见图 10-1。

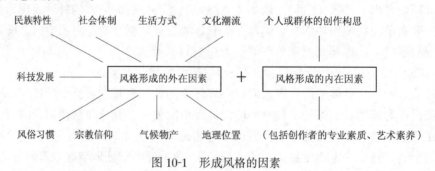

图 10-1 形成风格的因素

风格虽然表现于形式，但风格具有艺术、文化、社会发展等深刻的内涵；从这一深层含义来说，风格又不停留或等同于形式。

需要着重指出的是，一种风格或流派一旦形成，它又能积极或消极地转而影响文化、艺术以及诸多的社会因素，并不仅仅局限于作为一种形式表现和视觉上的感受。

20~30 年代早期俄罗斯建筑理论家 M·金兹伯格（М.ГИНЗБУРГ）曾说过，"风格""这个词充满了模糊性……。我们经常把区分艺术的最精微细致的差别的那些特征称作风格，有时候我们又把整整一个大时代或者几个世纪的特点称作风格"。当今对室内设计风格和流派的分类，还正在进一步研究和探讨，本章后述的风格与流派的名称及分类，也不作为定论，仅是作为阅读和学习时的借鉴和参考，并有可能对我们的设计分析和创作有所启迪。

第二节　室内设计的风格

在体现艺术特色和创作个性的同时，相对地说，可以认为风格跨越的时间要长一些，包含的地域会广一些。

室内设计的风格主要可分为：传统风格、现代风格、后现代风格、自然风格以及混合型风格等。

一、传统风格（Traditionary Style）

传统风格的室内设计，是在室内布置、线形、色调以及家具、陈设的造型等方面，吸取传统装饰"形"、"神"的特征，例如吸取我国传统木构架建筑室内的藻井天棚、挂落、雀替的构成和装饰，明、清家具的造型和款式特征；又如西方传统风格中仿罗马风、哥特式、文艺复兴式、巴洛克、洛可可、古典主义等，其中如仿欧洲英国维多利亚式或法国路易式的室内装潢和家具款式；此外，还有日本传统风格（和风）、印度传统风格、伊斯兰传统风格、北非城堡风格等等。传统风格常给人们以历史延续和地域文脉的感受，它使室内环境突出了民族文化渊源的形象特征。图 10-2 是汲取中国传统建筑"神韵"的北京香山饭店中庭室内；图 10-3 为富有情趣的欧式传统风格的居室；图 10-4 为简洁、淡雅，日本传统风格（和风）的居室；图 10-5 为具有伊斯兰传统风格的宾馆客房。

图 10-2　汲取中国传统建筑"神韵"的北京香山饭店中庭室内

二、现代风格（Modern Style）

现代风格起源于 1919 年成立的包豪斯（Bauhaus）学派，该学派处于当时的历史背景，强调突破旧传统，创造新建筑，重视功能和空间组织，注意发挥结构构成本身的形式美，造型简洁，反对多余装饰，崇尚合理的构成工艺，尊重材料的性能，讲究材料自身的质地和色彩的配置效果，发展了非传统的以功能布局为依据的

不对称的构图手法。包豪斯学派重视实际的工艺制作操作，强调设计与工业生产的
联系。

图 10-3　欧式传统风格的居室

图 10-4　日本传统风格（和风）的居室

图 10-5 具有伊斯兰传统风格的宾馆客房

（a）   （b）

图 10-6 法国巴黎市中心福罗姆商场
（a）商场外观；（b）商场入口内景

包豪斯学派的创始人 W·格罗皮乌斯（W.Gropius）对现代建筑的观点是非常鲜明的，他认为"美的观念随着思想和技术的进步而改变"，"建筑没有终极，只有不断的变革"，"在建筑表现中不能抹杀现代建筑技术，建筑表现要应用前所未有的形象"。当时杰出的代表人物还有 Le·柯布西耶（Le Corbusier）和密斯·凡·德·罗（Mies Van Der Rohe）等。现时，广义的现代风格也可泛指造型简洁新颖，具有当今时代感的建筑形象和室内环境。图 10-6 为法国巴黎市中心的福罗姆（FORUM）商场外观及入口内景，商场结构构成具有流畅的弧形骨架，设置下沉式广场的布局使商场的体量在市中心不显得太庞大，该建筑物体现了具有时代感的现代风格；图 10-7 为上海黄浦江沿岸上海广播电视塔室内，与外形球体造型相协调的圆球形室内空间，具有现代风格中流畅简洁的神韵。

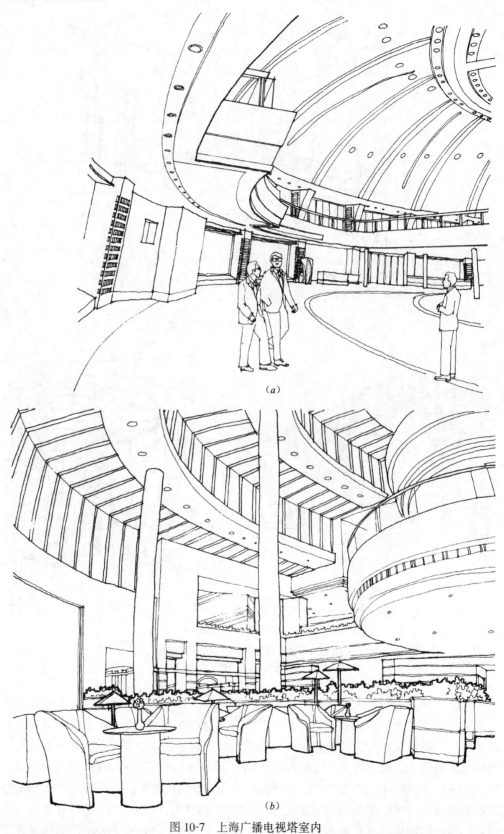

(a)

(b)

图 10-7 上海广播电视塔室内
(a) 大堂；(b) 休息区

三、后现代风格（Postmodern Style）

后现代主义一词最早出现在西班牙作家德·奥尼斯（Federico De Onis）1934 年的《西班牙与西班牙语类诗选》一书中，用来描述现代主义内部发生的逆动，特别有一种对现代主义纯理性的逆反心理，即为后现代风格。20 世纪 50 年代美国在所谓现代主义衰落的情况下，也逐渐形成后现代主义的文化思潮。受 60 年代兴起的大众艺术的影响，后现代风格是对现代风格中纯理性主义倾向的批判，后现代风格强调建筑及室内装饰应具有历史的延续性，但又不拘泥于传统的逻辑思维方式，探索创新造型手法，讲究人情味，常在室内设置夸张、变形的柱式和断裂的拱券，或把古典构件的抽象形式以新的手法组合在一起，即采用非传统的混合、叠加、错位、裂变等手法和象征、隐喻等手段，以期创造一种溶感性与理性、集传统与现代、揉大众与行家于一体的即"亦此亦彼"的建筑形象与室内环境。对后现代风格不能仅仅以所看到的视觉形象来评价，需要我们透过形象从设计思想来分析。后现代风格的代表人物有 P·约翰逊（P. Johnson）、R·文丘里（R. Venturi）、M·格雷夫斯（M. Graves）等（图 10-8、图 10-9、图 10-10）。

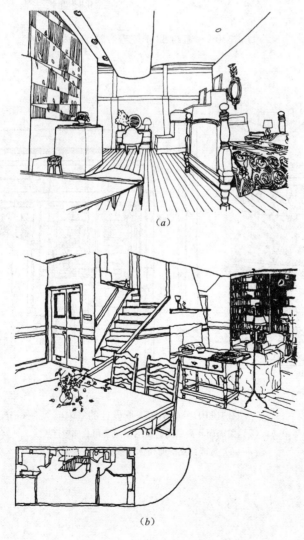

（a）

（b）

图 10-8 R·文丘里设计的住宅
（a）布朗特住宅；（b）栗树山母亲住宅

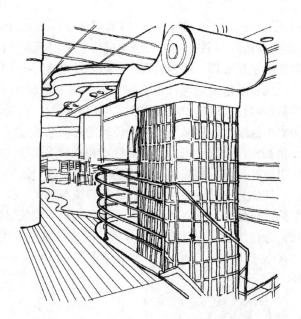

图 10-9 纽约 57 街麦当劳餐厅室内

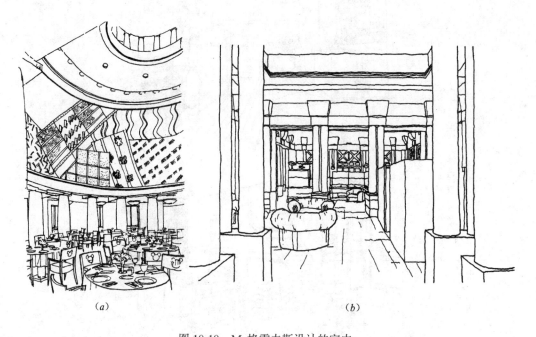

(a)   (b)

图 10-10 M·格雷夫斯设计的室内
(a) 美国加利福尼亚迪斯尼乐园公司总部餐厅；
(b) 美国德克萨斯州休斯顿家具陈列室

四、新现代主义风格（Neo-Modernism Style）

又称新包豪斯主义，即既具有现代主义严谨的功能主义和考虑结构构成等理性因素，又具有设计师个人表现和象征性风格的特点，如"纽约五人"（1969年在纽约现代艺术博物馆举办的由五位主张发展现代建筑的青年建筑师举办的作品展）中的R·迈耶、P·艾森曼等，又如资深著名建筑师贝聿铭、保罗·鲁道夫、E·巴恩斯等的作品，人们也认为既具理性又有个性和文化内涵的新现代主义的特征，迈耶（也是白色派的代表人物）1998年在洛杉矶设计建成的保罗·盖蒂中心博物馆，高度理性化，与环境的融合，重视功能，又具有设计师的个性，充分体现了新现代主义的特征，图10-11为贝聿铭设计的美国华盛顿美术馆东馆内景；图10-12为迈耶设计的洛杉矶盖蒂中心博物馆室内一角。

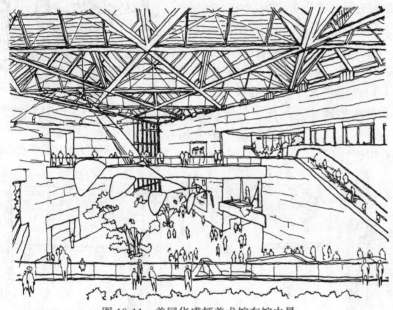

图 10-11 美国华盛顿美术馆东馆内景

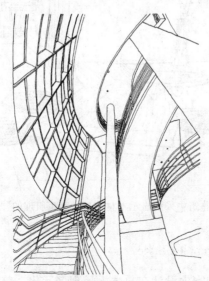

图 10-12 美国洛杉矶盖蒂中心
博物馆室内一角

五、自然风格（Natural Style）

自然风格倡导"回归自然"，美学上推崇"自然美"，认为只有崇尚自然、结合自然，才能在当今高科技、高节奏的社会生活中，使人们能取得生理和心理的平衡，因此室内多用木料、织物、石材等天然材料，显示材料的纹理，清新淡雅。此外，由于其宗旨和手法的类同，也可把田园风格归入自然风格一类。田园风格在室内环境中力求表现悠闲、舒畅、自然的田园生活情趣，也常运用天然木、石、藤、竹等材质质朴的纹理。巧于设置室内绿化，创造自然、简朴、高雅的氛围（图10-13、图10-14）。

此外，也有把20世纪70年代反对千篇一律的国际风格的，如砖墙瓦顶的英国希灵顿市政中心以及耶鲁大学教员俱乐部，室内采用木板和清水砖砌墙壁、传统地方门窗造型及坡屋顶等称为"乡土风格"或"地方风格"，也称"灰色派"。

图10-13　运用自然风格手法的餐厅室内

图10-14　现代建筑中采用显示木材纹理、草编肌理的"回归自然"手法

六、混合型风格（Complex Style）

近年来，建筑设计和室内设计在总体上呈现多元化，兼容并蓄的状况。室内布置中也有既趋于现代实用，又吸取传统的特征，在装潢与陈设中溶古今中西于一体，例如传统的屏风、摆设和茶几，配以现代风格的墙面及门窗装修、新型的沙发；欧式古

典的琉璃灯具和壁面装饰，配以东方传统的家具和埃及的陈设、小品等等。混合型风格虽然在设计中不拘一格，运用多种体例，但设计中仍然是匠心独具，深入推敲形体、色彩、材质等方面的总体构图和视觉效果。

第三节　室内设计的流派

流派，这里是指室内设计的艺术派别。现代室内设计从所表现的艺术特点分析，也有多种流派，主要有：高技派、光亮派、白色派、新洛可可派、风格派、超现实派、解构主义派以及装饰艺术派等。

一、高技派（High-tech）

高技派或称重技派，突出当代工业技术成就，并在建筑形体和室内环境设计中加以炫耀，崇尚"机械美"，在室内暴露梁板、网架等结构构件以及风管、线缆等各种设备和管道，强调工艺技术与时代感。高技派典型的实例为法国巴黎蓬皮杜国家艺术与文化中心、香港中国银行等（图 10-15、图 10-16）。

二、光亮派（The Lumin）

光亮派也称银色派，室内设计中夸耀新型材料及现代加工工艺的精密细致及光亮效果，往往在室内大量采用镜面及平曲面玻璃、不锈钢、磨光的花岗石和大理石等作为装饰面材，在室内环境的照明方面，常使用投射、折射等各类新型光源和灯具，在金属和镜面材料的烘托下，形成光彩照人、绚丽夺目的室内环境。

三、白色派（The White）

白色派的室内朴实无华，室内各界面以至家具等常以白色为基调，简洁明朗，例如美国建筑师 R·迈耶（R.Meier）设计的史密斯住宅及其室内即属此例。R·迈耶白色派的室内，并不仅仅停留在简化装饰、选用白色等表面处理上，而是具有更为深层的构思内涵，设计师在室内环境设计时，是综合考虑了室内活动着的人以及透过门窗可见的变化着的室外景物（诚如中国传统园林建筑中的"借景"），由此，从某种意义上讲，室内环境只是一种活动场所的"背景"，从而在装饰造型和用色上不作过多渲染（图 10-17）。

四、新洛可可派（New Rococo）

洛可可原为 18 世纪盛行于欧洲宫廷的一种建筑装饰风格，以精细轻巧和繁复的雕饰为特征，新洛可可仰承了洛可可繁复的装饰特点，但装饰造型的"载体"和加工技术却运用现代新型装饰材料和现代工艺手段，从而具有华丽而略显浪漫、传统中仍不失有时代气息的装饰氛围（图 10-18）。

五、风格派（Style）

风格派起始于 20 世纪 20 年代的荷兰，以画家 P·蒙德里安（P.Mondrian）等为代表的艺术流派，强调"纯造型的表现"，"要从传统及个性崇拜的约束下解放艺术"。风格派认为"把生活环境抽象化，这对人们的生活就是一种真实"。他们对室内装饰和家具经常采用几何形体以及红、黄、青三原色，间或以黑、灰、白等色彩相配置。风格派的室内，在色彩及造型方面都具有极为鲜明的特征与个性。建筑与室内常以几何方块为基础，对建筑室内外空间采用内部空间与外部空间穿插统一构成为一体的手法，并以屋顶、墙面的凹凸和强烈的色彩对块体进行强调，图10-19（a）为V.杜斯堡(V.Doesburg)等的住宅形体设计，图10-19（b）为V.杜斯堡设计的斯特拉斯堡的咖啡馆式电影厅。

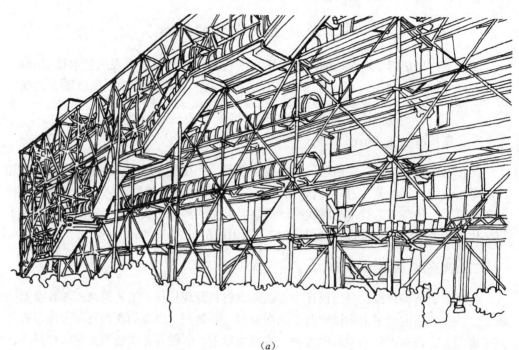

（a）

（b）

图10-15　高技派实例——法国巴黎蓬皮杜国家艺术与文化中心

（a）中心外观；（b）中心室内

六、超现实派（Super-rea）

超现实派追求所谓超越现实的艺术效果，在室内布置中常采用异常的空间组织，曲面或具有流动弧形线形的界面，浓重的色彩，变幻莫测的光影，造型奇特的家具与设备，有时还以现代绘画或雕塑来烘托超现实的室内环境气氛。超现实派的室内环境较为适应具有视觉形象特殊要求的某些展示或娱乐的室内空间（图 10-20）。

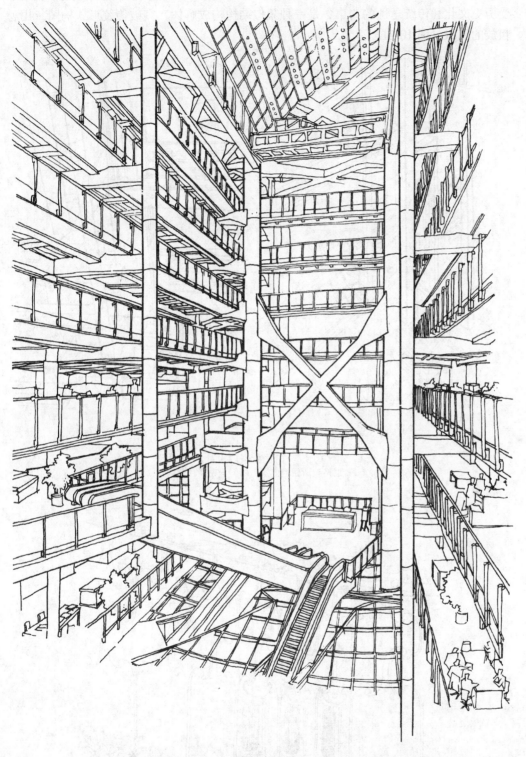

图 10-16 高技派实例——香港中国银行室内

七、解构主义派（Deconstructivism）

解构主义是 20 世纪 60 年代，以法国哲学家 J·德里达（J. Derrida）为代表所提出的哲学观念，是对本世纪前期欧美盛行的结构主义和理论思想传统的质疑和批判，建筑和室内设计中的解构主义派对传统古典、构图规律等均采取否定的态度，强调不受历史文化和传统理性的约束，是一种貌似结构构成解体，突破传统形式构图，用材粗放的流派（图 10-21）。

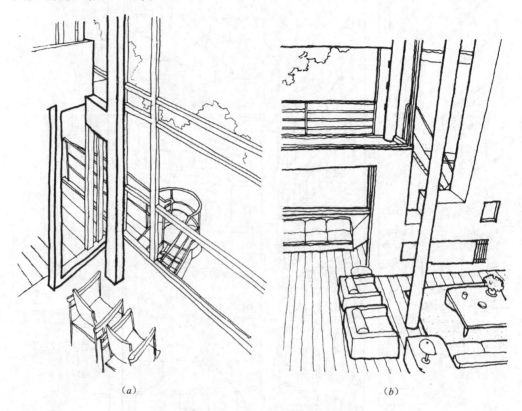

(a)　　　　　　　　　　　　　　　　　(b)

图 10-17　白色派室内设计示例

（a）道格拉斯住宅内景；（b）史密斯住宅内景

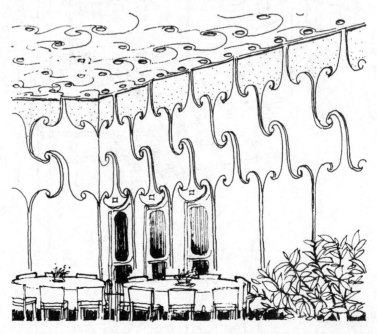

图 10-18　新洛可可派的餐厅室内

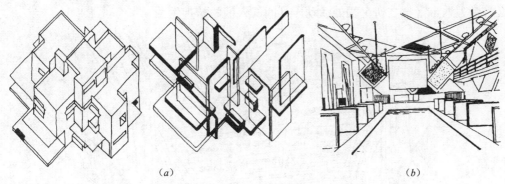

(a) (b)

图 10-19　风格派的建筑造型与室内

(a) V.杜斯堡等设计的住宅；(b) 斯特拉斯堡的咖啡馆式电影厅室内

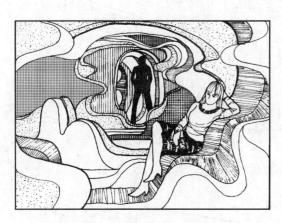 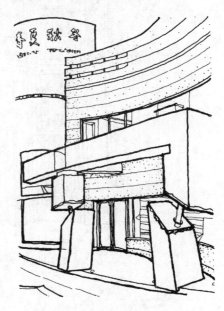

图 10-20　超现实派的室内　　　　图 10-21　具有解构主义手法的餐厅入口

八、装饰艺术派或称艺术装饰派（Art-deco）

装饰艺术派起源于 20 世纪 20 年代法国巴黎召开的一次装饰艺术与现代工业国际博览会，后传至美国等各地，如美国早期兴建的一些摩天楼即采用这一流派的手法。装饰艺术派善于运用多层次的几何线形及图案，重点装饰于建筑内外门窗线脚、檐口及建筑腰线、顶角线等部位。上海早年建造的老锦江宾馆及和平饭店等建筑的内外装饰，均为装饰艺术派的手法。近年来一些宾馆和大型商场的室内，出于既具时代气息，又有建筑文化的内涵考虑，常在现代风格的基础上，在建筑细部饰以装饰艺术派的图案和纹样。图 10-22 所示为上海和平饭店大堂室内，装饰图形富有文化内涵，灯具及铁饰栏板的纹样极为精美，井格式平顶粉刷也具有精细图案，该大堂虽为近期重新装修，但仍保持原有建筑及室内典型的装饰艺术派风格，图 10-23 为上海淮海路新建巴黎春天百货公司的商场内景，从室内多层次的线型图案及装饰特点，也可归入装饰艺术派手法。

当前社会是从工业社会逐渐向后工业社会或信息社会过渡的时候，人们对自身周围环境的需要除了能满足使用要求、物质功能之外，更注重对环境氛围、文化内涵、艺术质量等精神功能的需求。室内设计不同艺术风格和流派的产生、发展和变换，既是建筑艺术历史文脉的延续和发展，具有深刻的社会发展历史和文化的内涵，同时也必将极大地丰富与之朝夕相处活动于其间的人们的精神生活。

图 10-22　上海南京路和平饭店大堂

图 10-23　上海淮海路巴黎春天百货公司商场内景

参 考 文 献

1 西方现代家具与室内设计. 高军，俞寿宾编译. 邹德侬校审. 天津：天津科学技术出版社出版，1990

2 黄金锜著. 屋顶花园设计与营造. 北京：中国林业出版社，1994

3 陈俊愉，刘师汉等编. 园林花卉（增订本）. 上海：上海科学技术出版社，1994

4 戴志棠，林方喜，王金勋编著. 李来荣，林柏达审. 室内观叶植物. 第2版. 北京：中国林业出版社，1994

5 舒近澜著. 古代花卉. 北京：中国农业出版社，1993

6 杨耀著. 明式家具研究. 北京：中国建筑工业出版社，1986

7 陶明君编著. 中国画论词典. 长沙：湖南出版社，1993

8 （德）马克思·露西雅著. 色彩与性格. 墨云译. 上海：学林出版社，1989

9 （英）爱德华·路希·史密斯著. 西方当代美术. 柴小刚，周庆荣，丁方译. 章祖德校译. 南京：江苏美术出版社

10 中央美术学院美术史系外国美术史教研室编著. 外国美术简史. 北京：高等教育出版社，1990

11 朱国荣著. 雕塑——空间的艺术. 北京：知识出版社，1993

12 周瘦鹃，周铮著. 盆栽趣味. 上海：上海文化出版社，1957

13 桌椅设计的人体工学因素. 庄明振，游万来合译

14 霍维国著. 室内设计. 西安：西安交通大学出版社，1985

15 陆震纬主编. 室内设计. 成都：四川科学技术出版社，1987

16 来增祥编著. 室内设计原理. 1992.

17 王建柱编著. 室内设计学. 艺风堂出版社

18 （美）鲁道夫阿恩海姆著. 艺术与视知觉. 滕守尧，朱疆源译

19 后蜀. 花蕊夫人撰. 花蕊宫词笺注. 徐式文笺注. 成都：巴蜀书社出版，1992

20 李树阁，张书鸿编写. 灯光装饰艺术. 沈阳：辽宁科学技术出版社，1995

21 赵长庚著. 西蜀历史文化名人纪念园林. 成都：四川科学技术出版社，1995

22 （日）小原二郎著. 实用人体工程学. 康明瑶，段有瑞译. 上海：复旦大学出版社，1991

23 人体尺度与室内空间. 龚锦编译. 天津：天津科技出版社，1987

24 S·A·康兹，魏润柏合著. 人与室内环境. 北京：中国建筑工业出版社，1985

25 （日）相马一郎，佐古顺彦著. 环境心理学. 周畅，李曼曼译. 北京：中国建筑工业出版社；1979

26 建筑设计资料集编委会. 建筑设计资料集. 第2版. 北京：中国建筑工业出版社，1994

27 张绮曼，郑曙扬主编. 室内设计资料集. 北京：中国建筑工业出版社，1991

28 Е. С. ПОНОМАРЕВА. ИНТЕРЬЕР ГРАЖДАНСКИХ ЗДАНИЙ. МИНСК ВЫШЭЙШАЯ ШКОЛА, 1991

29 Е. Б. НОВИКОВА, ИНТЕРЬЕР ОБЩЕСТВЕННЫХ ЗДАНИЙ. МОСКВА СТРОЙИЗДАТ, 1991